중학수학
만점공부법,
결국은 개념이다

중학수학 만점 공부법, 결국은 개념이다

(중학생을 위한 7가지 개념 ①사칙연산 ②괄호 ③분수 ④등식 ⑤부등식 ⑥거듭제곱 ⑦절댓값)

[만점 공부법®] 시리즈 NO. 31

지은이 | 조안호
발행인 | 김경아

2020년 8월 8일 1판 1쇄 발행
2021년 7월 17일 1판 2쇄 발행
2022년 4월 19일 1판 3쇄 발행
2024년 9월 9일 1판 4쇄 발행(총 5,500부 발행)

이 책을 만든 사람들

책임 기획 | 김경아
북 디자인 | 김효정
교정 교열 | 좋은글
경영 지원 | 홍종남

종이 및 인쇄 제작 파트너
JPC 정동수 대표, 천일문화사 유재상 실장

펴낸곳 | 행복한나무
출판등록 | 2007년 3월 7일. 제 2007-5호
주소 | 경기도 남양주시 도농로 34, 301동 301호(다산동, 플루리움)
전화 | 02) 322-3856 팩스 | 02) 322-3857
홈페이지 | www.ihappytree.com | bit.ly/happytree2007
도서 문의(출판사 e-mail) | e21chope@daum.net
※ 이 책을 읽다가 궁금한 점이 있을 때에는 출판사 e-mail을 이용해 주세요.

ⓒ 조안호, 2020
ISBN 979-11-88758-22-7
"행복한나무" 도서번호 : 123

중학수학 만점공부법, 결국은 개념이다

조안호 지음

중학수학, 7가지 개념으로 끝낸다

수학의 종착역은 고등학교 1학년이다

교과과정에서 수학을 크게 구분해 보자. 먼저 초등수학은 수 연산, 중학수학은 수식, 고등수학은 다양한 수식의 확장이라 할 수 있다. 더 크게 바라보면 초등학교부터 중학교에서 배우는 수식을 고1에서 확장하는 하나의 매듭으로 볼 수 있고, 이것을 바탕으로 고2부터 다양한 수식의 도입과 확장이라는 과정으로 나누어지는 것을 알 수 있다. 이렇게 보면 결국 초등수학과 중학수학의 종착역은 고등학교 1학년이다. 즉 초등학교와 중학교 수학의 초점을 고1에 맞추는 전략을 세워야 한다는 말이다.

초등학교에서 분수를 확실하게 잡지 못한 중학생의 50%가 무너지는 시기가 중학교 3학년이라면, 다시 인문계를 진학한 학생들의 70~80%가 무너지는 시기가 고등학교 2~3학년이 아니라 바로 고등학교 1학년 때다. 일반 학생뿐만 아니라 중학교 우등생의 70% 이상이 고1 때 무너지기 때문에 학교 성적이 안정권이라 하여 안심해서는 안 된다. 진짜 실력을 키우기 위해서는 아이들이 무너지기 시

작하는 고등학교 1학년에서 요구하는 수식에 필요한 개념과 수식을 보는 눈을 키워야 한다. 그래도 다행인 것은 고1까지 잘한 학생이 고2, 고3으로 가면서 포기하거나 심각하게 무너지는 경우는 거의 없다는 것이다.

수식과 확장은 무엇이고, 고1 수학에서 무너지는 이유는?

그런데 여기에서 두 가지 의문이 들 것이다.

1. 초·중학교에서 수식이란 무엇이며, 확장이란 또 무엇인가?
2. 고1 수학이 대체 얼마나 어렵기에 포기하는 학생 대부분이 이때 무너지는가?

먼저 수식이란 무엇이며 왜 그 확장이 어려운지 하나하나 살펴보자! 초등학교에서는 자연수와 분수에 대하여 +, −, ×, ÷와 괄호, 등호, 부등호와 같은 기호를 사용하였다. 수뿐만 아니라 이런 기호들을 사용하는 모든 것이 식이었다. 그런데 중학교에 들어와서 문자의 사용과 함께 식은 크게 다항식과 방정식으로 구분되었다. 다항식과 방정식의 차수가 커지기는 하지만, 그 축은 일차식과 이차식이 전부다 보니 곧장 유형별 정리에 들어가는 학생이 많다. 또한 수식이 갖는 개념보다 다양한 유형을 풀어보는 것으로 높은 성적을 올리는 경우가 많아서 이 방법을 고등학교에서도 지속하는 학생이 많다. 문제는 유형별로 문제를 푸는 기술을 익히느라 개념을 다져놓은 시간이 없는데도 성적을 유지하는 데 급급해 그냥 지나친다는 데에 있다.

고등학교 1학년은 초등학교 6년과 중학교 3년 동안 배운 기초를 토대로 모두 확장하는 시기다. 확장은 언제나 그렇듯이 어렵다. 그래서 확장을 하는 고1 수학 문제는 어렵다. 아마도 중학교 문제에 비해 어려운 정도를 따진다면 3~7배 이상 될 것이다. 그렇다면 고1 수학에서 사용하는 식은 무엇일까? 3차 이상의 고차식이 많이 사용되지만, 중학교에서 이미 배우고 익힌 개념이 주축이 된다는 것을 알아야 한다. 좀 더 정확히 말하면 중학교에서 다루었던 개념 이외의 것은 없고 설사 있더라도 가르칠 시간이 없다. 굳이 새로 배우는 것이 한 가지 있다면 '가우스 기호'인데 그나마 고등학교의 교과과정에도 없으며 개별 문제의 정의로 사용하고 있다.

혹시 고차식이라서 학생들이 어려워한다고 생각할지도 모르겠다. 그러나 고차식이란 이차식과의 곱으로 만드는 정도의 기술일 뿐이고 이 기술을 익히는 것을 어려워하는 고등학생은 많지 않다.

고1 수학의 삼총사 = 이차방정식, 이차함수, 이차부등식

그렇다면 고등학교 1학년에서 배워야하는 주축은 무엇일까? 바로 이차방정식, 이차함수, 이차부등식이다. 그래서 필자는 이 세 가지를 '고1 수학의 삼총사'

라고 부른다. 그렇다면 결국 이 삼총사의 기초를 닦는 중학교에서 개념을 제대로 다져놓지 않았기 때문에 고1 수학이 어려워지는 것이다. 고등학교에 비해 상대적으로 수학이 쉬운 중학교에서는 개념을 강조하지 않는다.

문제가 어려워져야 개념이 부족하다는 것을 깨닫게 되기 때문에 학생들은 고등학교에 가서야 비로소 개념의 중요성을 피부로 알게 된다. 그리고 그 많은 개념은 대부분 중학교에서 장시간에 걸쳐 꾸준히 익혀서 다져놓아야 했다. 그런데 이것이 제대로 되지 않은 경우 고등학교에서는 시간은 부족하고 마음은 급해져 결국 '수학 포기자'가 되는 경우를 많이 본다. 중학교에서 쉽다고 대충 넘어간 개념이 몇 개만 뭉치면 얼마나 어려운 문제로 변신하는지를 고등학교에서 직접 몸으로 느끼게 되고, 머리에서 거부하게 되어 자칫 수학이 아니라 인생의 진로마저 바뀌는 것이다.

중학교에서 개념과 확장은 어떻게 이루어지는가?

개념은 '생각 덩어리'로 많고 다양하다

초등학교에서는 거의 듣지 못하고 있다가 중학교에 와서 간간히 개념이 중요하다는 말을 듣는 경우가 많다. 그러나 개념의 중요성은 이야기하면서도 콕 집어서 '개념은 이런 것을 말한다' 하고 말할 사람은 필자 이외에는 없는 것 같다. 그것은 개념이 '생각 덩어리'로 그 수가 많고 다양하기 때문이다. 그러나 덩어리가 있다면 처음 뭉쳐지는 핵이 있을 것이다. 필자는 개념이라는 덩어리의 핵을 연산 기호와 같은 기호에 있으며, 그래서 초등학교의 개념을 [+, −, ×, ÷]와 [괄호, 등호, 부등호]와 분수의 성질 등에 있다고 본다. 이런 관점에서 중학교의 개념은 새롭게 배우는 [−('모자라다'의 개념), =(등식의 성질), | |(절댓값의 성질), 거듭제곱] 등 4개

라고 본다.

　이 4개의 개념과 초등학교의 몇 개 되지 않는 개념이 뭉쳐서 중학교 3년 동안 대부분의 문제를 만들어내며 그 문제를 학생들이 풀고 있다. 그리고 이 문제들이 시험에 나오는 중요한 문제라느니 하며 더 좋은 문제집이 없는가를 찾아다닌다. 그러다가 어려운 문제가 나오면 해답지를 봐가면서 이해하고 또 다시 다른 문제를 찾아 헤매는 경우가 많다. 만약 해답지를 보아도 이해가 안 되는 문제를 만나면 더 깊은 좌절을 경험한다.

　이러한 행동은 개념은 없으면서 문제 푸는 기술만으로 모든 문제에 적용하려고 하는 데서 오는 현상이다. 소위 어려운 문제나 응용문제는 개념이 좀 더 여러 개 뭉쳐져 있는 문제일 뿐이다. 개념이 몇 개 되지 않는다고 하지만 개념과 개념이 뭉쳐서 만들어낸 문제의 유형이 수천가지가 넘으며, 앞으로도 계속해서 만들어질 여지가 충분하다. 그렇기 때문에 개념과 개념이 조합된 많은 문제를 모두 풀어서 해결하려는 것은 어리석은 선택이다. 그 이유는 다음과 같다.

　첫째, 모든 문제를 풀려고 한다면 부족한 시간 때문에 깊고 다양한 생각을 할 수 없게 된다. 둘째, 여러 문제를 풀다 보면 당연히 반복은 적고 개념이 튼튼할 기회를 잃게 된다. 셋째, 결국 어려운 문제를 만나면 자신감을 잃게 된다. 넷째, 많은 고민 끝에 풀었다 해도 그 문제의 구조를 모르기 때문에 실력과 별개다.

　어려운 수학문제를 만나서 고민하는 것은 필요한 일 중의 하나가 분명하지만, 개념의 습득 없이 어려운 문제만 골라 풀면서 수학적 희열만 추구하는 학생이 의외로 많다. 취미로 수학을 한다면, 말릴 일이 아니지만 안타깝게도 이런 학생의 성적이 노력에 비해 좋지 못하다는 것을 많은 사례를 통해 증명할 수 있다.

수학문제를 푸는 목적은 개념 강화다!

개념을 익히고 문제를 풀 것인가? 문제를 풀면서 개념을 추출해 낼 것인가?

우리는 여기에서 선택해야 한다. 개념을 하나하나 익히고 이것들이 조합한 문제의 본질을 알아가는 공부여야 하는가? 아니면 개별적인 문제를 많이 풀고 다시 그 안에 있는 공통 성질, 즉 개념을 추출해내는 방법을 선택할 것인가?

개념을 먼저 익히는 공부 방법은 적은 시간에 많은 깨달음을 얻을 수 있는, 그래서 힘이 덜 드는 공부법이다. 그러나 그 동안 개념을 다룬 책이나 개념을 강조하는 선생님이 부족하여 어쩔 수 없이 문제 풀이에 집중할 수밖에 없었다. 그래서 문제를 통해 개념을 추출해 내는 능력을 가진 학생은 수학 때문에 자신의 진로를 포기하지 않아도 되었지만, 그 수가 드물다는 것은 그 동안 수학을 포기한 학생이 많았음을 보여준 '수포자'가 증명해 준다.

많은 학생들이 문제집을 풀 때 문제집에서 설명하고 있는 부분을 읽지 않고 곧장 문제부터 풀기 시작한다. 읽어봐도 잘 모르겠고 문제를 풀면서 자연스럽게 알게 되었던 경험 때문이다. 또한 그 설명에는 개념이 없고 문제 풀이에 대한 기술만 나열되어 있기에 굳이 읽을 필요를 느끼지 않기 때문이다. 그러나 수학문제가 풀리는 순간에, 역으로 개념을 습득할 기회는 점점 사라진다는 것을 알아야 한다. 문제가 풀리면 더 이상 궁금하지 않게 되고 궁금하지 않으면 발전은 없다. 문제 풀이의 목적은 단연코 개념 습득에 있다. 또한 초등학교에서 부족부분이 있었다면 아직 시간이 있는 중학교에서 메워야 하며 수학의 특성상 수학문제를 꾸준히 풀어야 한다.

문제집을 풀기 전 반드시 알아 둘 것들

문제집을 풀면서 반드시 명심해야 할 것 다섯 가지만 알려준다.

첫째, 개념을 먼저 익혀라. 문제 푸는 기술을 먼저 익히는 순간 개념은 물 건너간다.

둘째, 풀고 있는 문제 속에서 반드시 사용된 개념을 확인해라. 문제 풀이의 목적이 개념 습득과 적용이기에 어떤 개념들을 사용하였는지 모른다면 풀어도 푼 것이 아니다.

셋째, 초등학교를 비롯하여 이전에 배운 것 중에서 부족한 부분이 나오면 진도에 상관없이 미루지 말고 그 자리에서 찾아 이해해라. 특히 분수연산을 못하면 더 이상 진도는 의미가 없다.

넷째, 하루 한두 문제만 어려운 문제를 풀어라. 어려운 문제가 실력을 높여주는 것은 아니나 고등학교를 위해 어려운 문제를 대하는 태도를 기를 필요가 있다.

다섯째, 한 단원을 다 풀면 개념의 적용이 어떻게 이루어지고 있는지 생각하는 정리의 시간을 갖는다. 정리되지 않은 지식은 활용할 수 없다는 것을 알자.

매일 풀어야 하기 때문에 많은 시간, 많은 문제를 계속 푼다는 것은 실천하기 어려울 뿐만 아니라 학생들로 하여금 더 이상 수학에 대한 흥미를 잃게 만들 수도 있다. 초등학교 수준의 분수연산이 되는 학생이라면 중학교에서는 어려운 한두 문제를 제외하고 하루에 10~20분 정도면 충분하다.

간혹 실력이 떨어진다고 해서 문제집의 수준을 낮은 단계, 중간 단계, 고난이도로 나누어 모두 풀려고 하는 학생이 있는데, 이 방법은 시간과 의지가 부족하면 실행이 어려울 것이다. 처음에는 어렵지만 중간 단계인 책 하나를 선택하고 반복하는 것이 더 효과적이다. 하루에 한 두 문제는 어려운 것을 풀라고 했는데 이것은 어려운 문제집에서 마음에 드는 문제로 하면 된다. 어차피 실력이 목적이 아니기에 전부 풀려고 하는 것이 아니라 답이 틀리더라도 끝까지 해보는 데 의의를 두기 바란다.

왜, 수식에 개념이 있다고 하는가?

문제가 무엇을 물어보는지 모르겠어요?

중학교에서 수학을 공부하는 목적이 단기적으로는 고1 수학을 잘하기 위해서라 했다. 그런데 고1의 학생들이 수학문제를 풀면서 가장 많이 하는 말이 다음과 같은 말이다. 아마 지금 이 책을 읽는 여러분들도 동의할 것이다.

"문제가 무엇을 물어보는지 모르겠어요."
"왜, 문제 풀 때, 이 생각이 나지 않았을까요?"
"저는 응용력이 약한가 봐요."
"이 공식을 이때 쓰는 거구나!"

$$\sqrt{0^2}$$

이런 학생에게 수식을 풀어서 설명하는 약간의 힌트만 주어도 풀거나 그도 저도 없이 풀이과정만 보여주어도 아는 경우가 많다. 비록 지금 고등학생은 아니지만 대비하는 마음으로 하나하나 살펴보자! 중학교도 마찬가지지만 수학문제는 스무고개처럼 뜬구름잡기의 문제가 아니라 대부분 수식을 포함하고 있고 물어보는 것이 명확하다. 문제가 무엇을 물어보는지 모른다면 주로 이 수식이 의미하는 바를 모르기 때문이다. 고등학교의 문제라지만 수식을 걷어내고 알기 쉽게 말로 설명하면 초등학생들도 쉽게 이해할만한 수준으로 결국 수식이 이해를 가로

막고 있다.

문제를 풀면서 풀이방법이 생각나지 않는다면 그것은 머릿속에 개념이 없기 때문이다. 없는 것을 어떻게 꺼내겠는가? 설사 개념이 있더라도 꺼내 쓸 수 없을 만큼 희미하게 있다가 다른 자극이나 힌트에 생각이 나기 때문이다.

고등학교 수학까지는 응용력과 창의력 핑계를 대지 마라

응용력이 약하다는 자가진단을 하는 학생이 많다. 응용력 때문에 수학 성적이 잘 나오지 않을 가능성은 적어도 고등학교까지는 그렇게 크지 않다. 왜냐하면 고등학교 수학은 수학적 사고를 끌어내는 과정이 아니기 때문에 수학에서 응용력이나 창의력과 같은 것에 의미를 두지 않기 때문이다. 물론 있으면 좋겠지만 없다고 해서 수학을 못하는 것이 아니며 하나하나 개념을 배워서 꺼내 쓸 수 있는 것이 수학을 잘 할 수 있는 가장 빠른 방법이다. '이 공식을 이때 쓰는 거구나!' 이런 생각이 수학을 못하는 지름길이 될 수 있다는 말이다. 이런 생각은 개념을 잡는 공부가 아니라 문제만 풀었기 때문에 나타나는 현상으로 중학교의 공부습관을 연장하고 있는 것이다.

그런데 이런 푸념을 늘어놓는 학생들 중에는 상당수가 중학교 때 우등생이었다. 공부를 하지 않아서 생기는 현상이라면 당연하지만, 고등학교에서 문제를 열심히 풀고 있는 학생이라는데 문제가 심각하다. 많은 중학생이나 학부모들은 중학교 때 잘했으면 고등학교에서도 당연히 수학을 잘 할 거라는 믿음이 있다. 그러나 중학교 우등생의 70% 이상이 추락하는 현실에서는 맞지 않다. 중학교에서 잘한 학생 중에 스스로 공부하는 힘을 갖추고 개념을 파고 문제를 끝까지 해결하려는 의지를 가진 학생은 고등학교에서도 여전히 잘한다. 그러나 학원이나 과외 등 소위 성적을 돈으로 올려놓은 학생은 여지없이 추락하게 되어 있다.

내려가는 사람이 있으면 올라가는 사람도 있는 법. 현재 중학교 우등생 중에서도 공부를 올바르게 하는 학생은 많지 않다. 그렇기 때문에 당장 수학성적이 안 좋다하더라도 개념을 잡는 등 수학이 요구하는 것을 정확하게 배우다 보면 반드시 수학은 보답을 할 것이고 역전의 그 날이 올 것이다.

중학수학은 7가지 개념이 전부다

초등학교에서 배우는 개념

알다시피 초등학교는 6년이었다. 6년이라는 긴 시간 동안 우리는 알게 모르게 +, -, ×, ÷와 괄호, 등호, 부등호 등의 연산과 역연산 등 많은 개념을 배웠다. 그 밖에도 자연수를 통하여 기수와 서수, 십진법, 짝수와 홀수, 수의 범위 등을 배웠고 분수를 통하여 몫, 비, 비율, 비례식, 비례배분 등을 배웠다. 이름만 들어도 떠오르는 사람도 있겠지만 그렇지 않고 잘 모르는 것이 있다고 생각하는 학생도 있을 것이다. 이런 것들을 초등학교에서 배운 이유는 여러 가지가 있지만 수학의 기초이면서 또 쉽기 때문이다.

연산의 습득이 오래 걸리는 데 반해서 다른 개념들은 습득이 오래 걸리는 것이 아니다. 그렇기 때문에 설사 잘 모르는 것이 있다고 해도 지금이라도 하면 된다. 초등학교의 개념들이 중학교에서 모두 쓰이는데, 이 중에 필자는 ① 괄호, ② 부등식의 성질, ③ 분수의 성질이라는 3가지를 중학교의 4가지와 함께 7가지의 개념을 이 책에서 설명하려고 한다. 비와 비율, 비례식, 비례배분 때문에 어렵다는 학생들도 있겠지만 이것은 분수의 성질과 등식의 성질로 모두 해결할 수 있기 때문에 염려하지 않아도 된다.

중학교에서 배우는 개념

중학교에서 새롭게 배우는 것은 −('모자라다'의 개념), =(등식의 성질), | |(절댓값의 성질), 거듭제곱이라는 4개의 큰 범주를 벗어나지 않는다. 이 4개는 모두 중학교 1학년 1학기에 나오는 것으로 중학교에 올라오자마자 정신없이 문제를 풀어서 중간고사의 성적을 올리려다가 정작 개념을 놓치고 지나간 경우가 많다. 이 4개의 개념은 3년 동안 튼튼히 해야 할 중요 개념으로 대충 지나갔다면 점차 성적도 대충 나오고 이유도 모르는 어려움에 처하게 될 것이다.

① 사칙연산 기호 ② 괄호 ③ 분수의 성질 ④ 등식의 성질 ⑤ 부등식의 성질
⑥ 거듭제곱 ⑦ 절댓값

이 7개의 개념이 이 책의 중심이다. 그리고 이 개념으로 문제가 어떻게 만들어졌으며, 앞으로 어떻게 만들어질 것인가를 예측할 수 있다. 그 밖에도 중학교에서는 다루지 않다가 고등학교에서는 다루면서 가르치지 않는 것들이 있다. 이런 것들을 포함하여 개념이 무엇이고 그 확장은 어떻게 이루어지는 것인지 알려주겠다. 나아가 스스로 개념을 확장할 수 있도록 기본을 튼튼히 하는 방법에 대해 알려줄 것이니 꼼꼼하게 읽었으면 좋겠다.

수식을 바라보는 눈

많은 선생님들이 학생이 문제를 풀 때, 정확하게 읽지 않는다는 말을 한다. 주어진 조건을 무시하였거나 문제가 요구하는 것이 아닌 다른 것을 푼다거나 문제를 풀다가 혼동의 안개 속에 빠져서 헤어 나오지 못하는 것을 보고 안타까워서 하는 말이다. 문제를 푸는 기술만 익힌 학생의 입장에서 보자. 주어진 식이 이전에 풀어 보았던 식이라면 문제가 없다. 그러나 식이 달라지거나 조건이 붙었거나

물어보는 것이 다르다면 푸는 방법도 모르면서 위와 같은 핀잔을 듣게 된다. 눈으로 본다고 다 똑같이 보이는 것이 아니다. 안 보는 것이 아니라 봐도 모르기 때문이다. 메인이 되는 식이 무엇을 말하는지도 모르는데 조건을 따지고 문제가 요구하는 것을 알기 쉽겠는가? 게다가 낯선 식은 외워지지도 않아서 머리가 하얀 상태가 아닌가?

주어진 식이 다항식인지 방정식인지 미지수는 몇 개고 푸는 방식이 떠오르고 필요한 단서가 이미 머리에서 떠올라야 단서도 보인다. 이런 식을 보는 눈은 식이 만들어지는 과정을 하나하나 이해하고 만들어질 수 있는 조건을 생각하고 연습해야 비로소 주어진 식이 의미를 드러내게 된다. 개별적인 기호들이 뭉쳐서 만들어낸 식의 의미를 알아야 익힌 개념도 사용하게 된다. 7개의 개념을 익히고 이것이 적용되는 식을 직접 만들어보면 비로소 이 책이 추구하는 마지막 단계인 식을 이해할 수 있게 될 것이다. 주어진 식을 이용해서 문제를 푸는 것과 더불어 식을 분해하고 만들어지는 과정을 함께 생각할 수 있도록 해라. 그러면 식에 대한 이해가 한층 높아져서 나중에 고등학교에 가서 좀 더 식이 복잡해지더라도 식을 보는 깊은 눈이 생기기를 바라는 마음이다.

지은이 조안호

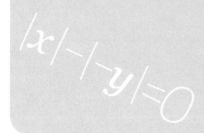

3부. 등식 or 부등식과 수학문제 해결사 0의 만남

$|x|+|-y|=2x$

1

중학수학 만점공부법,
7가지 개념을 분석하라

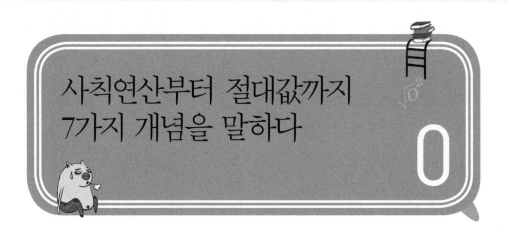

사칙연산부터 절대값까지
7가지 개념을 말하다

'하나'를 이해하면 하나 더하기 하나는 '둘'이니 이 둘을 잘 이해하는 것이 중요하다고 한다. 그런데 여기서 간과하기 쉬운 것은 하나와 하나 사이에 '더하기'가 있다는 사실이다. 직업상 잘 팔리는 중학수학 책을 거의 다 읽어보는데, 대부분 쉬운 수학책을 표방하고 있다. 수학을 쉽게 가르치고 싶은 모든 수학선생님들의 한결같은 목마름인가 보다. 그런데 이런 책들이 한결같이 이렇게 풀면 간결하다는 식으로 '둘'에 대한 풀이기술만 언급하며 개념을 덮어 버리고 있어 실망스럽다.

수학성적이 바닥이라면 성적을 올리기 위해서는 무슨 수라도 써야 한다고 생각하나 보다. 어느 정도 동의는 하지만 장기적으로 그런 공부 방식을 지속하는 것은 점점 어려워지는 수학 앞에서 속수무책이다. 기술로 수학을 잘하겠다는 생각은 지속적인 성적향상은 고사하고 생명을 연장하는 수학 연명의 수준 이상은 되지 않는다. 수학 문제가 복잡하고 어렵다는 생각이 든다면 무작정 그 문제를 정복하려고 달려들기보다는 한 발 뒤로 물러서서 문제의 본질을 생각하는 것이 중요하다. 만약 본질을 꿰뚫을 수만 있다면, 모든 문제는 아니어도 사고가 미칠 수 있는 개수로 정리할 수 있을 것이다. 물론 필자가 경력만 길었지 사고가 깊지 못하여 얼마나 완성도를 높일지는 모르겠다. 그래서 목표로 하는 수학과 학생 사이의 거리를 얼마나 좁힐 수 있을지 장담하지 못한다. 그러나 우리나라 수학교육사에서 이런 시도가 처음 있기 때문에 비록 지금은 미진해도 하나의 씨앗이 되길 기대한다.

'시험문제를 분석하면', '출제자의 의도를 분석하면'······

사물의 본질을 분석하기 위해서 쪼개다 보면 그 물체의 성질은 가지고 있으면서 최소의 단위라는 것이 만들어지는데 과학에서는 이것을 '분자'라 한다. 이처럼 분석이란 본질이 그 안에 있을 것이라는 가정하에서 시작한다. 분자를 더 쪼개면 성질을 잃으면서 더 작은 알갱이로 변하게 되지만, 수학에서는 더 이상 분석은 의미가 없다. 그렇다면 성질을 잃지 않는 분자 단위가 수학에서는 무엇일까? 필자는 이것을 수나 기호에 있다고 보고 있으며 그 중에서도 가장 핵심은 [사칙연산 기호, 괄호, 분수의 성질, 등식의 성질, 부등식의 성질, 절댓값, 거듭제곱]이라는 7개로 보고 있다.

분석이라는 말이 수학에서 쓰일 때는 '시험문제를 분석하면', '출제자의 의도를 분석하면' 등과 같이 구체적인 문제들과 함께 사용되는 경우가 많다. 주어진 문제를 기준으로 하여 잘라보고 쪼개보고, 자신의 실력과 비교하며 놓친 부분이나 부족부분이 무엇인가를 알아내는 것이다. 그래서 어떤 결론을 얻었나? 대부분 부족한 부분이 무엇이었는가를 아는 데 그치고 그 후속으로 무엇을 해야 하는지는 모른다. 분석을 한 후 변한 것이 없다면 왜 귀찮은 분석을 할까? 그래서 일반적으로는 문제를 놓고 그것을 분석하는 방법만 사용한다면, 이 책은 분석하여 얻을 수 있는 본질을 언급하고 이것을 바탕으로 조합해가는 방법을 사용하려고 한다.

사실 필자가 중요하다고 언급하고 있는 7개 개념이라는 것도 대부분 초등학생도 이해할 수 있는 것이다. 그래서 너무 쉬워서 가르쳐주지 않거나 흘려버리는 개념들이다. 하지만 조합이라는 과정을 거치며 우습게 알았던 내용이 어떻게 의미를 가지는지 알게 되고 그 중요성을 인식하게 될 것이다. 우선 1부에서는 재미는 없겠지만 필자가 중요하다고 생각하는 7개 개념을 먼저 정리하고 수나 관점 등 나머지 개념은 그때그때 조합을 해가면서 필요할 때마다 다루고자 한다.

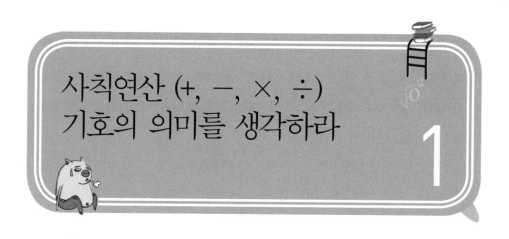

사칙연산 (+, −, ×, ÷) 기호의 의미를 생각하라

약속기호일까? 명령기호일까?

사실 학생들이 수학에서 사용되는 +, −, ×, ÷와 같은 사칙계산 기호와 괄호, 등호, 부등호 등의 기호들을 그동안 무수히 봐왔지만 계산하는 데만 급급하여 그 기호들이 갖는 의미들을 깊게 생각해보지 않았을 것이다. 그렇다고 이 기호들이 지닌 정의를 완벽하게 이해하는 것은 이 책 한 권으로는 힘들다. 그래서 여기에서는 필요한 만큼만 약식으로 설명하려고 한다.

대부분 선생님들은 기호가 어렵고 재미없다는 이유로 설명 대신 간단한 약속 기호니 그냥 받아들이라며 넘어가는 경우가 많다. 여기에는 무수히 많은 계산을 할 터이니 저절로 습득될 것이라는 생각도 다분히 담겨져 있다. 필자도 그 말에 어느 정도 동의를 하지만 완전히 공감하는 것은 아니다. 왜냐하면 끝까지 깨우치지 못하거나 시기가 지나 먼 훗날에야 깨우치면, 그 안에서 받아들여야 할 것을 날리거나 그 사이에 수학을 포기하는 학생들이 비일비재하기 때문이다.

적어도 약속기호라면 왜 그렇게 약속했는지 알아야 한다. 그런데 우선 필자는 대부분의 기호들을 '약속기호'가 아니라 '명령기호'로 받아들이라고 요구한다. 약속이나 명령이나 그게 그거라고 할 수도 있지만 받아들이는 사람의 입장에서는 느낌이 많이 다르다.

+는 '더하라'는 명령기호, −는 '빼라'는 명령기호, ×는 '곱하라'는 명령기호, ÷는 '나누라'는 명령기호, ( )는 '먼저 계산하라'는 명령기호, =은 '양변을 같게 만들라'는 명령기호, >와 <은 '큰 쪽으로 입을 벌리라'는 명령기호, ∣ ∣(절댓값)은 '양수로 만들라'는 명령기호 등으로 받아들이면 간결하고 훨씬 이해가 빠르다. '약속'이라는 유순한 말 대신에 '명령'이라고 하면 기분이 나쁠까? 만약 기분이 나쁘다면 이것을 긍정적인 방향으로 승화시켜서 왜 그렇게 명령했는지 따져보아서 수긍하는 계기로 삼았으면 좋겠다.

우선 초등학교에서 배운 사칙연산 기호인 +, −, ×, ÷의 의미를 정리해보자!

+ : 앞의 수에 뒤의 수를 더하라는 명령기호

예를 들어 5+3은 5에다 3을 더하라는 명령기호다. 더하라는 명령이니 4+4, 3+5, 2+6 등 어떤 것을 답으로 해서는 안 되고 오로지 8이라고만 해야 한다. 이처럼 기준을 앞의 수로 두면 더하라는 것이고, 두 수를 모두 기준으로 하면 '합'이라는 말을 사용한다.

− : 앞의 수에서 뒤의 수를 빼라는 명령기호

예를 들어 5−3도 명령이니 2라는 답만 써야 하며, 빼는 수에 기준을 두면 '차'라는 말을 사용하고, 큰 수에서 작은 수를 빼는 경우는 '차이'라고 한다.

×: 같은 수의 더하기가 귀찮아서 한꺼번에 더하라는 명령기호

예를 들어 5×3은 5+5+5라는 같은 수의 더하기를 빨리 하려고 만들어졌다. 같은 수의 더하기는 미지수를 포함하는 모든 수에 적용되며, 앞으로 식을 간단히 하는 도구로도 사용된다.

÷: 같은 수의 빼기를 몇 번 했는지 물어보는 명령기호

예를 들어 5÷3은 5에서 3을 몇 번 뺐느냐고 묻는 것으로 5÷3=1…2, 5÷3=$\frac{5}{3}$, 5÷3=1.666… 로 쓸 수 있다. 그런데 중학교에서는 대부분 몫을 의미하는 분수로 가르치고 있어 중·고등학교의 식에서는 잘 보이지 않는다. 다만 간혹 문제에서 '나머지'를 다루는 경우에는 여전히 5÷3=1…2와 같은 식을 사용하고 있다.

초등학교에서 배운 사칙연산 기호들은 중학교에 와서 약간의 추가 과정을 거친다. 기존에 가지고 있던 개념에 어떤 변화를 주지 않으면서 새로운 것이 추가되는 것이다. 이처럼 수학에서는 앞으로도 똑같은 것에 대한 관점의 변화만 일으키는 것이 많다. +, -는 더하기와 빼기라는 초등학교 개념에 추가하여 '남는다'와 '모자라다'의 개념이 추가된다. 그리고 다시 ×, ÷의 생략과 항이라는 개념이 추가되면서 모든 항은 +로 연결되어진 식이 된다. 최종에는 적어도 표면적으로는 모든 식이 +밖에 없는 식이 된다. 앞으로 이 부분에 대한 많은 문제와 개념을 다루겠지만, 우선 새롭게 배우는 '남는다'와 '모자라다'부터 살펴보자!

의미를 살리는 정수의 덧셈과 뺄셈

+ (플러스) $\begin{cases} ① \text{ 더한다} \\ ② \text{ 남는다} \end{cases}$

- (마이너스) $\begin{cases} ① \text{ 빼다} \\ ② \text{ 모자라다} \end{cases}$

+를 중학교에서는 '더하기'라 하지 않고 '플러스'라 하고, -는 '빼기'라고 하지 않고 '마이너스'라고 읽는다. 이것은 중학생 수준을 높여주려고 해서가 아니라 '더한다'와 '뺀다'라는 개념에 '남는다'와 '모자라다'의 개념을 추가하였기에 이 의미를 모두 포함하는 말로 읽기 위해서다. 플러스와 마이너스는 처음 정수(양의 정수, 0, 음의 정수)를 배우면서 도입된다. 그동안 자연수라고 사용하고 있던 것에 사실은 자연수가 양의 정수와도 같다는 것을 말한다. 즉 5=+5라는 말이며 이때의 +는 더한다가 아니라 '남는다, 증가, 동쪽, 위쪽' 등의 의미로 사용된다는 것을 배우게 된다. 그런데 양의 정수 즉 자연수끼리 빼다 보면 자연수라는 범위를 벗어나서 새로운 수인 0과 '음의 정수'를 만들어 내게 된다.

예를 들어 5-3은 여전히 2라는 자연수를 만들지만 5-5나 3-5는 0이나 -2와 같은 음의 정수가 만들어진다. 온도계를 오른쪽으로 누인다고 생각하면 수직선(수가 있는 직선)이 만들어지며 음의 정수를 받아들이는 것이 그렇게 어렵지는 않을 것이다. 정수의 덧셈과 뺄셈은 여러 종류가 있어 보이지만 결국 다음과 같이 몇 개의 문제가 주축이 된다. 앞 수의 부호는 '남는다' 또는 '모자라다'는 것이고, 뒤에 있는 부호는 초등학교 때와 마찬가지로 여전히 '더한다'나 '뺀다'라는 의미다. 연산 자체의 의미를 살리는 정수계산 연습의 예를 들어 보자.

① +7-13

　7개가 (남아)있는데 13개를 빼면, 7이 13보다 작아서 6개가 모자라니 '-6이다'

② -13+7

　13개 모자라는데 7을 준다 해도 여전히 6개가 모자라게 되어 '-6이다'

③ -7-13

　그러지 않아도 7개가 모자라는데 설상가상 거기에서 또 13을 빼면 더 모자라게 되며 결국 20개가 모자라니 답은 '-20이다'

많은 학생들의 계산 실수는 곱셈이나 나눗셈에서 오는 것이 아니라 덧셈과 뺄셈에서 나오며 자칫 확실하게 하지 않으면 오답은 계속된다. 특히 음수에 대한 처리는 새롭게 배우는 만큼 민감하게 반응해야 한다. 만약 -5라는 음의 정수에서 -와 5를 분리하는 순간 모든 오답의 근원이 되며, 더불어 이것은 3년간의 오답을 예약하는 것과 같다. 음의 부호가 없었다면 모두 초등문제니 이런 문제를 중학교에서 시험문제로 내지는 않기 때문에 문제를 풀 때는 항상 음의 부호를 생각해야 한다.

　위 세 개의 문제 중에 '-7-13'이 가장 많은 오답을 일으키는 부분이다. 덧셈, 뺄셈을 연습할 때는 잘하다가도 새롭게 곱셈을 연습하고 나서 다시 혼동을 겪기 때문에 반드시 혼동이 없도록 충분히 연습하는 것이 중요하다. 그런데 교과서에서는 '부호가 같은 두 수의 더하기는 더하고 나서 동일한 부호를 붙여준다'거나 '부호가 다른 수의 계산은 큰 수에서 작은 수를 빼고 큰 수의 부호를 쓰는 것'으로 알려준다. 그런데 이렇게 하면 더 많은 연습이 필요하고 학생들이 마치 수학이 외우는 과목이라는 오해를 하는 경우를 많이 본다. 만약 지금이라도 정수의 덧셈과 뺄셈에서 간혹 오답이 나온다면 위처럼 의미를 살리는 연습을 몇 번 하는 것으로도 많은 교정이 이루어질 것이다. 그런데 정수의 셈에서 (−5)−(−7)처럼 괄호가 있는 것은 괄호를 풀어서 −5+7로 만들면 된다. 이런 문제가 어떤 때 쓰이는지 문제를 통해서 알아보자!

Q −5보다 −7만큼 작은 수를 구하면?

답: 2

이런 문제를 만나면 많은 아이들이 어쩔 줄 몰라 하거나 −12라 대답한다. 그런 학생에게 5보다 7작은 수를 구하는 식을 쓰라면 5−7이라고 잘만 쓴다. 5 대신에 −5, 7 대신에 −7을 쓰는데 대신에 음수니 모두 괄호를 붙여주라고 한다. 처음에는 혼동하지만 곧 (−5)−(−7)을 쓰게 된다.

곱하기로 뭉쳐져 있는 것은 모두 한 덩어리로 보아라

곱셈과 나눗셈에서 기호의 의미가 중학교에 와서 새로 추가되는 것은 없다. 정수의 곱셈에서 가장 먼저 받아들여야 하는 것은 다음과 같은 것이다.

$$(+)\times(+)=(+) \qquad (+)\times(-)=(-) \qquad (-)\times(+)=(-) \qquad (-)\times(-)=(+)$$

이 중에 다른 것은 곱하기가 '같은 수의 더하기'라는 것으로 모두 설명할 수 있다. 그런데 (−)×(−)=(+)만큼은 곱하기로 설명이 되지 않는다. 『중학수학 만점 공부법』에서 여러 가지 방법으로 설명하였는데 그것은 역으로 설명이 어렵기 때문이다. 좀 더 쉽게 설명하지 못하는 것을 미안하게 생각하지만, 다른 책에서도 별반 다른 설명이 없으니 일단 두 음수의 곱은 양수 더 나아가 짝수개의 음수의 곱은 양수, 홀수개의 음수의 곱은 음수라는 식으로 받아들여야 할 것이다. 그래서 음수를 포함하는 곱셈을 조심해야 하고 초등학교에서 배운 혼합계산순서를 기억해야 한다. 다음 네 문제를 구분하면서 풀어보자!

Q   (1) $2+3\times5$ (2) $2-3\times5$

        (3) $2-3\times5\times(-2)$ (4) $2-(-3)\times5\times(-2)$

답: (1) 17 (2) -13 (3) 32 (4) -28

초등학교에서 덧셈보다 곱셈을 먼저 계산하라고 배웠다. (1) $2+3\times5$는 2와 3×5의 합으로 볼 수 있어서 $2+15=17$이다. (2) $2-3\times5$는 2와 -3×5, 즉 $2-15$로 -13이다. (3) $2-3\times5\times(-2)$도 역시 2와 $-3\times5\times(-2)$의 두 덩어리로 볼 수 있으며, $-3\times5\times(-2)$에서 음의 부호가 두 개로 짝수이니 양수인 $3\times5\times2=+30$이다. 따라서 $2+30=32$이다. (4) $2-(-3)\times5\times(-2)$에서 $-(-3)\times5\times(-2)$는 음의 부호가 3개 즉 홀수이니 -30이 되어 $2-30=-28$이 된다. 곱하기로 뭉쳐 있는 것을 모두 한 덩어리로 보도록 노력해야 하고 그렇게 볼 수 있어야 오답을 피할 수 있다. 만약 자주 혼동된다면 뒤편에 나오는 항을 먼저 익혀야 혼동을 막을 수 있다.

앞서 곱하기를 배우고 나서 '$-7-13$'의 계산을 가장 많이 혼동한다고 했는데 $(-)$가 두 개 있으면 무조건 $(+)$라는 생각이 들어있기 때문이다. 더하기와 곱셈이 헷갈리는 것을 단순 실수라고 생각하면 안 된다. 중학교에서 틀리는 원인은 음의 부호 그리고 더하기, 곱하기의 혼동이 주된 것이다.

분수에서 음의 부호는 분자로 올려주어라

유리수를 혼합하여 복잡하게 계산하는 문제가 나오더라도 곱하기로 뭉쳐진 것을 덩어리로 보고 덩어리 안의 음의 부호 개수를 처리한다면 이론상으로는 오답이 없어야 맞다. 그런데 간혹 정수 셈도 잘하고 분수 셈도 잘 할 수 있으면서도 분수를 포함하는 덧셈과 뺄셈의 연산이 나오면 오답을 보이는 학생들이 많다. 이것은 대부분 $-\dfrac{3}{4} = \dfrac{3}{-4} = \dfrac{-3}{4}$ 과 같은 식에 어느 것을 선택하여 문제를 풀 것인가를 생각해 보지 않은 경우다. 이것을 위해 나눗셈의 경우는 모두 곱하기로 바꿀 수 있으니 별도의 설명은 필요 없지만 그래도 잠깐 몇 개만 보자!

$$(1)\ -3 \div 4 \qquad\qquad (2)\ 3 \div -4$$

위처럼 두 수의 경우라면 분수로 바꾸면 좀 더 간단해지며 만일 여러 개라면 분수의 곱하기로 처리하면 될 것이다. (1)과 (2)에서 음의 부호가 각각 한 개씩이니 답은 모두 $-\dfrac{3}{4}$ 이다. 그런데 답으로 만드는 과정에 $\dfrac{-3}{4}$ 과 $\dfrac{3}{-4}$ 이 나오는데 이것을 모두 $-\dfrac{3}{4}$ 이라고 답을 쓴다. 결국 $-\dfrac{3}{4},\ \dfrac{3}{-4},\ \dfrac{-3}{4}$ 이 모두 같다는 말이다. 그런데 이 세 개 중에 될 수 있으면 $\dfrac{3}{-4}$ 은 사용하지 않는 것이 좋다. 분모에 음의 부호를 가지고 있으면 통분에 어려움이 있어 앞으로도 거의 쓰지 않기 때문이다. 특히 분수의 덧셈과 뺄셈에서는 $-\dfrac{3}{4}$ 을 $\dfrac{-3}{4}$ 으로 바꾸어 사용해야 오답을 피할 수 있을 것이다. 이것이 분수계산에서 주된 오답의 원인이다.

왜 덧셈보다 곱셈을 먼저 계산해야 할까?

초등학교에서 혼합계산순서(( )→ ×, ÷ → +, −)라는 것을 배워서 웬만한 학생들은 다 알고 있다. 중학교에 와서 거듭제곱을 공부하였는데 이제 혼합계산순서에 편입시키면 거듭제곱 → 괄호 → ×, ÷ → +, −이다. 그런데 초등학교에서 설명하지 않았기에 아직도 많은 학생들이 더하기보다 곱하기를 먼저 계산하는 이유를 모르는 경우가 많다. 그 이유를 아이들에게는 다음과 같이 설명한다.

- 2+3×7의 값은 얼마야?

- 23이요. 설마 제가 2+3을 먼저 계산한 뒤에 곱하여 35라고 할 줄 아셨어요? 그런데 왜 곱하기를 먼저 해야 하는 거지요?

- 그럼, 아직까지 이유도 모르고 계산하고 있었던 거야?

- 알고는 싶었지요. 그런데 그냥 약속이라고 배워서 넘어갔지만 알려주는 사람도 없고 사실 왜 그런지 지금도 궁금해요.

- 그럼 이유를 알려줄 테니 잘 들어라. 곱하기는 '같은 수의 더하기'니 2+3 ×7의 곱하기를 모두 더하기로 바꾸면 2+3+3+3+3+3+3+3과 같은 덧셈만의 문제가 된다. 만약 2+3+3+3+3+3+3+3을 계산하라는 문제가 있으면 모두 더하기니 아무거나 먼저 계산해도 되지만 너 같으면 어떻게 계산할래?

아, 알았다. 하나하나 일일이 더하기가 귀찮으니 3을 7번 더하는 것을 곱하기로 바꾸어서 먼저 계산하게 되는군요?

 그래. 2+3×7이라는 계산식에서 3×7은 이미 3을 7번 더해버렸다는 것을 의미한단다.

 이미 더해버렸다는 것이 무슨 말이예요?

 예를 들어 사탕 10개를 동생과 똑같이 반씩 나누어 먹으려고 했는데 이미 동생이 8개를 먹어버렸다면 어떻게 할래?

 알았어요. 곱하기란 이미 먼저 더해버린 것이라 어쩔 수 없다는 것이군요.

이제 '이미 계산하였다'는 말이 무엇인지 다음 두 문제를 구분해보자!

$$(1)\ 2\div2\times(3-1) \qquad (2)\ 2\div2(3-1)$$

이 문제와 유사한 문제가 인터넷에서 뜨거운 감자가 되었던 적이 있었다면서 막내아들이 물어온 문제다. 곱하기를 생략했느냐 안했느냐의 차이만 있을 뿐 두 문제가 똑같다고? 바로 그 차이 때문에 답이 다르다. $2\div2\times(3-1)$에서 나누기를 곱하기로 바꾸면 이미 알고 있던 대로 $2\times\frac{1}{2}\times(3-1)$로 답이 2지만, $2\div2(3-1)$에 서는 2와 (3-1)을 이미 곱하였기에 한 덩어리가 되어서 나누기를 곱하기로 바꾸면 $2\div2(3-1)=2\times\frac{1}{2(3-1)}=\frac{1}{2}$이다. '이미 곱하였다'가 의미하는 바를 이해하였다면 왜 거듭제곱을 가장 먼저 계산해야 하는지도 이해했을 것이다. 그래도 모르 겠다고? 이미 먼저 곱해버렸으니 어쩔 수 없다.

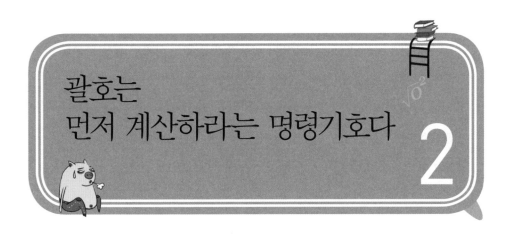

괄호는 먼저 계산하라는 명령기호다

괄호는 먼저 계산하라는 명령기호라서 주어진 식에서 괄호 안의 수를 먼저 계산해야 한다는 것을 모르거나 어려워하는 학생들은 없다. 또한 초등학교 때 배운 혼합계산의 첫머리를 장식하며 곱셈이나 나눗셈보다 우선시 된다. 그래서 괄호가 있는 식에 대한 처리를 곧잘 하기에 괄호가 별거 아니라고 치부하는 경우도 많다. 그러나 이처럼 쉬운 괄호가 분수의 성질, 등식의 성질 등과 만나서 중학수학을 무척 귀찮게 하는 기호이자 수많은 오답의 원인이 된다는 것을 아는 학생들은 얼마나 될까?

괄호는 필요하면 갖다 쓰고 필요 없으면 버린다

이미 괄호가 있는 식에서는 괄호는 먼저 계산하라는 명령기호라는 것만으로도 괜찮다. 게다가 괄호 안이 계산이 된다면 괄호를 써볼 기회도 없이 계산이 된다. 그러나 괄호를 써야 하는 상황이나 괄호가 필요 없는 상황이 점차 분수를 거치면서 수시로 일어나게 된다. 그래서 단순히 먼저 계산하라는 명령기호에 그치지 않고 '필요하면 갖다 쓰고 필요 없으면 버린다'라고 좀 더 유연하게 괄호를 바라볼 수 있어야 한다. 사실 없던 것을 꺼내 쓰거나 있는 것으로 보는 일은 쉽지는 않지만 식을 자꾸 만들어 봐야만 혼동 없이 사용할 수 있게 된다.

괄호를 만들어야 하는 상황

먼저 괄호를 만들어야 하는 상황과 버려야 하는 상황을 이해하는 연습을 대부분 문장제 문제에서 이루어진다. 그래서 초등학교 문장제 문제로 알아보자.

> **Q** 7명의 아이들에게 각각 8개씩의 연필을 나누어주려고 하는데 뒤늦게 3명의 아이들이 도착하였다. 아이들에게 8개씩 모두 나누어주려면 몇 개의 연필이 필요한지 하나의 식을 써서 나타내어라.
>
> 답: $(7+3) \times 8 = 80$

'나누어 준다'는 말이 곱하기인지 나누는 상황인지 구분한다면 답이 80이라고 식도 필요 없이 말할 것이다. '답만 맞으면 되지'라며 싫어하겠지만 이 문제는 답을 물어본 것이 아니라 하나의 식으로 나타내라는 문제다. $7+3 \times 8$이라는 식을 썼다면 괄호의 쓰임새를 모르는 것이다. '몇 명에게 나누어 주었어?', '더한 것이 먼저야 곱한 것이 먼저야?'를 물어 보아야 식에 괄호를 붙일 수 있게 된다. 중학교에서 괄호의 문제는 대부분 분수와 미지수가 나오는 것과 관련된 경우가 많다. 한 문제만 더 풀어보자.

Q 7명의 아이들에게 각각 8개씩의 연필을 나누어주려고 하는데 뒤늦게 몇 명의 아이들이 도착하였다. 아이들에게 8개씩 모두 나누어주었더니 80개의 연필이 필요하였다. 뒤늦게 온 학생들은 몇 명이었는지 하나의 식을 써서 나타내어라.

답: $(7+x) \times 8 = 80$

바로 위 문제에서 묻는 것을 바꾸었을 뿐이다. 여전히 초등문제지만 괄호 사용에 익숙하지 않은 많은 중학생이 식을 쓰지 못하거나 쓰더라도 $7+x \times 8 = 80$이라고 쓰는 경우가 많다. 물론 중학교에서 이렇게 쉽게 나오는 문제는 없다. 중학교에서 흔히 나오는 유형은 다음과 같은 것들이다.

괄호가 있다고 봐야 하는 상황

생략해서 안 보여도 있는 것이다. 괄호가 점차 발전하면서 다음과 같이 괄호를 직접 만들거나 생략해야 한다. 그런데 생략한 식에서는 문제에 괄호가 눈에 보이지 않지만 있는 것으로 보아야 한다는 데 어려움이 있다.

$$x+1의\ 3배 \quad \Rightarrow \quad (x+1)의\ 3배 \quad \Rightarrow \quad (x+1) \times 3 \cdots ①$$
$$x+1의\ 반 \quad \Rightarrow \quad (x+1)의\ 반 \quad \Rightarrow \quad (x+1) \div 2 \cdots ②$$

배가 곱하기임을 알고 있는 학생들이 ①의 식으로 $(x+1) \times 3$이 아닌 $x+1 \times 3$으로 놓는다. x에 1을 먼저 더하고 난 이후의 계산이기 때문에 괄호가 있는 것으로 보아야 한다. ②의 경우는 더 심각하다. 어떤 수의 '반'이라는 것을 직접 나누어 소수로 나타내는 방식에만 길들여져 있어 의미로는 알지만 $\div 2$나 $\times \frac{1}{2}$ 을 사용하지 못하는 경우가 많다. 수학에서 '반'이라는 의미는 쉽지만, 그만큼 중요한 개념이니 정확하게 이해하고 넘어가야 한다. 이것을 알아도 여전히 $x+1\times\frac{1}{2}$이라고 쓰는 학생이 많은 이유는 역시 괄호를 스스로 만들지 못해서다. $(x+1)\div 2$나 $(x+1)\times\frac{1}{2}$ 은 $\frac{(x+1)}{2}$이다. 그런데 분자에는 $x+1$밖에 없는데 먼저 계산하라고 괄호를 사용하는 것은 불필요하다. 그래서 $\frac{(x+1)}{2}$ 은 $\frac{x+1}{2}$ 로 쓴다. 이 부분을 자세하게 쓰는 이유는 이런 문제가 매우 많은 문제에서 사용되고 오답을 일으키는 원인이 되기 때문이다.

앞서 $-\frac{3}{4}$과 같은 분수에서 계산을 위해서는 $-$를 $\frac{-3}{4}$처럼 분자에 올려주라는 말을 하였다. 그렇다면 $-\frac{1+2}{4}$에서는 $-$를 분자에 올려주면 어떻게 될까? 이것을 위해서 먼저 분배법칙을 알아야 하는 등 다른 개념이 필요하므로 해당 분야에서 다시 다룰 것이기에 여기에서는 간단하게만 다루겠다. 그런데 $a\times(b+c)=a\times b+a\times c$라는 분배법칙을 이용하여 괄호를 풀어주는 것은 처음에 음수처리를 잠시 헷갈려하지만 곧 익숙하게 잘할 수 있을 것이다.

$-\frac{1+2}{4}$를 $-\frac{(1+2)}{4}$로 보고 $\frac{-1(1+2)}{4}$라 해야 $\frac{-1-2}{4}$라는 올바른 식을 만들 수 있다. 물론 $-\frac{1+2}{4}$ 처럼 단순하게 나오는 것이 아니라 $-\frac{x+1}{4}$처럼 미지수를 포함한 식에 12와 같은 수를 곱하는 경우에서 암산을 요구하기에 오답이 나오는 것이다. 분모나 분자에 미지수를 포함할 때는 반드시 괄호가 있는 것으로 생각하고 하나의 덩어리로 볼 수 있어야 분수의 배분과 약분 그리고 등식의 성질에서 오답을 피할 수 있게 된다.

(개념) + (부분) = (정리)

(개념)   +   (부분)   =   (정리)

　필자가 (개념)+(부분)=(정리)라는 등식을 만들었다. 수학을 공부할 때는 가장 먼저 개념을 공부해야 한다. 물론 개념만 익힌다고 해서 당장 수학을 잘하는 것은 아니다. 개념을 익히고 난 후에도 하나하나 부분에 속하는 문제를 풀어야 한다. 그러나 개념을 익힌 다음에도 부분과 개념의 관계를 주목해야 한다.

　이 책은 '개념'과 '정리'라는 곳에 중심을 두고 있는 반면 다른 문제집은 '부분'에 충실하다. 물론 능력이 뛰어난 일부 학생은 부분인 문제들만 충실히 해도 전체에 접근할 수 있다. 그러나 부분만 익힌 학생들은 공부한 내용들이 단편적인 지식에 머무르고 그나마 파편과 같은 지식들이 시간이 지남에 따라 잊어버리는 것을 본다. 수학이 원래 망각율이 높은 과목이라고 치부하기 보다는 잊지 않을 수 있는 방법을 강구해야 하는데 필자는 개념을 정리하는 것이 가장 효과적이라 본다. 개념이 있어야 각각의 부분을 정리할 수 있고 정리가 되어야 기억의 발판이 마련된다. 많은 고등학생들이 응용력이 부족하다는 자가진단을 내리는데 응용력의 부족이 아니라 꺼내 쓸 수 있는 개념의 부족이다. 정리되지 않은 지식은 꺼내 쓸 수 없고, 꺼내 쓸 수 없는 지식은 지식이 아니다.

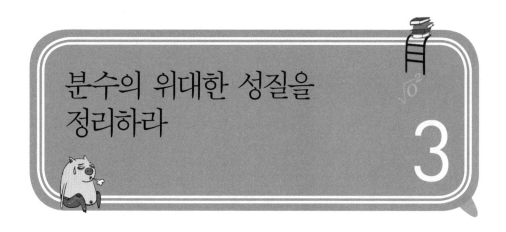

분수의 위대한 성질을
정리하라

3

교과서에는 분수의 성질이라는 용어 자체가 없다. 그렇기 때문에 요약이나 정리된 부분도 없다. 그래서 필자가 분수의 성질 중에서 가장 중요한 '배분과 약분'에 '분수의 위대한 성질'이라는 용어를 사용하며 정리하기를 요구하는 것이다. 이것을 안다고 하거나 언뜻 봐서 별거 아닌데 왜 그러는 걸까 하는 학생들도 많겠지만, 앞으로 어떻게 쓰이는지를 본다면 정리의 필요성을 느끼게 될 것이다.

분수의 위대한 성질

분수에는 분모와 분자에 0이 아닌 같은 수를 곱하거나 같은 수를 나누어도 분수의 크기는 같다는 성질이 있다. 필자는 이것에 '위대한'이란 말을 붙이고 또 초등학생들에게 외우도록 하고 있다. 당장 분수의 사칙계산이 모두 그 개념과 연결되어 있고, 또 중·고등학교를 거치면서 계속해서 문제가 출제되는 중요한 개념이기 때문이다. 정리가 안 되어있다면 지금이라도 정리해야 한다. 초등 4학년에는 '배분', 5학년에는 '약분'을 배우는데, 이 중 배분은 교과서에는 제시되지 않는 용어이다. 곱했으면 원래대로 되려면 나누어야 하는데, 학년을 달리하며 배우는 이유는 이들의 성질이 그만큼 중요하기 때문이다.

> **분수의 위대한 성질**　　한 분수의 분모와 분자에 0이 아닌 같은 수를 곱하거나 같은 수를 나누어도 분수의 크기는 같다.
>
> **배분**　분모와 분자에 0이 아닌 같은 수를 곱해도 그 크기는 변하지 않는다.
>
> **약분**　분모와 분자에 0이 아닌 같은 수를 나누어도 그 크기는 변하지 않는다.

배분

수학에서는 무엇이 된다고 하면 '된다는구나!'처럼 대수롭지 않게 받아들이면 안 되고, 된다고 한 나머지는 모두 안 된다는 생각을 분명히 해야 한다. 역으로 무엇이 안 된다고 하면 다른 것은 모두 된다는 말이기도 하다. 분모와 분자에 같은 수를 곱하거나 나누어도 된다는 말을 정확히 하면 분모와 분자에 같은 수를 곱하기나 나누기가 아닌 어떤 셈으로 해도 같은 분수를 만들지 못한다는 것을 의미한다. 즉, 분모와 분자에 같은 수를 더하거나 빼면 다른 분수가 된다는 것이다. 물론 분모와 분자에 각각 다른 수를 더하거나 빼서 같은 분수를 만들 수는 있다(이것을 '가비의 리'로 『중학수학 개념사전 92』 46쪽 참조). 그동안 배분은 분수의 통분(두 개 이상의 서로 다른 분수에서 분모를 배분의 성질로 같게 해주는 것) 등에서 연습했던 부분이다.

약분

'분모와 분자에 0이 아닌 같은 수를 나누어도 그 크기는 같다'는 성질을 약분이라 하며, 이것은 초등 5학년 때 '기약분수'라는 용어와 함께 배웠다. 많은 중학생들이 '기약분수'와 '진분수'를 순간적으로 혼동하는 경우가 많다.

기약분수　이미 약분한 분수
진분수　분모가 분자보다 큰 진짜분수

기약분수를 교과서에는 '1 이외에는 더 이상 나누어지지 않는 분수'라고 정의하고 있다. 그런데 앞으로 문제를 통해서 보겠지만 이렇게 외웠다가 '기약분수'와 '진분수'가 헷갈리는 것을 본다. 물론 기약분수의 뜻을 잊어버린 탓이지만 용어 자체로부터 의미를 이끌어내야 기억이 오래 간다. 필자는 기약분수에서 '기'가 '이미 기(旣)'자로 '이미 약분한 분수'라고 알려주고, "이미 약분한 분수는 약분이 될까 안 될까?"라고 물어본다. 이렇게 하면 학생들은 약분이 안 되며 그 이유를 "이미 약분했으니까요?"라고 정확하게 이해한다.

그런데 초등학교의 약분은 분모와 분자에 자연수로 나누는 것만 연습했다. 그런데 사실 중·고등학교의 약분에는 자연수로만 나누라는 제약이 없다. 다만 분모와 분자를 분수로 나누었을 때, 분모와 분자에 자연수가 아닌 것이 나오면 분수가 아니라서 안 될 뿐이다(46쪽 분수가 되는 조건 참조). 또 분모와 분자를 같은 수로 나누는 것이 약분이기에 약분한 것이 반드시 기약분수가 되는 것도 아니다. 그래서 '약분하라는 말'과 '기약분수로 만들라는 말'은 다른 말이다. 그래서 이런 혼동을 없애기 위해서 중·고등학교 문제에서는 약분하라는 말 대신에 분모와 분자가 '서로소'라 표현하며 이것을 기약분수라고 한다.

필자가 중학생의 문제 풀이 과정에서 약분처리를 어떻게 하는지 유심히 보는데 그것은 학생의 수 감각을 판단하기 좋은 부분이기 때문이다. 보기에 참으로 시시해 보이지만 약분은 중·고등학생들이 오답에 많이 빠지는 곳이기도 하다. 약분이 무엇이냐고 물으면 사선을 긋는 것으로 아는 학생이 많으며, 특히 약분이 안 되는 곳에 사선을 그으면서 말도 안 되는 새로운 학설을 주장하는 학생들도 있다. 뿐만 아니라 공부를 잘하는 학생들조차 약분에 대한 정의를 잘 모르는 경우가 많았다. 이것은 여차하면 좀 더 복잡해졌을 때 오답을 일으킬 소지를 안고 있는 것이다. 약분을 안 한 답은 중학교의 서술형 문제에서 오답을 일으킨다. 그런데 서술형 문제가 많지 않으니 실질적으로는 복잡한 식의 처리에서 약분의 개념을 정확하게 모르거나 0과 1의 혼동으로부터 오는 오답이 많다.

또한 약분이 하기 싫은 학생들은 같으면 맞는 것이지 왜 틀리냐고 항변하기도 한다. $\frac{2}{4} = \frac{1}{2}$에서 $\frac{2}{4}$와 $\frac{1}{2}$은 같다는 기호로 연결되어 있으니 같다는 주장이 터무니없는 것은 아니다. 그러나 첫째, $\frac{2}{4}$와 $\frac{1}{2}$의 크기로 보면 같지만, $\frac{2}{4}$는 4개 중에 2개라는 뜻이고 $\frac{1}{2}$은 2개 중에 1개라는 뜻으로 비율이라는 관점에서 보면 다른 수다. 둘째, $\frac{1}{2} = \frac{2}{4} = \frac{3}{6} = \cdots$ 에서 $\frac{1}{2}$은 대푯값으로서 의미를 갖는다. 예를 들어 $\frac{86}{172}$을 기약분수로 만들면 $\frac{1}{2}$인데 어느 것이 더 분명해 보이는지 생각해보자.

배분과 약분이 혼동되는 경우

'한 분수의 분모와 분자에 0이 아닌 같은 수를 곱하거나 같은 수를 나누어도 분수의 크기는 같다'라고 한 '분수의 위대한 성질'을 설명하면서 두 가지에 대한 설명을 하지 않았다.

첫째, '한 분수'라는 말을 명기하고 있는 이유다

이것은 한 분수에서 이루어지는 것이 당연하니 쓸데없는 사족이지만 혼동을 미연에 방지하고자 한 것이다. 예를 들어 $1\frac{4}{8}$를 약분하라고 하면 간혹 먼저 가분수 $\frac{12}{8}$로 고친 다음 약분하여 $\frac{3}{2}=1\frac{1}{2}$이라는 긴 과정의 답을 내거나 아니면 그냥 약분해도 되느냐 묻는 학생들이 있다. $1\frac{4}{8}=1+\frac{4}{8}=1+\frac{4\div4}{8\div4}=1+\frac{1}{2}=1\frac{1}{2}$로 분모와 분자에 같은 수로 나누는 것에 위배되지 않는다. 아직도 분수가 약한 학생들 사이에 $\frac{2}{5}+\frac{3}{4}$과 같은 분수의 덧셈에 앞서 $\frac{1}{5}+\frac{3}{2}$과 같이 약분하는 학생들이 있다. 약분은 한 분수에서 이루어지는 것으로 서로 다른 분수의 분모와 분자는 절대 약분할 수 없다. 이런 설명 때문에 $\frac{2}{5}\times\frac{3}{4}$의 계산에서는 서로 다른 분수에서 약분이 이루어지지 않느냐고 생각할 수도 있다. $\frac{2}{5}\times\frac{3}{4}$은 $\frac{2\times3}{5\times4}$이라는 중간 과정을 거치는데 $\frac{2\times3}{5\times4}$은 하나의 분수다. 따라서 $\frac{2\times3\div2}{5\times4\div2}$라는 약분을 할 수 있기 때문이다. 이 과정을 모두 거치게 되면 분수의 곱하기가 무척 번거롭기 때문에 미리 약분하도록 알고리즘을 만든 것이다.

둘째, 왜 0으로 곱하거나 나누면 안 되느냐는 설명을 하지 않았다

어떤 수를 0으로 나누면 안 되는 이유는 221쪽에서 설명하고 있으니 참고하기 바란다. 특히 분모와 분자에 0을 곱하면 분모가 0이 되어 분수(46쪽 참조)가 되지 않기 때문이다. 물론 이 개념은 중·고등학교를 거치면서 '부정과 불능'이라는 개념으로 계속 발전하기 때문에 아주 중요하다. 특히 0과 관련되어 있는 것들은 다른 책에서 거의 그 이유를 언급하지 않고 약속을 강요하는 경우가 많으니 이 책에서 확실하게 이유를 알려고 해야 할 것이다.

이러한 것들은 나중에 배우는 등식의 성질과 혼동하여 많은 중·고등학생들이 오답을 일으킨다. 등식의 성질에 따라 양변에 같은 수를 나누는 것을 약분이라고 한다든지, 분수계수의 방정식의 양변에 최소공배수를 곱하는 과정을 통분이라고 하는 것이 대표적인 것이다. 용어만 혼동되지 문제를 푸는 것은 같다고 할지도 모르겠지만, 이것은 학생이 불안을 지속하게 하는 또 하나의 원인이 된다. 또한 등식의 성질에는 양변에 0을 곱해도 되지만 분수의 위대한 성질에서는 분모와 분자에 0을 곱해서는 안 된다. 수학에서 가장 중요한 '등식의 성질'이 혼동하게 하면 곤란하다.

● 수학이 쉬워지는 스페셜 이야기 3 ●

분수와 유리수의 구분

필자도 중학생 때 분수라는 정의를 정확하게 정리하지 않아서 유리수라는 말과 많이 혼동했던 기억이 있다. 분수와 유리수를 혼동하면 무리수에 대한 정의를 정확하게 내릴 수 없게 된다. 유리수와 무리수의 구분은 다시 별도(268쪽 참조)로 하고 여기에서는 분수와 유리수의 구분을 해보자!

분수　분모와 분자가 정수인 수

유리수　분수로 만들 수 있는 수

단순히 정의만을 보면 아주 단순해서 $\dfrac{b}{a}(a, b$는 정수이며 $a \neq 0$이다)라 한다. 오히려 이렇게 단순하기에 선생님들이 설명을 해도 이를 의미 있게 받아들이지 못하고, 또 스스로는 숨은 의미를 더더욱 알기 어렵기 때문에 분수를 정확하게 정리하고 있는 학생은 적어 보인다.

🙂 먼저 유리수가 무엇인지를 알려면 분수가 무엇인지 알아야 돼. 그런데 너는 유리수와 분수의 차이는 아니?

🙂 유리수나 분수나 같은 말 아닌가요?

🙂 비슷하지만 약간 달라. 분수는 반드시 분모(≠0)와 분자가 모두 정수여야

하고, 유리수는 '이미 분수이거나 분수로 만들 수 있는 수'야. 다음 문제를 하나 풀어보자!

Q 다음 중 분수인 것을 모두 고르면?

(1) $\dfrac{1}{0}$　　(2) $\dfrac{0}{1}$　　(3) $\dfrac{1}{0.2}$　　(4) $\dfrac{0.2}{0.3}$　　(5) $\dfrac{-3}{1}$

답: (2), (5)

분모와 분자 정수이며 분모가 0이 아니라는 조건을 만족하는 것을 찾아보면 답은 (2)와 (5)라는 것을 알 수 있을 것이다. $\dfrac{1}{0}$ (221쪽 참조)는 수가 아니고 나머지 (3)과 (4)는 분모와 분자에 10을 곱하면 분수가 된다. 유리수는 이미 분수이거나 분수로 만들 수 있는 수를 말한다고 했다. 그렇다면 위 5개의 보기 중 (1)을 제외하면 모두 유리수가 된다.

　문제를 통해서 보니 분수와 분수로 만들 수 있는 수라는 말의 차이가 좀 더 명확해지는 것 같아요.

　그럼 우리가 배운 수 중에서 유리수는 무엇이 있을까?

　지금까지 배운 거의 대부분이 아닌가요?

　그래, 양의 정수, 0, 음의 정수, 양음의 분수, 유한소수 등이 모두 분수이거나 분수로 만들 수 있으니 유리수다. 게다가 중2에서 배우는 순환소수도 분수로 만드는 것이니 유리수가 된다. 그런데 0을 분수로 만들 수 있니?

　알아요. $\dfrac{0}{1}$, $\dfrac{0}{2}$, $\dfrac{0}{3}$ 등 분모가 0이 아닌 정수이고 분자가 0이면 되는 거잖아요. 이제 유리수가 무엇인지 그 의미를 정확하게 알겠어요.

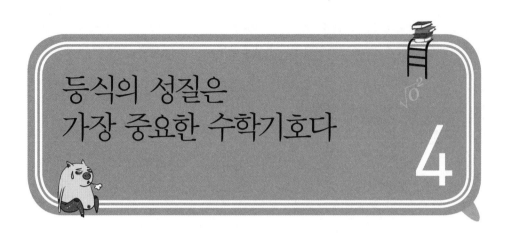

등식의 성질은 가장 중요한 수학기호다

4

선생과 학생 간의 가장 큰 장벽 '='

수학의 기호 중에 가장 중요한 기호를 꼽으라고 한다면 필자는 주저함 없이 등호(=)를 꼽는다. 한 마디로 등호(=)가 들어 있는 식을 등식(等式)이라고 한다. 어떤 수에 0을 제외한 사칙연산을 하면 모든 수는 커지거나 작아지며, 그 연산의 명령 값을 우변에 적게 되는데 만약 바르게 계산하였다면 좌변과 우변은 같게 된다. 세상의 대부분에서 변하지 않는 것은 변하는 모든 것의 기준이 된다. 그래서 변하지 않는 또 다른 식을 만드는 과정으로써 모든 수학문제는 등식의 성질을 사용한다고 해도 과언이 아니다. 즉, 풀이식이 길어지는 것에는 모두 등식의 성질이 작용한다는 것이다.

그런데 이렇게 중요한 기호가 찬밥 신세다. =를 최소한 5~6년을 보아왔으면서도 이름조차 모르고 =의 이름을 물어보면 '는'이라 하는 학생들이 많다. 고등학교까지 통틀어 볼 때 등식의 성질이야말로 가르치는 사람과 배우는 사람 간의 가장 큰 장벽으로 남게 된다. 이 악순환의 고리를 반드시 끊어내야 한다. 등식의 성질이 중요하다니 어려울 것이라 생각할지 모르겠다. 그러나 수학에서 중요한 것이 어려운 것은 거의 없다. 등식의 성질은 초등학교 2학년들에게 가르쳤을 때도 어려워하는 아이는 거의 없었다. 초등학교 2학년 때부터 등식의 성질을 다루는 문제는 계속 나오고 있었다. 수의 확장을 꾀하는 2+□=5 ⇨ □=5-2와 같은 역연산도 아이의 수적 감각을 요구하였지만 내부에는 등식의 성질이 있었다. 이처럼 대부분 길어진 식을 푸는 열쇠에는 등식의 성질이 있었는데, 초등학교에서는 배우지 않은 등식의 성질로 알려줄 수 없어서 많은 사람들이 가르칠 때 난감하였던 것이다. 다음은 초등학교 2~3학년의 아이들에게 등식의 성질을 알려주는 방법이다. 중학생들에게는 누워서 떡 먹기 아닐까?

🙂 네가 갖고 있는 돈과 내가 가진 돈이 같다고 해보자. 네가 가진 돈에서 500원을 더하고, 내가 가진 돈에 500원을 더하면 어떻게 될까?

🙂 선생님은 얼마를 갖고 있는데요?

🙂 선생님이 얼마를 가지고 있든지 상관없는데…….

🙂 아, 그럼 같아요.

🙂 네가 가진 돈에서 3,000원을 빼고, 내가 가진 돈에서 3,000원을 빼면 어떻게 될까?

🙂 같아요.

🙂 빼기도 잘하는데. 그럼, 네가 가진 돈에 173을 곱하고, 내가 가진 돈에 173을 곱하면 어떻게 될까?

🙂 같아요. (뭔가를 잔뜩 기대하고 있던 아이는 실망한다.)

🙂 네가 가진 돈에서 76을 나누고, 내가 가진 …….

😊 같아요. 같아요. 이제 그만해요.

😎 알았어. 쉽지? 이렇게 시시해 보이는 등식의 성질이 얼마나 다양하게 사용하며 얼마나 중요한지 알게 될거야.

양변에 같은 수를 지지고 볶아도 등식은 성립한다

등식   등호(=)가 있는 식

좌변과 우변   등호의 왼쪽을 좌변, 오른쪽을 우변이라 하며 좌변과 우변을 통틀어 양변이라 한다.

등식의 성질   ① 양변에 같은 수를 더해도 등식은 성립한다.

② 양변에 같은 수를 **빼도** 등식은 성립한다.

③ 양변에 같은 수를 곱해도 등식은 성립한다.

④ 양변에 0이 아닌 같은 수를 나누어도 등식은 성립한다.

⑤ 좌변과 우변을 서로 바꾸어도 등식은 성립한다.

가뜩이나 외울 것이 많은 학생들에게 필자는 다음과 같이 알려준다.

"양변에 같은 수를 지지고 볶아도(+, −, ×, ÷) 등식은 성립한다. 단, 0으로 나누면 절대 안 된다."

0으로 나누면 안 된다는 것은 다른 것은 모두 된다는 말이다. 양변에 0이 아닌 어떤 수로 나누어도 된다는 말일 뿐만 아니라 0을 포함하는 어떤 수를 더하거나 빼거나 곱해도 된다는 말이다. 이중에 0으로 나누면 안 된다는 것이 등식의 성질로 자주 출제되는데 두 문제만 풀어보자!

Q $a=b$일 때, 다음 등식 중 옳지 <u>않은</u> 것은?

(1) $a+c=b+c$

(2) $a-c=b-c$

(3) $a \times c=b \times c$

(4) $\dfrac{a}{c}=\dfrac{b}{c}$

(5) $ac+d=bc+d$

답: (4)

혹시 다 맞는다고 생각하였다가 제일 긴 (5)를 답으로 하지는 않았는가? $a=b$의 양변에 c를 곱하고 다시 d를 더하는 것처럼 등식의 성질을 여러 번 이용해도 된다. 등식의 예외 조건인 0으로 나누면 안 된다는 것을 기억한다면 답은 쉽게 나왔을 것이다.

Q 다음 중 옳지 않은 것은?

(1) $a+c=b+c$이면 $a=b$다.

(2) $a-c=b-c$이면 $a=b$다.

(3) $a \times c=b \times c$이면 $a=b$다.

(4) $\dfrac{a}{c}=\dfrac{b}{c}\,(c \neq 0)$이면 $a=b$다.

(5) $a+b=c+d$이면 $a-d=c-b$다.

답: (3)

바로 위의 문제처럼 손쉽게 0으로 나누면 안 되니 분모가 0이면 안된다고만 생각하여 답을 (4)로 하려고 했는데 $c \neq 0$라는 조건이 있어 답이 아닌 것이 확인이 된다. 이번에도 역시 긴 보기인 (5)로 답을 한 학생들이 많지만 등식의 성질을 두 번 이용했을 뿐이다. 보기의 정오를 판단하기 위해서는 '$a+c=b+c$이면 $a=b$이다'는 $a+c=b+c$에서 어떤 등식의 성질을 이용하여 $a=b$가 되었느냐로 생각의 흐름이 있어야 한다. 그런데 이것이 귀찮아서 그냥 $a+c=b+c$와 $a=b$라는 두 식의 관계만 생각하다가 답을 찾지 못한다. 더더욱 무의식중에 '$a=b$이면 $a+c=b+c$이다'로 옮겨 가면 앞으로 비슷한 문제에서 오답을 피할 수 없을 것이다. 'A이면 B이다'와 'B이면 A이다'는 전혀 다른 것이며 더더욱 $A=B$가 아니다. 이런 관점에서 $a \times c = b \times c$가 $a=b$가 되려면 양변에 c로 나누어야 하는데 $c \neq 0$이라는 조건이 없어서 (3)이 답이다.

어려웠나? 그런데 앞으로 고등학교까지 계속해서 등식의 성질을 이용할 때는 언제나 어떤 미지수를 0이 아니라는 확인 없이 나누게 되면 오류에 빠지거나 오답의 원인이 될 수 있으니 무척 조심해야 한다.

푸는 식이 길어지고 식에서 다음 식으로 넘어가는 과정에는 어김없이 등식의 성질이 사용된다. 따라서 등식의 성질이 없었다면 수학은 아마 생존의 위협을 겪었거나 아주 쉬운 문제 풀이의 과정에 국한 되었을 것이다. 이처럼 수학에서 차지하는 비중이 높은 것을 자꾸 상식에 의존하는 경향을 보이지만 사실 수학은 상식도 배우고 익혀야 한다. 그런데 초등학교도 중학교도 등식의 성질을 충분히 가르치는 대신에 항상 역연산이나 이항과 같은 임시방편과 같은 기술만 가르치고 있다.

중2의 연립방정식에서 변변이 더하거나 **빼는** 가감법이나 대입법, 중3의 양변 제곱 등도 아무도 설명을 하지 않고 있지만 사실 그 안에 모두 등식의 성질이 있다는 것을 명심하자.

등식의 종류

　지금 필자가 알려주는 것은 등식의 종류다. 등식은 항상 좌변과 우변이 '같다'라는 뜻의 기호인 등호가 있다. 그렇다면 먼저 '등호가 있는 식은 좌변과 우변이 항상 같은가?'란 질문을 던진다. 다음과 같은 식을 보자!

　① 3=3, ② x=3, ③ x=x, ④ 0=3 모두 등호가 있으니 등식이다. 먼저 ①은 당연하지만 ④는 말도 안 되게 틀린 식이지만 역시 등호가 있으니 등식이다. 이제 ② x=3을 보자. 등식이 성립하려면 좌변의 x가 3일 때만 맞는 식이 되고 다른 수가 된다면 틀린 식이 된다. 그렇다면 ③ x=x는 어떠한가? 좌변의 x와 우변의 x는 같은 수이기에 x가 어떤 수가 되든지 상관없이 등식이 성립한다. 그래서 등식은 어느 특정한 값을 요구하는 방정식, 항상 등식이 성립하는 식 그리고 말도 안 되는 식이 있게 된다.

등식의 종류	방정식, 항등식, 등식이 성립되지 않는 식
방정식	① x의 값에 따라 참, 거짓이 되는 등식
	② 미지수가 있는 등식
항등식	① x의 값과 상관없이 항상 성립하는 등식
	② 해가 모든 수인 등식
	예를 들어 x=x, x+3=x+3처럼 좌변과 우변이 같은 식이다.

등식이 성립하지 않는 식

① x가 어떤 값을 가져도 등식이 성립하지 않는 식

② 말도 안 되는 등식(해가 없는 식)

예를 들어 0=3은 0×x=3으로 바꿀 수 있는데, 이때 x가 어떤 값을 갖더라도 0을 곱하면 0이 되기에 절대 우변의 3과 같을 수는 없다.

교과서는 방정식은 'x의 값에 따라 참이 되기도 하고 거짓이 되기도 하는 등식'이라 정의되어 있다. 그런데 이 정의를 이해하려면 한참을 지나 방정식을 잘 풀고 함수를 배워야 그 뜻을 비로소 이해하게 되는 경우가 많다. 그래서 나는 학생들에게 가르칠 때 방정식을 '미지수가 있는 등식'이라고 먼저 외우도록 한다. 그런 다음 방정식처럼 보이는 것을 풀게 하여 최종적으로 방정식과 아닌 것을 구분하게 한다. 방정식을 제대로 알 때까지 그 사이 나오는 문제를 틀릴 수 없다는 생각에서다. 방정식을 구분하는 것만 잘해도 매년 한 문제씩은 공짜로 맞게 된다. 대신 방정식의 진정한 의미는 멀리 함수가 끝난 이후에 다시 정리해야 될 것이다.

  방정식이 뭐야?

  '미지수가 있는 등식'이요.

  '$x=x$'는 방정식이니?

  예.

  왜?

  미지수와 등호(=)가 있으니 방정식이지요.

  그래 그럼 '$x=x$'를 풀어봐!

  이걸 어떻게 풀어요?

🗣️ 방정식 풀 줄 몰라? 얼른 해봐!

🙂 $x-x=0$이니까 $x=0$이요.

🗣️ 무슨 말이니? $x-x$가 뭐야?

🙂 0이요.

🗣️ '그럴 것이다' 하고 예측하지 말고!

🙂 알았어요. '0=0'이요.

🗣️ 0=0은 방정식이니?

🙂 미지수가 없으니 방정식이 아니네요.

🗣️ 그래서 $x=x$는 방정식이 아니야. 이런 식을 항등식이라고 하는데, 항등식은 '항상 등식이 성립하는 식'이야. 항상 성립한다는 말은 모든 수가 답이 된다는 얘기도 되지!

🙂 피곤하네요. 방정식처럼 보여도 결국 다 풀어봐야 한다는 말이네요.

🗣️ $x=x+3$도 풀어볼래?

🙂 아뇨. 안 풀어도 알겠어요. 말도 안 되는 식이지요?

🗣️ 말도 안 되는 식은 방정식이니?

🙂 말도 안 되는 소리지요.

교과서에서 제시되는 등식은 처음에 방정식과 항등식을 제시하였다가 한참 후에 다시 특수한 등식에는 '해가 무수히 많은 등식', '해가 없는 등식'이 있다고 가르치게 된다. 그런데 방정식과 항등식의 분류만 한 상태에서 '말도 안 되는 등식'이 보기에 나오게 되면 학생들이 당황하게 된다. 게다가 따로따로 배웠기에 통합시키지 못하고 끝까지 분리된 지식으로 남을 가능성이 높다. 굳이 이렇게 분류하지 않고 필자가 한 것처럼 한꺼번에 분류하면 등식에는 방정식, 항등식, 말도 안 되는 식이라는 3개로 분류할 수 있다. '분류'라는 말에는 서로 교집합이 없어야 한다는 것이라는 것을 이해한다면 이 말이 곧 항등식과 말도 안 되는 식은 방정식이 아니라는 것이 된다.

그런데 '말도 안 되는 식'이라는 말은 필자가 편의상 사용하는 말이니 정식으로 수학에서 사용하는 용어가 아니다. 말도 안 되는 식을 학생들이 쓸데없이 가르치는 것으로 오해할지도 모르겠다. '특수한 등식'이라는 말에서 '특수한'이라는 것은 학생들에게 '중요한 것이 아니다'라는 잘못된 생각을 가진 학생이 많아서 그 중요성을 인식하지 못하는 경향이 있다. 학생들의 생각과는 달리 수학은 특수한 것이 학년을 올라가면서 그 중요성이 커지게 되는 경우가 많다. 예를 들어 많은 더하기 중에 같은 수의 더하기를 하는 곱하기로 바꾸고, 도형 안의 무수히 많은 점 중에 특이하게도 방향이 바뀌는 지점에 있는 것을 꼭짓점이라고 한다. 수학은 특이한 것이 오히려 평범해 보일 만큼 특수한 것으로 가득 차있다. 그렇기 때문에 공부를 하다가 특이한 것이 나오면 좀 더 집중해서 공부해야 할 것이다.

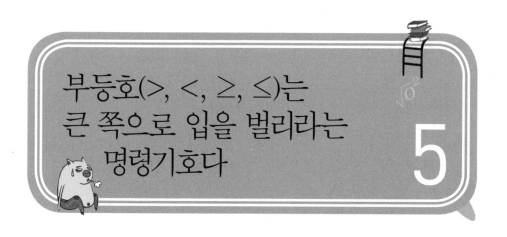

부등호($>$, $<$, $\geq$, $\leq$)는
큰 쪽으로 입을 벌리라는
명령기호다

5

부등식, 왜 어려워할까?

어떤 두 수가 있을 때, 이 두 수의 관계는 같거나 같지 않거나 하는 두 경우만 있다. 동시에 같기도 하고 다르기도 한 경우는 없다. 앞서 등호는 $a=b$처럼 좌변과 우변이 '같다'라는 것이었다. 그런데 만약 $a \neq b$처럼 같지 않다면 '-보다 크다' 또는 '작다'로 표현되며 이것을 부등호($>$, $<$)를 사용하여 수의 크기를 비교할 수 있다. 예를 들어 $3 < 5$ 또는 $5 > 3$으로 표시하며 어느 한 쪽이 크고 어느 한 쪽은 작은 관계가 만들어지는 것이다.

부등식도 중학생들이 문제를 어려워하지는 않는다. 다만 부등식을 풀면서 얻어야 할 개념이 줄줄 세고 있는 것이 문제다. 개념이 들어가지 않으면 어려웠을 때 문제가 된다고 하였다. 그래서 많은 고등학생들이 부등식 때문에 고생한다. 역시 문제만 풀어서 푸는 기술만 들어갔기 때문이며 게다가 중학교 때 부등식은 그 비중이 적어서 연습의 기회도 적다. 중학생들이 부등식에서 보이는 문제점은 크게 다음의 3가지다.

첫째, 미지수가 있는 부등식을 잘 읽지 못한다.
둘째, 미지수가 갖는 수의 범위를 잘 인식하지 못한다.
셋째, 부등식을 만들거나 그 의미를 생각하는 연습이 적다.

부등호는 우선 읽기부터 연습해야 한다. 부등호는 초등학교 문제처럼 아는 수인 두 수를 비교하면서 문제가 발생하는 것이 아니라 x가 포함되어 있는 식을 사용하는 중학교에서 문제가 발생한다. 현재의 교과서에서는 x가 사용되는 부등식의 연습도 없이 곧장 중2의 연립 부등식을 공부하게 되어 있다. 우선 미지수를 포함했을 때의 읽기부터 충실하게 연습하여 문제가 발생하지 않도록 해야 한다.

$$5 > x$$

읽는 방법 ① 5는 x보다 크다.
② x는 5보다 작다.

①과 ② 모두 읽는 방법으로는 맞다. 그러나 미지수 x보다 알고 있는 수 5가 익숙하다고 ①처럼 5를 주어로 시작하면 부등식이 갖는 수의 범위가 헷갈리게 된다. 예를 들어 '5 > x인 자연수'라는 부등식을 읽을 때, x를 기준으로 읽으면 'x는 5보다 작은 자연수'로서 1, 2, 3, 4라는 수가 머리에 떠오르게 된다. 그런데 5를 기준으로 읽어보면 '5는 x보다 큰 자연수'로 자칫 '큰'이라는 말에 현혹되어 6, 7, 8, … 처럼 생각할 수 있다. 5 > 3처럼 두 수가 아는 수라면 두 수의 크기 비교다. 그런데 5 > x처럼 한쪽의 수를 모르는 상황이라면 비교의 의미도 있겠지

만 x가 될 수 있는 '수의 범위'로 생각이 옮겨 가야 된다. 방정식의 x값이든 부등식의 x의 범위든 알고자 하는 것이 x이니 모두 x를 기준으로 읽어야 한다. 그래서 중학교에서 대다수 문제는 미지수를 기준으로 하는 ②로 읽어야 정리가 편하다. 한 가지만 덧붙이면 $4+x>5$라는 부등식이 있을 때 먼저 (좌변)>(우변)으로 전체의 식을 두 개로 갈라서 볼 수 있어야 한다. 4와 $x>5$의 합으로 보아서는 안 된다. 이것은 간단해 보이지만 나중에 식이 길어지면 역시 생각을 깊게 해야 한다. 하나만 더 해보자!

$$a>0 \Rightarrow \textbf{읽는 방법} \quad a는 0보다 크다.$$
$$a<0 \Rightarrow \textbf{읽는 방법} \quad a는 0보다 작다.$$

a가 0보다 클 때는 양수고 작을 때는 음수다. 어떤 수가 양수일 때와 음수일 때를 당장 +나 −로 표시하면 머릿속도 정리되고 편하겠지만, 앞으로 모든 문제에서 양수나 음수를 $a>0$나 $a<0$로 표현하기 때문에 연습할 때도 이렇게 사용해야 익숙해질 것이다.

'초과'와 '미만', 그리고 '이상'과 '이하'

$x≤5$를 읽을 때 'x는 5 이하인 수'라고 읽는다. $≥$, $≤$의 원래 기호는 $≧$, $≦$이었는데 =처럼 선을 두 번 긋는 것이 귀찮아서 한 번 긋도록 했다. 그런데 $x≤5$는 '$x<5$ 또는 $x=5$'라는 뜻이다. 여기에서 '또는'이란 합집합의 의미다. 합집합을 안 배운 학생이 있겠지만, 합집합(『중학수학 만점공부법』 70쪽 참조)은 간단히 말해서 합했다는 것으로 $x<5$여도 좋고 $x=5$도 좋다는 것이기에 $5≤5$와 같이 표현하

는 것이 맞다. 앞으로 '또는'이나 '그리고'라는 말을 배우지 않겠지만, 문제나 선생님의 설명에서 엄청나게 많이 나올 것이기에 반드시 정리하고 있어야 한다.

'초과'와 '미만', 그리고 '이상'과 '이하'는 수의 범위를 나타내는 말로 초등학교에서 배웠다. 초과, 미만은 그 수를 포함하지 않고 단지 크고 작음을 나타내는 말이고, 이상, 이하는 그 수까지 포함하는 범위가 된다. 그래서 초과, 미만, 이상, 이하 등을 처음 익힐 때는 가장 먼저 이들이 갖는 수의 범위를 수직선에서 나타내는 연습을 해야 한다. 참고로 수직선은 수가 있는 직선이지 수직으로 만나는 선이 아니다. 그래서 꼭 수직선에 나타내지 않아도 혼동 없이 사용하며 특히 그 수를 포함하느냐(이상/이하), 포함하지 않느냐(초과/미만)를 구분할 수 있어야 한다. 말로 나타내는 것을 이상과 이하 또는 초과와 미만으로 가져올 수 있고 이를 다시 부등식으로 나타낼 수 있어야 한다. 예를 들어 다음과 같은 것들이다.

'16과 21 사이의 수' ⇒ 'x는 16 초과 21 미만인 수' ⇨ $16 < x < 21$

'16에서 21까지의 수', 'x는 16보다 크거나 같고 21보다 작거나 같은 수'
⇒ '16 이상 21 이하인 수' ⇨ $16 \leq x \leq 21$

'16보다 크거나 같고 21보다 작은 수' ⇒ 'x는 16 이상 21 미만인 수'
⇨ $16 \leq x < 21$

거꾸로 부등식을 읽어서 이해할 때도 당연히 미지수를 주어로 해서 읽도록 해야 수의 범위가 머리에 들어온다.

수의 범위에서 '수'란 어떤 수인가?

수의 범위는 부등식으로 연결시키기 위해 있는 단원이다. 그래서 그 수를 포함하느냐 안하느냐가 주된 문제다. 그러나 그것이 특수하기에 역시 지협적인 문제처럼 보인다. 그래서 설사 틀렸다 해도 단순한 실수라고 생각해서 큰 의미를 부여하지 않지만 부등식의 문제는 그 수를 포함하느냐와 그렇지 않느냐의 문제가 주종을 이룬다. 게다가 중학교에서 부등식의 문제가 방정식에 비해서 연습할 기회가 상대적으로 적어서 고등학생들이 어려워하는 단원이라고 했다. 또 한 가지 부등식에서 생각을 분명히 해야 할 것이 있다. 그것은 바로 수의 범위다. 많은 중학생들이 수라고 하면 당연하다는 듯이 자연수에 한정시키고 있다.

예를 들어 0과 1사이에 있는 수는 0개, '16 초과 21 미만인 수'는 17, 18, 19, 20로 4개라며 틀린 줄도 모르고 주저 없이 말하는 경우가 많다. '16 초과 21 미만인 자연수'라고 잘못 이해한 탓이지만, 16과 21 사이에는 자연수뿐만 아니라 무수히 많은 분수가 존재한다는 생각이 들지 않았기 때문이다. 따라서 0과 1사이나 16과 21 사이의 수가 무엇이냐고 묻는 것이 잘못되었는데도 굳이 답을 말한다면 '무수히 많아서 일일이 댈 수 없다'가 답이다. 사실 16과 21 사이에는 자연수, 분수 그리고 무리수도 있다. 무리수는 중3에나 가서 배우니 얘기 할 수는 없지만 무리수도 분수도 수들 사이에 무수히 많이 존재한다는 공통점이 있다는 것을 생각하고 있어야 한다.

부등식의 성질

부등식의 성질은 등식의 성질과 비슷하다. 다만 양변에 음수를 곱하거나 나누면 부등호의 방향이 바뀐다는 것만 다르다.

부등식의 성질

① 양변에 어떤 수든 같은 수를 더하거나 빼도 부등식은 성립한다.

② 양변에 양수를 곱하거나 나누어도 부등식은 성립한다.

③ 양변에 음수를 곱하거나 나누면 부등호의 방향이 바뀐다.

④ $>$, $<$ 의 양변에 0을 곱하면 부등식은 항상 성립하지 않고,

$\geq$, $\leq$ 의 양변에 0을 곱하면 항상 성립한다.

⑤ 0으로 나누면 안 되고, 좌변과 우변을 서로 바꾸면 부등호의 방향도 바뀐다.

양변이 같지 않아서 어느 한 쪽이 큰 것이 부등식이다. 양변에 같은 수를 더하거나 빼는 것은 어떤 변화도 없으니 등호든 부등호든 크게 신경을 쓰지 않아도 된다. 그러나 음수를 곱하거나 나누면 부등호의 방향이 바뀌게 된다. 직접 확인해보자!

$$3 < 5 \quad \Rightarrow \text{ 양변에 } -1\text{을 곱하면} \Rightarrow \quad -3 > -5$$
$$-3 < 5 \quad \Rightarrow \text{ 양변에 } -1\text{을 곱하면} \Rightarrow \quad 3 > -5$$
$$3 > -5 \quad \Rightarrow \text{ 양변에 } -1\text{을 곱하면} \Rightarrow \quad 3 > -5$$
$$-3 > -5 \quad \Rightarrow \text{ 양변에 } -1\text{을 곱하면} \Rightarrow \quad 3 < 5$$

−를 곱하면 부등호의 방향이 바뀐다고 그냥 공식처럼 받아들여도 무리는 없

지만, 양변에 -를 곱하고 나서 부등호의 방향이 큰 쪽으로 입을 벌리게 하는 것과 비교해보면 동일할 것이다. 부등식의 사칙연산(240쪽 참조)을 대비하여 부등호가 '큰 쪽으로 입을 벌리라는 명령기호'라는 것을 한두 번 확인해볼 필요는 있다. 그런데 부등식 문제를 풀면서 조심해야 할 것이 있다. 양수나 음수를 곱하거나 나누느냐에 따라 부등호의 방향이 그대로 있거나 바뀌게 된다는 것이다. 따라서 곱하거나 나누는 수가 양수인지 음수인지를 알지 못하는 상태에서는 양변에 그 수를 절대로 곱하거나 나누면 안 된다. 이런 경우 대부분의 문제에서는 그 수가 양수인지 음수인지를 구분할 수 있는 단서를 제공하고 있기 때문에 먼저 그것부터 찾아야 할 것이다.

부등식의 종류

고등학교에 가면 부등식의 종류로 조건부등식과 절대부등식을 배운다. 그런데 중학교에서 제시되고 있는 부등식은 모두 수의 범위가 지정되는 조건부등식이 전부라서 종류를 제시하는 것은 큰 의미가 없다. 이해가 안 된다면 그냥 넘어가도 괜찮다. 그럼에도 불구하고 여기에서 언급하는 등식의 종류와 한 번 비교하라는 의미다.

부등식의 종류 조건부등식, 절대부등식, 말도 안 되는 부등식

조건부등식 x의 값에 따라 참, 거짓이 되는 부등식

예를 들어 $x>3$, $3<x<5$ 등과 같이 수의 범위가 있는 식

절대부등식 x의 값과 상관없이 항상 성립하는 등식

예를 들어 $x<x+3$, $x^2 \geq 0$처럼 부등식의 해가 모든 수인 경우

말도 안 되는 부등식 x가 어떤 값을 가져도 부등식이 성립하지 않는 식

예를 들어 $0>3$은 $-1>x^2$처럼 x가 어떤 값을 갖더라도 부등식의

해가 존재하지 않는 경우

	등식의 종류	부등식의 종류
1	방정식	조건부등식
2	항등식	절대부등식
3	말도 안 되는 등식	말도 안 되는 부등식

거듭제곱은 거듭해서 제 자신을 곱한 수다

6

거듭제곱을 설명할 때 보통 '같은 수의 곱'으로 소개하는 경우가 많다. 이와 함께 용어로부터 의미를 살려서 '거듭'해서 '제' 자신을 '곱'하겠다는 뜻으로 기억하는 것이 쉽다. 예를 들어 $7 \times 7 \times 7 \times 7 \times 7$이란 식이 있을 때 이것을 직접 곱해서 수를 나타내기에는 무척 커진 수가 될 뿐만 아니라, 계산기를 사용하더라도 귀찮고 매번 긴 식을 쓰기가 무척 번거롭다. 그래서 7^5(7의 5제곱)와 같이 표현하여 간소화시킨다. 이때 곱해지는 수인 7을 '밑'이라 하고 거듭해서 곱하는 개수는 '지수'라 한다.

거듭제곱은 이미 초등학교에서 일부 사용한 적이 있었다. 대표적인 예로 넓이나 부피와 같은 곳에서 $2cm \times 3cm$이면 $6cm^2$, $1cm \times 2cm \times 3cm$이면 $6cm^3$를 사용하였는데 이해가 안 되기에 단위를 잘못 쓰는 오답을 일으키는 경우가 많았을 것이다. 처음 중학교에서 거듭제곱과 관련하여 헷갈리는 것은 크게 다음 3가지다.

첫째, 직접 일일이 수를 곱하는 연습 기회가 없었기에 초기 오답이 많다.

둘째, 같은 수의 더하기인 곱하기와 같은 수의 곱하기인 거듭제곱을 구분하지 못해 식의 계산에서 문제가 된다.

셋째, 지수의 자리에 분수 또는 음수가 들어가면 고등학교와 맞물려서 많은 혼동을 일으킨다.

필자가 보기에 우선 수와 관련한 거듭제곱에서 혼동하는 것은 직접 계산을 하지 않기 때문이다. 거듭제곱도 같은 수의 곱하기로 결국 곱하기지만 초등학교에서 같은 수의 곱하기를 다루는 문제가 거의 없었다. 따라서 연습이 부족한 상태에서 음수의 거듭제곱을 다루다보니 오답이 많이 나온다. 음수를 배제하고 먼저 기본적인 거듭제곱 연습을 해야 한다. 특히 1, 2, 10의 거듭제곱은 지수가 갈수록 많이 커지고 빈도수가 높다. 초등학생들에게 '1을 100번 곱하면?'이란 질문을 하면 많은 학생들이 100이라고 하는데 문제를 접하지 않은 중학생도 마찬가지다.

수 감각은 하루아침에 만들어지는 것이 아니다. 중학교는 수 연산을 익히는 시기가 아니라 수식을 다루고 이해하는 것을 주력으로 하기에 어떤 문제집도 충분한 문제가 제공되지 않는다. 따라서 2, 3, 5 등과 같이 간단한 숫자의 거듭제곱들은 별도로 책상머리에 써 놓는다든지 해서라도 일정부분 외워 놓아야 한다. 그렇지 않으면 2^3을 8이 아닌 6으로, 3^3을 27이 아닌 9로, 5^3을 125가 아닌 75로 답을 내는 경우가 많다.

$2^3=2\times2\times2=8$

$2^4=2\times2\times2\times2=(2\times2)\times(2\times2)=16$

$2^5 = 2 \times 2 \times 2 \times 2 \times 2 = (2 \times 2 \times 2) \times (2 \times 2) = 8 \times 4 = 32$

$2^6 = 2 \times 2 \times 2 \times 2 \times 2 \times 2 = (2 \times 2 \times 2) \times (2 \times 2 \times 2) = 8 \times 8 = 64$

$2^3 = 2 \times 2 \times 2 = 8$을 정확하게 이해하고 외웠다면 나머지는 위처럼 해서 해결하면 된다. 중학교는 2의 거듭제곱을 $2^6 = 64$까지 알면 다행이지만 $2^7 = 128$, $2^8 = 256$, $2^9 = 512$, $2^{10} = 1024$까지 점차 더 넓혀야 할 것이다. 이런 식으로 모든 숫자마다 왜 외워야 하느냐고 겁먹을 것은 없다. 2의 거듭제곱만 그 지수가 커지고 나머지는 다음처럼 많아야 4제곱까지면 충분하기 때문이다.

$3^3 = 3 \times 3 \times 3 = 27$

$3^4 = 3 \times 3 \times 3 \times 3 = (3 \times 3) \times (3 \times 3) = 9 \times 9 = 81$

$5^3 = 5 \times 5 \times 5 = 125$

$5^4 = 5 \times 5 \times 5 \times 5 = 625$

이외의 수는 제곱까지로 즉 1^2, 2^2, $\cdots$, 20^2까지 외워야 하는데 그 사용이 중3의 제곱근에서니 그때 배우면서 외워도 된다. 그러니 중1~2학년이라면 1, 2, 3, 5의 거듭제곱만 외우면 된다. 수의 거듭제곱 중에서 10의 거듭제곱은 의외로 많은 중·고등학생들이 정확하게 모르는 것 같다. 그래서 별도로 정리해두었다.

두 번째로 거듭제곱의 혼동은 계수, 차수, 지수의 개념을 정리하면 오류가 많이 없어진다. 계속 식을 접하여 1년이 지난 2학년에서 지수법칙으로 배우는데 급기야 지수법칙은 쉽다고 하는 학생이 많은 것을 보면 거듭제곱은 학생들에게 어렵지 않다. 고등학교는 밑이 양수라는 단서를 달고 지수에 음수와 분수가 들어가는데 잘하는 학생도 많지만 어려워하면 참으로 난감하다. 또한 제곱근의 설명을 위해서 이 책에서는 이를 대비하여 일부 중학교의 범위를 벗어나려고 한다.

거듭제곱도 음의 부호와 분수를 조심해야 한다

거듭제곱도 곱하기니 주의해야하는 것은 부호다. 거듭제곱은 중학교에서 새롭게 배우는 개념으로 철저히 해야 하는데, 직접 곱하는 식을 써보는 노력을 게을리 하다 보니 오답이 많은 부분이다. 거듭제곱도 나중에 배우겠지만 곱하기로 뭉쳐져 있는 덩어리니 하나의 항이다. 하나의 항에서는 가장 먼저 부호를 정해야 하고 그 다음 분수를 처리해야 한다. 어느 단원이든지 어렵고 오답이 많은 것은 그 단원의 개념에 추가하여 음의 부호, 그리고 초등학교의 괄호와 분수가 혼합될 때이다. 다음 문제를 보자!

Q 다음을 계산하여라.

(1) $\left(-\dfrac{1}{2}\right)^3$　　(2) $-\left(-\dfrac{1}{2}\right)^3$　　(3) $-\dfrac{1}{2^3}$　　(4) $-\dfrac{1^3}{2}$

답: (1) $-\dfrac{1}{8}$　(2) $\dfrac{1}{8}$　(3) $-\dfrac{1}{8}$　(4) $-\dfrac{1}{2}$

(1)은 (−)가 3개라서 $-\dfrac{1}{2}\times\dfrac{1}{2}\times\dfrac{1}{2}=-\dfrac{1}{8}$ 이고, (2)는 (−)가 4개라서 $\dfrac{1}{8}$, (3)은 (−)가 1개이니 $-\dfrac{1}{8}$ 이다. 그런데 (4)의 답으로 $-\dfrac{1}{8}$ 을 쓰는 학생들이 있는데 답은 $-\dfrac{1^3}{2}=\dfrac{-1\times1\times1}{2}=-\dfrac{1}{2}$이다. 설명을 보면 금방 알겠지만 귀찮아서 괄호를 사용하지 않는 버릇이 착각을 불러일으킨다. 정리하면 $\left(\dfrac{1}{2}\right)^3=\dfrac{1}{2}\times\dfrac{1}{2}\times\dfrac{1}{2}$ 이고 $\dfrac{1}{2^3}=\dfrac{1^3}{2^3}=\dfrac{1}{2}\times\dfrac{1}{2}\times\dfrac{1}{2}$ 이기 때문에 $\left(\dfrac{1}{2}\right)^3=\dfrac{1}{2^3}$ 이다. 그러나 $\left(\dfrac{1}{2}\right)^3\neq\dfrac{1^3}{2}$ 이다.

• 수학이 쉬워지는 스페셜 이야기 5 •

10의 거듭제곱

사람의 손가락이 10개여서 만들어졌다는 10진법인 자연수를 평상시에 사용하고 있는 우리는 10의 거듭제곱을 연습하지 않아도 이미 알고 있다. 그래서 많은 수학시험에서 상식처럼 출제된다. 그래도 10×10, $10 \times 10 \times 10$, $10 \times 10 \times 10 \times 10$, $10 \times 10 \times 10 \times 10 \times 10$, … 처럼 10의 거듭제곱에 관한 문제는 초등학교에서 다루면 좋겠다고 생각한다. 설사 그때 다루지 않았더라도 0이 포함된 곱하기에서 0의 개수를 세어서 썼고 이런 문제를 쉽게 받아들였다면 개념을 받아들이기에도 충분하다. 10의 거듭제곱과 관련된 문제는 중학교에서 개념을 알려주지 않지만 시험에는 나오고, 고등학교에서는 상용로그라는 이름으로 배우게 된다. 이때 개념이 부족한 탓에 많은 학생들이 어려움을 겪는다.

'천'에는 0이 몇 개니?

3개요.

'천'은 몇 자리 수니?

네 자리 수요. (천 자리라고 하는 학생도 있는데, 자릿값과 자리의 개수를 헷갈려하는 것이다.)

그래, 0이 3개 있고 그 앞에 1이 있으니 네 자리 수야. 그럼, '만'에는 0이 몇 개이니?

🙂 4개요.

😎 '만'은 몇 자리 수니?

🙂 다섯 자리 수요. 0이 4개고 앞에 1이 있으니까요.

위 질문은 초등학교 3~4학년들과 나누는 질문으로 '억', '조'까지 물어본다. 억은 0이 8개니 9자릿수고, 조는 0이 12개니 13자릿수이다. 이것은 10의 거듭 제곱과 자릿수와의 관계를 알려주려고 하는 것이다. 이 부분은 중학교에서도 사용될 뿐만 아니라 고등학교의 상용로그에서 지표와 진수의 자릿수와의 관계와 동일하여 지표에 1을 더하면 진수의 자릿수가 된다. 이번에는 초등 5학년 학생의 대화다.

😎 $10 \times 10 \times 10$이 뭐야?

🙂 1000이요.

😎 그럼 $2 \times 5 \times 2 \times 5 \times 2 \times 5$는 뭐야?

🙂 1000이요. (빨리 알아차리고 대답하는 아이도 있지만 일일이 곱하는 아이도 있다. 중학생이라면 곱하기만으로 되어 있는 연산은 곱셈의 교환법칙과 결합법칙에 의하여 아무거나 먼저 계산해도 되니 위 문제와 같다는 거 알고 있을 것이다.)

😎 그럼 $2 \times 2 \times 2 \times 5 \times 5 \times 5$는 뭐야?

🙂 1000이요.

😎 $2 \times 2 \times 2$는 8이고, $5 \times 5 \times 5$는 125지? 그럼 8×125는 뭐야? ($2 \times 2 \times 2$를 8이 아닌 6으로 하는 초·중학생이 많은데 곱하기와 더하기를 착각하는 것이다. 직접 곱해보지 않아서 곱하기만 해보면 알겠지만 외워둬야 할 것이다.)

🙂 1000이요.

이제 거듭제곱을 배운 중학생인 여러분은 $2^3 \times 5^3$이 무엇인지 알겠지? 중2의 지수법칙을 배우지 않더라도 1000은 10^3이니 $2^3 \times 5^3 = 10^3$으로 쓸 수 있다. 그리고 이것을 좀 더 확장 한다면 $2^4 \times 5^4 = 10^4$, $2^5 \times 5^5 = 10^5$, … 처럼 2와 5의 곱해진 개수가 같을 때 10의 거듭제곱이 된다는 것을 알 수 있다. 소수(약수가 2개인 수)를 배워서 10은 2×5라는 수로만 분해된다는 것을 안다면 같은 관점에서 중2의 유한소수와 무한소수의 구분에서 왜 분모에 2나 5만 있어야 유한소수가 되었는지 훨씬 이해하기 쉬울 것이다. 앞의 두 대화를 통해서 배운 것을 하나로 뭉쳐서 만든 중학교의 문제를 하나만 풀어볼까?

Q $2^{10} \times 3 \times 5^{12}$은 몇 자리 정수인가?

답: 12 자리 정수

직접 곱하기에는 많이 큰 수다. 2와 5의 곱해진 개수가 같을 때 10의 거듭제곱이 된다는 것을 안다면 위 소인수분해식을 $2^{10} \times 5^{10} \times 5^2 \times 3$으로 다시 $10^{10} \times 75$로 만들 수 있다. 그런데 이렇게 해놓고도 13자리 정수라고 하지는 않았는가? 10^{10}을 0이 10개고 앞에 1이 있어 11자리임을 알고 그리고 75가 두 자리 수라서 그런 답을 얻었겠지만 1×75는 여전이 75라서 12자리 수가 된다.

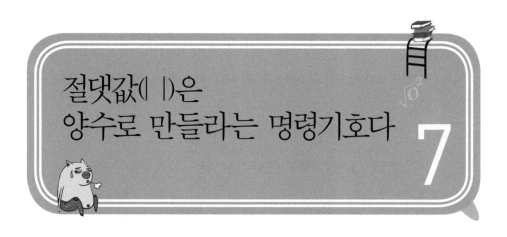

절댓값(| |)은
양수로 만들라는 명령기호다

7

중학교 수학의 사대천황

고등학교 진학이 다가올수록 많은 중학생들이 중학교 공부를 대충했지만 고등학교에 올라가서는 진짜 열심히 할 것이라는 말을 한다. 학생이 하는 말을 신뢰해야 하는 것이 선생이지만 어째 신뢰가 가지 않을 때가 많다. 사람은 습관의 벽을 쉽게 고치기 어렵기 때문이다. 개념을 대충 넘기는 습관을 가진 학생이 쉬울 때도 안했던 것을 훨씬 더 많은 분량에 난이도가 3~7배 가량 높아지는 고등수학에서는 갑자기 잘 할 것이라는 말을 어떻게 믿겠는가? 현재 그 사람이 하는 생각과 행동이 곧 그 사람이기 때문이다. 왜 이런 말을 장황하게 늘어놓을까? 바로 절댓값의 개념을 귀찮더라도 정확하게 잡아야 한다는 것을 강조하기 위해서다.

절댓값은 음수, 거듭제곱, 등호와 함께 중학교의 사대천황이다. 중학교에서는 어쩌다가 간간이 문제가 나와서 별거 아니라고 생각할지 모르겠지만 고등학교에 가서는 좀 더 복잡해지면서 다항식, 방정식, 함수 등 모든 단원에서 그 비중이 높게 나오고 있다. 이렇게 중요한 개념을 교과서도 학생도 소홀이 하고 있다. 절댓값이 모든 단원마다 등장하고 또 어려워지기 전에 처음부터 확실하게 익혀야 할 것이다.

절댓값은 중1에서 정수와 함께 곧바로 들어온다. 개정 전에 교과서에서는 $|-3|=3$처럼 '부호를 떼어낸 값'이라고 도입했었다. 이것을 필자가 잘못된 가르침이라며 비난하였더니 이번 개정에는 슬그머니 사라지고 '0에서 부터의 거리'라는 말만 남았다. 그러나 현장에서 볼 때, 많은 학생들이 여전히 부호를 뗀 값이라고 생각하고 있다. '부호를 떼어낸 값'이라고 생각하면 당장 중1의 수학문제를 푸는 데는 어려움이 없고 오히려 깔끔히 정리되는 것처럼 보이기도 하다. 처음에 잘못 알려주었더라도 나중에 새롭게 교정하면 되지만, 현재 수학교과서는 한 번 정의하면 그 다음에 다시 교정하거나 업그레이드를 하는 경우는 없다. 그렇다고 문제가 되는 것을 삭제한다면 논란은 사라지겠지만 결국 학생의 상식에 의존하게 되는 결과를 가져온다.

우선 교과서를 보면 절댓값은 수직선으로 볼 때 0에서 부터 거리다. 예를 들어 거리는 $-3cm$ 처럼 음수가 될 수 없으니 $3cm$이다. 절댓값의 정의로는 손색이 없지만, 이 정의를 식으로 활용하는 데는 문제가 있다. 필자는 앞에서 대부분의 수학기호를 명령기호로 본다는 말을 하였다. 마찬가지로 절댓값 기호도 절댓값 기호 안에 있는 것을 양수(0을 포함하지만 편의상 양수라고 표현했다.)로 만들라는 명령기호로 본다.

① $|+3|=+3$

② $|-3|=-(-3)$

|+3|을 '+3을 양수로 만들어라'라는 명령기호로 이해할 때, +3은 이미 양수니 양수로 만들라는 말은 무의미한 명령이다. 따라서 절댓값 기호를 없앤 +3인데 간혹 학생들이 3이 아니냐고 묻는 학생들이 있다. 여전히 부호를 떼어낸 값이라고 생각하는 학생들로 +3=3이니 같은 말이다. 문제는 절댓값 기호 안이 음수일 때다. |-3|을 '-3을 양수로 만들어라' 하고 명령기호로 이해할 때, -3을 양수로 만드는 방법은 -를 붙여주는 방법밖에 없다. 즉 |-3|=-(-3)=3에서 -(-3)이라는 다소 번거로운 중간식을 기억해야 한다. 바로 이 부분이 절댓값의 식을 활용할 수 있는 핵심이 되는 부분이다.

중1 문제를 한 번 풀어보자!

Q 다음 설명 중 옳지 않은 것은?

(1) 절댓값은 원점과의 거리다.

(2) -4의 절댓값은 +4이다.

(3) 절댓값이 4인 서로 다른 수의 차이는 8이다.

(4) 절댓값이 4보다 작은 정수는 6개다.

(5) 절댓값이 가장 작은 수는 0이다.

답: (4)

(1)은 절댓값의 정의다. (2) -4의 절댓값은 |-4|를 읽은 것으로 |-4|=-(-4)=4로 +4라는 말은 맞다. (3) '절댓값이 4인 서로 다른 수'라는 말은 어떤 수를 x라 했을 때 $|x|$=4이며, 이때 x가 되는 두 수를 서로 다른 수라고 표현한 것이다. x가 될 수 있는 수는 +4, -4로 '차이'라는 말은 큰 수에서 작은 수를 빼라는 말이다. 따라서 4-(-4)=8이다. $|x|$=4에서 $|x|$=4, -4를 찾는 것이 직관

적으로 이해할 수도 있겠지만 이 부분은 다시 다룰 것이다. (4)를 식으로 나타내면 $|x| < 4$라는 부등식 문제로 앞으로 설명해야 정확하게 알게 될 것이다. 당장에는 수직선을 그려서 보면 0을 포함하는 −3, −2, −1, 0, 1, 2, 3으로 7개다. (5) 조금만 생각해 보면 절댓값이 가장 작은 수가 0임이 당연할 것이다. 보다 실질적인 문제는 수직선에서 정수의 크기와 절댓값과의 관계를 주로 문제로 낸다. 수직선에서 정수의 크기는 오른쪽으로 가면 커지고 왼쪽으로 가면 작아진다. 양수들 간에는 절댓값이 클수록 크지만 음의 정수는 커질수록 그 절댓값은 작아진다. 또 '+1, −3, 0, −5'를 절댓값이 작은 것부터 차례로 배열하면?'이란 문제에서 답은 '0, +1, −3, −5'인데 '0, 1, 3, 5'라고 쓰는 학생이 많다. 절댓값이 작은 것부터 쓰라고 했지 절댓값으로 쓰라고 한 것은 아니다.

　절댓값 기호가 진짜로 문제가 되는 것은 절댓값 기호 안에 아는 수가 아니라 모르는 미지수를 포함하면서부터다. 절댓값이 미지수와 만나고 방정식과 부등식 함수에서 쓰게 되면 귀찮은 일이 많아진다. 이때도 정확하게 개념을 이해하지 못하고 여전히 절댓값을 '부호를 떼어낸 값'이나 '약속' 등으로만 생각한다면 중2의 부등식에서나 중3의 미지수를 포함하는 제곱근 파트에서 혼동하게 된다. 여기에서는 절댓값 기호 안에 미지수를 포함할 때만을 다루고, 직접 방정식과 부등식을 다시 다루겠다.

$|x|$를 보는 눈, 많이 보아야 예쁘다

$|x|$를 올바르게 보지 못하게 하는 원인은 두 가지다. 첫째, 절댓값 기호를 붙이면 저절로 양수가 된다고 착각하는 경우다. 둘째, $|x|$가 양수라는 생각이 오류를 일으켜서 x가 양수라고 생각하는 것이다. 절댓값 기호 안의 수는 양수로 만들라는 명령 기호고 이를 수행하는 것은 문제를 푸는 당사자가 해야 한다. 앞으로도 수학 기호가 알아서 저절로 해주는 경우는 없다는 것을 기억하기 바란다.

$|x|$가 0 이상의 양수라는 것은 맞지만, x는 미지수니 여전히 어떤 수인지 모른다. x가 될 수 있는 수는 실수 전체다. $|x|$에서 x를 양수로 만들기 위해서는 많은 분류 방법 중에서 양수와 0 그리고 음수인 경우로 분리해야 양수는 그대로 나가고 음수면 −를 붙여주어야 한다. 절댓값을 풀어주기 위해서는 이처럼 각각의 경우로 분리하여 풀어 주어야 한다. 이 중에서 무엇이 될지 모르기 때문에 하나하나 따져주는 것이며 그래야 실수 전체를 다 따져본 것이 된다. 기호로는 $x>0$, $x=0$, $x<0$이지만 실제로는 0을 양수에 포함시켜 $x≥0$과 $x<0$의 경우로 이분한다. 물론 0은 +, −라는 부호가 의미가 없으므로 $x>0$과 $x≤0$으로 분류할 수 있지만 관행상 $x≥0$과 $x<0$으로 많이 분류하니 여러분도 그러기 바란다. 그런데 많은 학생들이 이런 부등식 대신에 +나 −를 쓰는 경우가 많다. '많이 보아야 예쁘다'는 어느 시어처럼 기호도 자꾸 사용해서 친숙하려고 노력해야 한다.

$|x|$

① $x \geq 0$이면 $|x|=x$

② $x<0$이면 $|x|=-x$

그런데 각각의 경우가 ① '또는' ②라고 표기되는 만큼 합집합으로 만약 이 두 가지의 경우에서 만든 답이 있다면 이 둘을 모두 답으로 해야 한다. 역으로 '$|x|=x$라는 식은 $x \geq 0$이라는 말이고, $|x|=-x$라는 것은 $x \leq 0$이라는 말'이다. 이것도 문제의 단서로 많이 사용하고 있으니 익혀두면 좋다. 그런데 여기에 두 식 모두 부등호에 $=$이 붙는 것은 0에는 $+$와 $-$를 붙여도 여전히 0이기 때문이다. 정의만 가지고 설명하니 마치 뜬구름 잡기를 하는 것처럼 보인다는 학생이 많겠다. 좀 더 구체적으로 보자!

$|x|=7$

① $x \geq 0$이면 $|x|=7$ $\Rightarrow$ $x=7$ ($x \geq 0$라는 조건에 7이 만족하니 해다.)

② $x<0$이면 $|x|=7$ $\Rightarrow$ $-x=7$ $\Rightarrow$ $x=-7$ ($x<0$라는 조건에 -7이 만족하니 해다.)

① '또는' ②로 합집합이니 $|x|=7$의 해는 $x=7$, $x=-7$이 된다.

대부분 학생들은 $|x|=7$에서 x의 값이 직관적으로 7, -7이라는 것이 보이기 때문에 왜 이런 쓸데없는 짓을 하느냐며 볼멘소리를 한다. 그러나 개념을 익히는 것이 어려운 진짜 이유는 어려워서가 아니라 대부분 귀찮아서다. 그런데 이런 귀찮음도 개념을 익히는 과정에서 나오는 것일 뿐 점차 간편하게 할 수 있는 시점이 찾아온다. 개념을 완벽하게 익히면 문제를 신속하고 정확하게 풀 수 있을 뿐만 아니라 여러분이 원하는 응용까지 가능하다.

필자가 좋아하는 프랑스 화가 르누아르는 말년에 관절염으로 고통과 함께 손이 뒤틀려 그림을 그리기 어려웠지만 '고통은 잠시지만 아름다움은 영원하다'며 그림을 계속 그렸다고 한다. 개념의 귀찮음은 잠시지만 그 활용은 5~6년간 지속될 것이다.

수학의 문제 풀이에도 리듬이 있다

사람은 항상 자기만족의 수준을 갖고 있어서 자기가 맞는 점수만큼을 공부하려하고 하는 경향이 있다. 그래서 항상 점수가 제자리인 것이다. '공부해야 하는 과목이 여러 개이니 수학은 이 정도 하면 되고……'라며 자기 합리화를 하겠지만 현재 80점이면 80점 받을 만큼만 공부한다. 이것이 자기가 정한 만족할만한 수준이며 이것이 자신이 그은 한계다. 앞으로도 그 만족할만한 점수를 항상 유지할 거라는 착각이 들지만, 학년이 올라가면서 시험은 점점 어려워지고 자신의 수준은 가만히 있기에 점수 유지도 어려워진다.

공부란 강물을 거슬러 올라가는 것처럼 내려가는 물살을 이겨내지 못하면 가만히 있는 것이 아니라 퇴보한다. 그런데 간혹 하나의 책을 여러 번 반복하였으면서도 제 효과가 나지 않는 경우가 있다. 이것은 대체로 마음가짐의 문제인 경우가 많다. 사람은 단순한 것을 좋아해서 무엇이든 한 가지 방법으로만 하려는 경향이 있다. 많은 학생들이 책을 읽어도 속독해야하는 책과 정독해야하는 책을 구분하지 못하는 경우가 많다. 어떤 책이든 읽는 속도가 비슷하다는 말이다. 어려운 책은 밑줄도 긋고 이해하여 정리도 하고 또 때로는 외우기도하면서 가야 하기에 절대 빠를 수 없다. 그러나 어려운 책을 읽을 때도 평상시 심리적으로 다른 책의 읽는 속도에 맞추어서 읽으려는 성향을 보이게 되면 정작 중요한 것이 새는 것이다.

수학도 마찬가지다. 쉬운 문제와 어려운 문제가 있는데 어려운 문제를 풀 때도 무의식중에 쉬운 문제 풀 때 들어간 시간을 염두에 두어 생각하거나 해야 하는 양에 관심이 더 커서 빨리 풀려다가 안 되어 더 짜증이 난다는 것이다. 공부에서 최선과 차선의 리듬을 타듯 수학문제를 풀 때에도 리듬을 타야 한다. 한 마디로 쉬운 문제를 풀 때와 어려운 문제를 풀 때는 다른 마음가짐과 다른 시간배정을 해야 한다.

얼마 전에 읽은 책에서 자동차 경주 챔피언의 말이 생각난다. '자동차 경주의 최고의 기술은 최대한 느린 속도로 최고로 빠른 사람이 되는 것이다' 자동차에 대해서는 잘 모르지만 필자는 자동차 경주를 떠올려 보면서 역설적이지만 이 말이 맞다는 생각이 들었다.

자동차 경주에서 순위가 바뀌는 지점은 대부분 직선코스가 아니라 선회(旋回)하는 지점이다. 직선코스에서 순위가 바뀌는 것이라면 자동차 운전자가 아니라 이것은 자동차의 성능에 해당하기 때문에 자동차 경주의 매력은 없을 것이다. 그런데 이 선회의 지점은 순위가 바뀌기도 하지만 안타깝게도 사고가 많은 지점이기도 하다. 돌기 전에 속도를 줄여야 하는데 빨리 가려는 욕심 때문에 속도가 충분히 감량하지 않은 차량이 탈선이나 전복사고가 나는 것이다. 효율성을 강조한 이 말은 수학 문제를 푸는 방법에서도 마찬가지다. 수학에서 가장 효율적인 문제 풀이는 어떤 방법이 있을까?

첫째, 가장 적게 문제를 풀면서 가장 실력이 높게 만드는 것이다. 이 방법은 개념을 잡으면서 수학문제를 풀어야 한다는 말로 대체가 될 것이다.

둘째, 수학에서 방향이 바뀌는 지점은 새로운 단원에서 배우는 개념이나 그 확장에 해당하는 어려운 문제를 풀면서 이루어지는데 이때를 조심해야 한다.

자동차의 속력만 높이는 것처럼 수학문제만 많이 푼다면 터닝 포인트에서 개념을 상실하는 경험하게 될 것이다. 어려운 문제를 풀기위해서는 개념도 잡혀있어야 하고 시간을 확보하여 안정을 유지하여야 하며 그 밖에 적절한 기술도 필요하다. 그러나 여유가 없으면 대충하고자 하는 유혹이 그 자리를 대신해서 발전을 이루지 못하기 때문이다. 적어도 쉬운 문제를 풀 때와 어려운 문제를 풀 때에 같은 속도를 유지하려는 우를 범할 수 있음을 경계해야 한다.

사칙연산 1
괄호 2
분수 3
등식 4
부등식 5
거듭제곱 6
절댓값 7

2

7가지 개념과 유리
or 문자의 만남

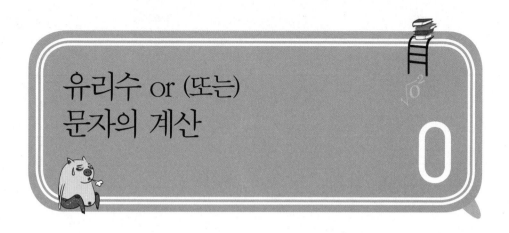

유리수 or (또는)
문자의 계산

'또는'의 의미

먼저 제목에서 '유리수 *or*(또는) 문자'라는 말이 무엇인지부터 보자! '또는'이라는 말을 무시하고 '아, 유리수와 문자의 계산이구나!'처럼 단순하게 처리해서는 안 된다. 수학에서 사용하는 용어는 정제되어 있는 경우가 많아서 조심해야 한다. '또는'은 합집합의 의미라서 다시 이 말을 세분화하면 '숫자와 숫자', '문자와 문자', '숫자와 문자' 간의 사칙계산을 다루겠다는 것이다. 이렇게 유리수와 문자들의 사칙 연산을 통해서 만들어지는 계산식을 '유리식'이라고 한다.

초등학교는 수 연산을 배우는 과정이고, 중학교는 수식을 익히는 과정이라고 했다. 여러 가지 식 중에서 바로 유리식이 앞으로 중학교 3년 동안 배워야 할 주축이 된다. 아는 만큼 보인다고 했던가? 식을 아무리 쳐다보아도 배운 것이 적다면 얻을 것이 별로 없다. 그 후 유리식과 등호가 만나면 등식이 되고, 부등호와 만나면 부등식이 된다. 수학문제를 푸는 것에 길들여진 학생들은 직접 문제를 풀어야만 공부한 것처럼 생각되어진다. 그래서 당장 유리식에서 얻을 수 있는 개념들을 익히는 것보다는 방정식 등을 푸는 것에 눈이 먼저 가고 또 방정식을 풀어야 비로소 문제를 푼 것 같은 느낌이 들 것이다. 그러나 앞으로 계속해서 배워야 할 것을 대충해서는 안 된다.

유리식을 어떻게 익힐 것인가?

주어진 식을 분해하고 하나하나 살펴보는 것도 한 방법이지만, 가장 좋은 것은 직접 만들어보는 것이다. 그래서 교과서에서도 가장 먼저 유리식을 만드는 과정을 다룬다. 유리수 또는 문자들이 괄호와 사칙계산 등이 만나서 만들어지는 유리식을 간단히 하기 위해서 ×를 생략하는 법을 배우고, 나누기는 분수로 바꾸거나 곱하기로 바꾸어 생략하게 된다. 이렇게 만든 식을 분류하고 하나하나에 이름을 붙이게 된다.

이런 과정 속에서 항, 계수, 차수, 지수, 동류항, 몇 차식 등의 용어를 익히게 된다. 특히 이런 용어들을 확실하게 익히도록 하자. 그렇지 않으면 문제가 물어보는 것이 무엇인지 모른다거나 선생님이 수업 시간에 어떤 말씀을 하는지 귀에 들어오지 않을 수 있다. 게다가 하나하나 만들어보고 개념을 익히는 것은 나중에 만들어진 유리식을 분해하기도 쉽고 분해된 것들 이해하기도 쉽게 된다. 이처럼 하나하나 확실하게 해야 식을 보는 눈이 점점 자라게 된다.

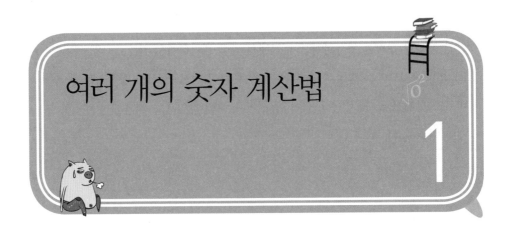

여러 개의 숫자 계산법

중학교에 들어와서 정수와 정수를 포함하는 좀 더 큰 수체계인 유리수를 배웠다. 그러나 알고 보면 유리수란 초등학교에서 배운 자연수나 분수에 −(음의 부호)를 추가하였을 뿐이다. 그러니 음수처리를 하지 않는 문제는 모두 초등학교 수준이고 초등문제를 중학교 시험문제로 출제하지는 않는다. 따라서 중학교의 유리수 관련 문제는 모두 음수 처리를 어떻게 하느냐를 물어본다. 수를 정확하게 인식해야 하며 만약 수에서 −를 분리하는 순간 3년간의 오답을 피할 수 없다.

항상 문제를 풀 때는 음수를 가장 먼저 고려해야 한다. 문제의 종류는 단순 유리수의 사칙계산을 묻거나 다시 이를 혼합하는 문제를 다룬다. 혼합하는 문제는 '혼합계산순서'에 따라서 풀면 된다. 이때 곱하기로 되어 있는 것은 하나의 덩어리로 보고 덩어리 안의 음수 개수를 세어서 먼저 부호를 결정해야 한다. 이렇게 보는 눈이 부족하다면 항(117쪽 참조)의 개념을 먼저 공부하고 주어진 혼합계산식의 항의 개수를 파악하는 훈련을 하는 것이 필요하다. 항에 대한 설명을 문자와 숫자들로 이루어진 식을 통해서 설명하는데 숫자들로만 구성되어있을 때도 '곱하기로 뭉쳐져 있는 덩어리'라는 동일한 규칙이 적용된다. 이런 문제는 계산하기 귀찮아서이지 항이라는 관점만 잘 잡으면 곧 해결될 것이다.

일반적인 유리수의 계산은 중요하기 때문에 연습이 많이 필요하다. 많은 문제집에서 다루기 때문에 여기에서는 생략하겠다. 여기에서는 연달아 있는 여러 개의 숫자를 계산하라는 학생의 입장에서는 낯선 문제를 다루려고 한다. 학생들이 이런 것은 특이한 문제라고 별로 중요하게 생각하지 않는 경향이 있다. 그런데 이런 문제들은 앞으로 무척 중요한 내용이기 때문에 반드시 익혀두어야 한다. 물론 이런 문제를 직관적으로 처리하는 학생도 많지만 정확하게 이해하기 위해서는 항이라는 개념과 교환법칙이나 결합법칙과 같은 것을 먼저 익혀야 한다.

$2 \times 7 \times 5$라는 계산이 필요할 때, 10×7이 아닌 차례대로 계산하여 14×5를 세로셈으로 써서 계산하는 경우가 많다. $1+2+3+7+8+9$나 $2 \times 2 \times 2 \times 5 \times 5 \times 5$라는 문제가 있을 때도 $(1+9)+(2+8)+(3+7)$이나 $(2 \times 5) \times (2 \times 5) \times (2 \times 5)$와 같이 간단하게 계산할 수 있도록 해야 한다. 맨 끝에 있는 9가 1과 더해지기 위해서는 바로 옆에 있는 8과 다시 7 등으로 계속해서 자리바꿈을 해야 $1+9$처럼 될 수 있다. 이것이 귀찮으니 한 번에 바꿔 위처럼 쓸 수 있다는 것이다. 이것을 교환법칙과 분배법칙이 아니라면 위와 같이 할 수 없다.

덧셈의 교환법칙 $a+b=b+a$

덧셈의 결합법칙 $(a+b)+c=a+(b+c)$

곱셈의 교환법칙 $a \times b=b \times a$

곱셈의 결합법칙 $(a \times b) \times c=a \times (b \times c)$

초등학교에서 3+5와 5+3, 3×5와 5×3은 답이 각각 8과 15로 같으며 처음에는 이런 현상이 우연인 듯도 싶었으나 점차 확신을 갖게 된다. 결합법칙도 모두 더하기나 곱하기만으로 되어 있으면 아무거나 먼저 더해도 곱해도 된다는 것을 알고 있다. 이처럼 초등학교에서 정식으로 한 번도 다루지는 않았지만 이미 알고 있을 것이다. 그런데 어떤 수를 미지수로 놓으면서 어떤 수든 등식이 성립한다는 것을 공식(공식은 모두 항등식이나 절대부등식이다.)으로 만들었을 뿐이다. 결국 이미 알고 있는 것을 사후 명문화한 것이라고 할 수 있다. 이중에 반드시 알아야 하고 가장 많은 오답을 일으키는 덧셈의 교환법칙 문제를 하나 풀어보자!

Q 다음 중 덧셈의 교환법칙이 사용된 것은?

(1) $a-b=b-a$　　　(2) $-a-b=(-a)+(-b)$　　　(3) $a-b=-b+a$

(4) $-(a+b)=-a-b$　　　(5) $(a+b)+c=a+(b+c)$

답: (3)

－를 가운데 두고 a와 b를 바꾼 (1)이라는 오답을 많이 선택한다. 뺄셈의 교환법칙이란 것 자체가 없으며 실제로 이렇게 바꾸면 3-5=-2, 5-3=2로 서로 다른 수가 된다. 수에서 －를 분리하는 순간 오답이 된다고 했다. 답은 $a-b$를 (3)으로 a와 $-b$라는 두 개의 항으로 보고 이를 바꾼 $-b+a$여야 한다. 이것이 힘들면 $a-b$를 $+a+(-b)$로 보고 바꾸어서 $(-b)+a$로 봐야 한다. (4)는 분배법칙이고 (5)는 결합법칙이다.

그런데 왜 덧셈과 곱셈의 교환법칙, 결합법칙만 있고 뺄셈이나 나눗셈의 교환법칙, 교환법칙은 없는 걸까? 이유는 간단하다. 나누기는 곱셈으로 바뀌었고 항이라는 덩어리 안에 −가 포함되면서 −(빼기)와 ÷(나누기)라는 것이 식에서 사라졌기 때문이다. 식에 존재하지 않는 연산법칙을 만들 이유는 없다. 이제 항의 내부에는 곱하기로만 연결되고 항과 항 사이에는 덧셈만 존재하게 된다. 이것은 중학교뿐만 아니라 고등학교에서도 계속 마찬가지다.

이 많은 더하기를 언제 다 하나?

많은 수의 더하기를 일일이 해야 하는 것이 문제라면 그것은 수학이 추구하는 사고력과 거리가 먼 것이다. 만약 그런 문제를 냈다면 문제를 낸 사람이 잘못된 것이다. 그러니 오히려 보기에 많은 수를 더하는 것처럼 보이는 문제는 반드시 규칙이 있고 오히려 빨리 풀 수 있는 문제라고 보는 것이 좋다. 필자가 보기에 여러 개의 덧셈을 빨리 계산하는 방법은 3가지 정도다.

첫째, 10, 100, 100 등의 수가 되도록 만드는 방법

여러 개의 더하기 중에는 우리가 머리를 크게 쓰지 않아도 되는 계산들이 있다. 예를 들어 합해서 0이 되거나 1과 9, 2와 8 등 10의 보수를 사용하거나 또는 합해서 100이 되는 수 등을 이용하는 것들이다. 이것도 저것도 아니면 3000+400+50+6=3456와 같은 것이다. 문제를 통해서 보자!

Q (1) −(−7)−(−8)+3−(−2)를 계산하여라.

(2) 29−299+2999−29999를 계산하여라.

답: (1) 20 (2) −27270

항들의 사이에 +로 연결된 것으로 보고 교환법칙과 결합법칙을 적용한다면 어떤 의심도 없이 아무거나 먼저 계산할 수 있게 된다. (1) 괄호를 모두 풀어주면 7+8+3+2로 10이 되는 수끼리 먼저 계산하면 (7+3)+(8+2)=20이다. (2) 감각이 있다면 괄호를 사용하지 않고도 −270−27000이라는 계산만 해도 되는 학생들도 있을 것이다. 그렇지 않은 학생이거나 좀 더 항이 복잡해지면 다음과 같이 괄호를 사용하여 정식으로 계산한다.

(30−1)−(300−1)+(3000−1)−(30000−1)에서 괄호를 풀어주고 이를 다시 정리하면 (30−300+3000−30000)+(−1+1−1+1)=−270−27000=−27270이다. 이런 문제의 특징은 항이 많기는 하지만 직접 정리해야 하기에 몇 십 몇 백 개는 아니라는 것이다. 다음으로 고려해야 하는 것은 주어진 항이 지나치게 많아진다면 '같은 수의 더하기'가 되는지 확인해야 한다.

둘째, 곱하기로 만드는 방법

우리가 지금까지 많은 수의 더하기를 빨리하는 방법으로 배운 것은 '같은 수의 더하기'인 '곱하기' 밖에 없다. 그런데 주어진 문제가 같은 수의 더하기가 아니라고? 그렇다면 어떻게 하면 같은 수의 더하기가 될 수 있는지를 고민하는 일만 남았다. 풀 수 없도록 문제가 만들어지는 경우는 없다.

Q (1) 2−3+2−3+2−3+2−3+2−3을 계산하여라.

(2) 1−2+3−4+5−6+ ⋯ +99−100을 계산하여라.

(3) 1+2+3+4+ ⋯ +98+99+100을 계산하여라.

답: (1) −5 (2) −50 (3) 5050

여러 개의 더하기라면 곱하기로 만들기 위해서 '같은 수의 더하기'를 찾아야 한다. ⑴ 주어진 식은 2-3이 반복해서 더해지고 있으니 (2-3)×5로 보거나 계산하여 -1×5로 보면 된다. ⑵ 준식에서 1-2=2-3=3-4=…=-1이다. 문제는 -1이 몇 개 더해진 것인가라는 것이다. 전체 항이 100개이고 두 개씩 짝을 지었으니 -1이 50개가 더해진 것이다. 물론 이 문제는 항의 개수를 구하는 것이 어렵지 않으나 점차 항의 개수를 구하는 것이 어려워진다. '항의 개수 구하기'를 반드시 익혀두기 바란다. ⑶ 가우스라는 수학자가 초등시절에 풀었던 문제로 초등교과서에도 나와 있고, 또 웬만한 수학책에는 거의 실려 있어서 여러분도 한번쯤은 보았을 것이다. 그냥 재미로 푸는 문제인 것처럼 보일지도 모르지만 이것은 무척 중요한 것이라서 반드시 익혀야 한다. 이 문제의 핵심은 어떻게 하면 '같은 수의 더하기'로 만들까라는 것으로 고등학교 등차수열의 합의 핵심내용이다.

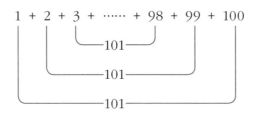

더하기가 여러 개인 것을 빨리 구하는 방법은 오로지 '같은 수의 더하기'인 곱셈밖에 없다. 같은 수의 더하기가 되기 위해 위와 같이 짝을 지어 두 수씩 더하면, 짝지은 두 수의 합은 101로 일정하다. 101의 개수는 전체의 절반인 50개니 답은 101×50=5050이다. '15+16+17+18+…+25+26+27+28을 계산하여라'처럼 1부터 출발하지 않는 수의 합을 구하라는 문제가 있다. 이것은 같은 문제지만 전체의 개수를 구해야 하는 것이 추가 된다. 96쪽을 보면 알 수 있듯이 각

수를 14로 **빼면** 전체의 개수는 14개가 된다. 이제 문자를 사용하여 일반화해보자! $1+2+3+\cdots+(n-2)+(n-1)+n$에서 첫째 항과 마지막 항을 더하면 $n+1$이고 항의 개수는 n개다. 따라서 $(n+1)\times\dfrac{n}{2}$ 이라는 식을 만들 수 있으며 이를 정리하면 공식 $\dfrac{n(n+1)}{2}$이 만들어진다. 고등학교에 가서 하면 될 것이라고 생각하는 학생도 있겠지만 현실적으로 고등학교에서는 시간이 없기 때문에 공식만 외우는 학생들이 많다. 물론 그때도 지금도 공식이 중요한 것이 아니라 만들어지는 원리를 이해해야 한다.

셋째, 중간의 항들이 서로 상쇄되어 없어지는 계산

비록 여러 개의 더하기지만 자세히 보면 고맙게도 중간의 항들이 서로 상쇄되어 없어지는 문제들이 있다.

Q (1) $\dfrac{1}{4}-\left(-\dfrac{1}{8}\right)-\dfrac{1}{4}$ 을 계산하여라.

(2) $100-2+2-3+3-4+4-5+5-6$을 계산하여라.

(3) 자연수 n에 대하여 $\dfrac{1}{n(n+1)}=\dfrac{1}{n}-\dfrac{1}{n+1}$ 이 성립함을 이용하여

$\dfrac{1}{1\times2}+\dfrac{1}{2\times3}+\dfrac{1}{3\times4}+\cdots+\dfrac{1}{2013\times2014}$ 의 값을 구하여라.

답: (1) $\dfrac{1}{8}$ (2) 94 (3) $\dfrac{2013}{2014}$

(1) $\dfrac{1}{4}+\dfrac{1}{8}$ 을 계산하려고 한 학생이 있었는가? $\dfrac{1}{4}$ 과 $-\dfrac{1}{4}$ 이 상쇄되어 없어지니 답은 그냥 $\dfrac{1}{8}$ 이다. 이런 문제는 계산문제라기보다는 식을 보는 눈을 키우는 문제에 더 가깝다. (2) 준식을 $100+(-2+2)+(-3+3)+(-4+4)+(-5+5)-6$으로 보면 $-2+2=0$ 등으로 중간식이 상쇄되어 없어지니 $100-6=94$다. 그런데 출제자

가 매우 좋아하는 형태이기는 하지만 이렇게 답이 뻔히 보이도록 만들지는 않는다. 보통 중간에 식의 변형을 하여야만 중간이 상쇄되는데 다음 문제가 예다. (3) 이런 문제는 원래 '부분분수' 또는 '이항분리'라는 이름으로 고등학교에서 배우는 것이지만 최근 중학교 시험 문제로 자주 출제된다. 고등학교 과정을 왜 다루나 하지 말고 중요한 것이니 익혀두기 바란다. 초등학교에서 $\frac{1}{2}-\frac{1}{3}$ 을 계산하면 중간에 $\frac{3-2}{2\times3}=\frac{1}{2\times3}$ 을 거쳐서 $\frac{1}{6}$ 이라는 계산을 하였다. 이제 거꾸로 $\frac{1}{2\times3}$ 으로 $\frac{1}{2}-\frac{1}{3}$ 을 만든 것이며, 이것을 $\frac{1}{n\times(n+1)}=\frac{1}{n}-\frac{1}{n+1}$ 이라고 표현한 것이다. 물론 여기서는 n에 1, 2, 3, …, 2013을 각각 대입하여 $\frac{1}{1\times2}=\frac{1}{1}-\frac{1}{2}$, $\frac{1}{2\times3}=\frac{1}{2}-\frac{1}{3}$, $\frac{1}{3\times4}=\frac{1}{3}-\frac{1}{4}$, …, $\frac{1}{2013\times2014}=\frac{1}{2013}-\frac{1}{2014}$ 로 만들라는 것이다.

따라서 $\frac{1}{1\times2}+\frac{1}{2\times3}+\frac{1}{3\times4}+\cdots+\frac{1}{2013\times2014}$ 는 $\left(\frac{1}{1}-\frac{1}{2}\right)+\left(\frac{1}{2}-\frac{1}{3}\right)+\cdots+\left(\frac{1}{2013}-\frac{1}{2014}\right)$ 로 바꾸고 괄호를 풀어주면 중간식이 모두 없어지고 $\frac{1}{1}-\frac{1}{2014}$ 만 남아서 답은 $\frac{2013}{2014}$ 이 된다. 분모의 차가 1이 아닌 수는 좀 더 복잡해지지만 같은 논리다.

이런 문제는 중1, 고1, 고2와 수능 문제에서도 자주 응용된다. 그러나 이런 중간 상쇄 문제의 종류는 많지는 않아서 크게 두 가지로 나눌 수 있는데, 하나는 지금 다룬 '부분분수'이고 하나는 '분모의 유리화'를 거치는 것이다.

이 많은 곱하기를 어느 천 년에 곱할까?

같은 수의 곱하기는 거듭제곱이라고 표현하지만, 다양한 숫자의 많은 곱하기를 가장 빨리 할 수 있는 방법은 계산기밖에 없다. 참으로 창의력이 떨어지는 말이라고 비난하는 소리가 들리는 듯하다. 수학을 배우면 창의력이나 사고력을 자연스럽게 배울 수 있을 것이라고 착각할 수도 있을 것 같아서 하는 말이다. 우리가 알아야 할 것은 초등학교에서 이미 다 배웠다. 다만 아는 것을 좀 더 확실히 해서 사용하는 것만 남았다는 이야기를 하고 싶어서 한 말이다. 지난 기억을 되살려보면, 곱하기를 하면서 0을 포함하거나 또는 분수의 곱하기에서 약분이 많이 되면 좋아했다. 다음 문제를 보자.

Q (1) $(-1.5)^2 \times (-2.5) \times (2-2) \div \dfrac{125}{8}$ 를 계산하여라.

(2) $\left(-\dfrac{1}{3}\right) \times \left(-\dfrac{3}{5}\right) \times \left(-\dfrac{5}{7}\right) \times \cdots \times \left(-\dfrac{51}{53}\right) \times \left(-\dfrac{53}{55}\right)$ 을 계산하여라.

(3) $x=2014$일 때, $\dfrac{1+x+x^2+x^3}{x+x^2+x^3+x^4}$ 의 값을 구하여라.

답: (1) 0　(2) $-\dfrac{1}{55}$　(3) $\dfrac{1}{2014}$

(1) ÷도 ×로 바꿀 수 있으니 준식은 하나의 항인데, 2-2=0을 포함하고 있다. 어떤 수도 0을 곱하면 0이며 −의 개수를 세어서 −0이라고 하는 학생도 있지만, −0은 0만큼 모자라다는 말로 성립되지 않으므로 답은 그냥 0이다. (2) 역시 모두 곱하기로 뭉쳐져 있으니 하나의 항이고 일단 부호를 무시하면 약분이 되어서 $\dfrac{1}{55}$ 이다. 하나의 항에서는 가장 먼저 −의 개수에 따른 부호를 결정해야 하는데 항의 개수를 구하는 것이 어려워 보인다. 그런데 이렇게 규칙적인 분수에서 항의 개수를 구할 때는 가장 먼저 분모나 분자의 수들만 나열해 보면서 구하는 경우가 많다. 분자만 보면 1, 3, 5, …, 53이다. 2씩 커지는 수니 각 항에 1(96쪽 참조)을 더하여 2, 4, 6, …, 54가 되고, 다시 각 항을 2로 나누면 1, 2, 3, …, 27로 27개이며 홀수니 27개이며 홀수이니 $\dfrac{1}{55}$ 에 −를 붙여주면 답이 된다. (3) 준식이 복잡하면 대입하기 전에 정리부터 하는 것이 기본이다. 이 문제는 괄호와 거듭제곱, 분수의 성질, 분배법칙(또는 인수분해) 등 여러 개의 개념이 혼합된 문제로 나중에 다루어야 하는데 이 기회에 한번 다루어 봤다. 대신 여기에서는 문제를 아주 쉽

게 냈지만 실제로는 좀 더 어려운 문제가 출제 된다. 당장 어려워보일 수도 있지만 하나하나 해보면 당연하고 쉬울 것이다. 말도 안 되게 이 상태로 약분을 하는 학생도 있는데 그런 학생은 40쪽의 분수의 위대한 성질을 참조하기 바란다. 당연한 말이지만, 준식에서 분수는 몇 개인가? 분모와 분자에 항이 많아서 잘 보이지 않을 수도 있지만 하나의 분수이다. 하나의 분수를 간단하게 만드는 방법은 분모와 분자를 각각 정리하거나 약분하는 방법 밖에 없다. 그런데 미지수를 포함하여 더 이상의 정리가 안 되니 남은 것은 이제 약분 밖에 없다.

그런데 분모의 각 항에 x를 곱하면 분자와 같아진다. $\dfrac{1+x+x^2+x^3}{x+x^2+x^3+x^4}$ 의 분모와 분자에 x를 곱하면 $\dfrac{(1+x+x^2+x^3)\times x}{(x+x^2+x^3+x^4)\times x}$ 인데 이 중에 분자에만 분배법칙을 적용한다. 그러면 $\dfrac{(x+x^2+x^3+x^4)}{(x+x^2+x^3+x^4)\times x}$ 으로 같은 것을 약분하면 $\dfrac{1}{x}$ 이다. 따라서 답은 $\dfrac{1}{2014}$ 이다. 이런 생각을 어떻게 했을까? 남은 방법이 약분밖에 없었고 게다가 분모와 분자에 있는 항의 개수가 각각 4개로 같으니 약분이 될 수 있는 방법을 찾았을 뿐이다. 물론 중3에서 인수분해를 배우면 좀 더 편해지겠지만 문제는 하나의 분수로 보고 약분할 수 있느냐가 학생들에게 가장 큰 걸림돌이 될 듯하다.

지금까지 여러 개의 숫자끼리 더하거나 곱하는 문제를 보았다. 더하기와 곱하기를 동시에 사용하는 문제는 고등학교에서 다루라고 남겨둔다. 이런 문제들을 전문가인 척하고 말하면 추론능력이라고 한다. 추론능력도 기본적인 실력을 배양했을 때에만 사용할 수 있다는 것을 명심하자.

항의 개수 구하기

　문제가 여러 개의 항으로 구성되어 있고 규칙이 있으면 대부분은 항의 개수가 문제가 된다. 이것은 '서수(순서의 의미)'라는 것을 이해해야 가능한데, 교과과정에서는 중요하게 다루지 않고 문제를 풀 때는 학생의 상식에 의존하였다. 그래서인지 어쩌다 나와서 연습은 안 되고 짜증나게 하는 유형이 이 서수문제다. 교과서에서는 아예 다루지 않다가 정작 문제가 나오면 선생님들이 알려주는 방식은 '뒤의 수에서 앞의 수를 빼고 1을 더하라'는 것이다. 그러나 대부분의 학생들은 이 말을 이해하지 못해 그냥 외우는 경우가 많다. 이렇게 서수와 관련된 부분을 공식처럼 외우는데 어떻게 확장할 수 있을 것인가?

　확장은 고사하고 이해하지 못한 공식을 계속 외우는 것은 마른나무에서 꽃이 피길 기대하는 만큼이나 어려운 일이다. 그래서 필자는 이 부분을 아이들에게 이해시키기 위해 새로운 방법을 개발하였다. 하나하나 확실하게 익혀두면 중학교뿐만 아니라 고등학교의 〈수열〉 단원에서 무척 유용할 것이다. 천천히 가보자!

　유치원 아이들에게 어떤 물건이 몇 개인지 물어보면 아이는 '하나, 둘, 셋, 넷, 다섯'이라고 세어보고는 '5개요'라는 대답을 한다. 다섯까지 세어본 것과 전체의 개수가 다섯 개라는 데에는 어떤 관계가 있는가?

　첫째, 다섯(5)에는 다섯 개라는 양의 의미와 다섯 번째라는 순서의 의미를 동시에 가지고 있다.

둘째, 어떤 것의 개수를 알려면 1, 2, 3, 4, 5, 6, … 로 직접 차례로 헤아리는 방법밖에 없다. 물론 둘, 넷, 여섯, … 이나 3, 6, 9, 12, … 처럼 배수를 이용하여 좀 더 빠르게 셀 수도 있지만 이것도 결국은 1, 2, 3, 4, 5, 6, … 을 기본 바탕으로 이루어진다.

> 1, 2, 3, 4, 5, …, 27은 몇 개니?

> 27개요.

> 그럼, 1부터 176까지의 자연수는 몇 개니?

> 176개요.

> 1부터 x까지의 자연수는 몇 개니?

> 몰라요.

> 그래, 나도 몰라. 그러니까 몇 개니?

> 알았다! x개요. 어떤 수인지는 모르지만 x까지니까 x개라는 말이지요?

> 똑똑한데? 그렇다면 1부터 $x-1$까지의 자연수는 몇 일까?

> 음, 어색하긴 하지만 $x-1$개가 되겠는데요.

> 맞아, 그렇다면 이제 마지막 질문이다. x까지의 자연수는 유한개니, 무한 개니?

> x가 엄청나게 큰 수가 될 수 있으니 무한개가 아닐까요?

> 아니지. 어떤 수가 되든지 그 수까지이고 끝이 있으니 유한개야.

1부터 출발하는 자연수의 개수는 이처럼 구하기가 쉽다. 그런데 실제 문제는 1부터 출발하는 것이 아니라 다양하게 나온다. 직접 문제를 통해서 보자!

Q 다음 항의 개수를 구하여라.

(1) 5, 6, 7, ···, 127

(2) −4, −3, −2, ···, 127

(3) 3, 6, 9, ···, 111

(4) 12, 15, 18, ···, 99

(5) 12, 17, 22, ···, 112

(6) 1, 3, 5, ···, 2n+1

답: (1) 123개 (2) 132개 (3) 37개

(4) 30개 (5) 21개 (6) (n+1)개

(1) 5, 6, 7, ···, 127를 1, 2, 3, 4, 5, ··· 로 만들어 마지막 수가 무엇인지 알면 된다. 가장 먼저 5가 1이 되기 위해서는 4를 빼주어야 된다. 그 뒤의 항에서도 모두 4를 빼면 (5-4), (6-4), (7-4), ···, (127-4) ⇨ 1, 2, 3, ···, 123으로 123개가 된다. 어려운가? 아니면 이해도 되고 어렵지는 않지만 약간 귀찮은가? 인정한다. (2) 정수도 같은 규칙이 적용된다. −4가 1이 되려면 5를 더해주면 된다. 따라서 −4, −3, −2, ···, 127의 각 항에 5를 더해주면 1, 2, 3, ···, 132로 132개가 된다. (3) 3, 6, 9, ···, 111을 가만히 보면 3씩 커지면서 각 항이 모두 3의 배수인 것을 알 수 있다. 각 항을 3으로 나누어주면 1, 2, 3, ···, 37로 37개임을 알 수 있다. 지금까지 이런 문제는 '1부터 100까지의 수 중에서 3의 배수는 몇 개인가?'와 같은 문제로 출제되었다. 이때 많은 학생들이 3의 배수의 개수를 물으면 3으로 나누고 5의 배수를 물으면 5로 나누는 방법으로 구하였다. 이제 어떤 배수의 개수를 구할 때 왜 그 수로 나누었는지를 이해했을 것이다. (4) 12, 15, 18, ···, 99도 역시 3의 배수니 각 항을 3으로 나누어주면 4, 5, 6, ···, 33이다. 여기에 다시 각

항에 3을 빼면 1, 2, 3, …, 30이다. (5) 12, 17, 22, …, 112를 보면 5씩 커지고 있으나 그렇다고 각 항이 5의 배수들은 아니다. 5의 배수가 되려면 각 항에 3을 더하거나 2를 빼주면 되는데 여기에서는 각 항에 2를 빼주어 10, 15, 20, …, 110으로 5의 배수가 되었다. 이제 5로 나누면 2, 3, 4, …, 22이고 각 항에 1을 빼면 1, 2, 3, …, 21이 된다. (6) 문자가 들어있어도 마찬가지다. 2씩 커지고 있으니 2의 배수를 먼저 만든다면 아마도 개수가 보일 것이다. 1, 3, 5, …, $2n+1$ ⇨ 2, 4, 6, … $2n+2$ ⇨ 1, 2, 3, …, $n+1$이다.

그런데 위 문제들을 풀면서 막연하게 의문이 들 것이다. 첫째, 빼거나 더하거나 하는 등의 계산을 하면 수의 크기가 달라지지 않느냐는 것이다. 맞다. 수의 크기는 달라지지만 우리가 구하려는 수의 개수에는 변함이 없다. 10명에게서 500원을 걷어도 10명이라는 사람의 수가 변하지 않는 것처럼 몇 번의 연습만으로 이런 의문이 해소 될 것이다. 둘째, 번거롭지 않느냐는 것이다. 처음에는 '끝의 수에서 처음 수를 빼고 1을 더하는 것'보다 귀찮다. 처음에는 익숙하지 않아서 번거롭다는 생각이 들지 모르지만 처음의 수가 1이 되게 하는 것과 마지막 수에만 집중하면 곧 암산이 될 수 있다.

수학에서는 어느 한 가지가 개발되면 후속으로 굉장히 많은 것들에 영향을 미치게 된다. 앞으로도 필자의 책으로 고등수학을 공부하게 된다면 지금 배운 것을 바탕으로 좀 더 확장할 수 있을 것이다.

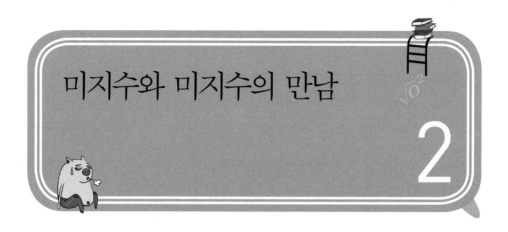

미지수와 미지수의 만남

2

중학교 1학년은 개념이 쏟아지는 시기

중학교 올라와서 얼마 되지 않아 x, y 등의 미지수가 아무런 설명도 없이 등장하고 다짜고짜 숫자와 문자, 문자와 문자 사이에 있는 곱하기를 생략하라고 한다. 처음에는 어려움을 겪게 되지만 곧 문제들을 풀게 되면서 익숙해지게 된다. 그런데 이런 경험은 자칫 개념을 정확하게 몰라도 문제만 열심히 풀면 자연스럽게 알게 된다는 잘못된 생각을 갖게 만들 수 있다. 이런 생각을 갖게 되면 문제의 유형만 익히려고 하는 좋지 않은 습관을 만들 수 있다는 것을 명심해야 한다.

물론 많은 문제들을 풀다 보면 당장 점수는 높게 나올 수 있다. 그러나 1학년은 미지수를 통해 수학의 진정한 수식을 처음으로 배워가는 곳이다. 수학의 논리성과 엄밀성을 배우는 첫 단추인 셈이다. 많은 개념이 쏟아지기 때문에 무엇이 중요한지 판단하기 힘들겠지만, 그 안에는 중·고등학교 6년을 쓰게 되는 중요한 개념들이 많다. 내용으로 보면 유리수라는 수를 배우고 나서 문자를 사용하는 식,

방정식, 함수 등으로 이어진다. 그래서 가장 먼저 중시해야 하는 것은 바로 식을 만드는 과정이고 그 과정에서 배우게 되는 용어에 대하여 개념을 정리하는 것이다. 중1의 개념을 배우고 나면 중2의 수학을 거의 다 풀게 된다. 그래서 대부분의 학생들이 중1 성적이 중2의 성적과 동일한 경우가 많다. 그러니 처음부터 하나하나 개념을 이해하고 연습해야 한다. 단, 하나의 개념도 소홀하지 말고 배우고 익혀서 자유자재로 쓸 수 있게 해야 중학교 3년, 더 나아가 고등학교 3년이 편하게 된다.

아무리 급해도 여유를 잃지 말고 미지수가 무엇인지부터 차근차근 이해해 나가자! 미지수는 '아직 알지 못하는 수' 즉 모르는 수다. 초등학교에서는 모르는 수를 □, △, ○ 등이나 ㉮, ㉯, ㉰ 등을 사용하였다. 이제 중학교에서는 이것들 대신에 x, y, z 또는 a, b, c 등을 사용하며, 그 중에서도 x나 y를 가장 많이 사용한다는 것을 알려준다. 그런데 많은 사람들이 이처럼 미지수 x, y, z를 □, △, ○ 대신에 x, y, z라고 쓴다는 한 마디 말로 끝낼 수 있다고 생각하는 것 같다. 과연 그럴까? 미지수가 갖는 의미 몇 가지를 생각해보자고 다루었다.

미지수 x는 수인가?

알파벳 x를 미지'수'라고 하였으니 수이고 수처럼 다뤄야 한다. 물론 어떤 수인지 모르니 이 수가 자연수, 정수, 유리수, 무리수 등 점차 학년이 올라가면서 아는 만큼 미지수가 될 수 있는 수가 점차 넓어질 것이다. 자칫 '모르는 수를 x라 한다 해서 뭐가 달라질까?' 라는 생각이 들 수 있다. 초등학교 저학년에서 '어떤 수에 3을 더하면 -'라는 것이 나오면 아이들이 모르는 것에 3을 더해도 여전히 모르니 쓸 필요가 없다고 생각해서 식을 세우지 못하는 경우가 많았다. 그러다가 점차 '어떤 수' 대신에 □를 써야만 식을 세울 수 있었듯이, 중학교에서도 모르는 것을 모르는 수인 x를 써야만 역시 식을 만들 수 있게 된다. 식이 만들어져야만 비로소 '등식의 성질'이든 '분수의 성질'이든 그동안 연습해서 아는 것들을 다시 사용할 수 있는 기반이 마련된다. 어찌되었든 수 대신에 문자를 사용하는 수학을 '대수'라고 하며 바로 이 대수가 전체 수학의 90% 이상을 차지하고 있다.

미지수 x와 y는 같은 수인가 다른 수인가?

학생들이 문제를 풀다 보면 대부분 자연스럽게 깨우치지만 처음에는 별것도 아닌 것이 헷갈린다. 별것은 아니지만 그래도 조금은 생각해봐야 한다.

> x와 y는 같은 수일까? 다른 수일까?

> 다른 수이지요. 벌써 문자가 다르잖아요.

> 틀렸어.

> 말도 안돼요. 그럼 같은 수란 말이에요?

> 같은 수도 아니야.

> 같은 수도 아니고 다른 수도 아니고 그럼 뭐예요?

> 같은 수일 수도 다른 수일 수도 있어.

> 예?! 왜요?

> 만약 사과의 개수를 x, 배의 개수를 y라 하면 사과와 배의 개수가 같을 수도 있고 다를 수도 있지 않겠니?

> 그러네요.

모든 문제마다 x, y가 사용되고 있으며 각 문제마다 미지수로 정한 상황이 다르니 전혀 별개다. 앞의 대화에서 보듯이 한 문제 안에서 x, y의 값은 다를 수도 있고 같을 수도 있다. 그러나 한 문제 안에 있는 x끼리는 서로 같다. 예를 들어 $x+x$에서 두 x는 한 문제 안에 있는 같은 문자(미지수)이기 때문에 같은 수다.

미지수끼리는 계산이 되는가?

이제 미지수끼리의 사칙계산을 다루려고 한다. 그런데 이에 앞서 이들은 계산이 되는가를 물어보면 많은 학생들이 미지수끼리는 계산이 되지 않는다고 한다. 생각도 안 해보고 간단하게 전체를 포괄하여 말해서는 안 된다. 먼저 문제를 풀어보자!

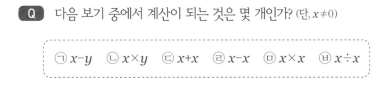

Q 다음 보기 중에서 계산이 되는 것은 몇 개인가? (단, $x \neq 0$)

ㄱ) $x-y$ ㄴ) $x \times y$ ㄷ) $x+x$ ㄹ) $x-x$ ㅁ) $x \times x$ ㅂ) $x \div x$

(1) 2개   (2) 3개   (3) 4개   (4) 5개   (5) 6개

답: (1)

문제에서 $x \neq 0$라는 단서는 $x \div x$에서 0으로 나누지 못하도록 하기 위해서다. 다른 미지수의 계산, 즉 $x+y, x-y, x \times y, x \div y$는 당연히 계산되지 않는다. 그런데 같은 두 미지수의 계산, 즉 $x+x, x-x, x \times x, x \div x$는 좀 더 생각해봐야 할 필요가 있다. 앞에서 말한 것처럼 한 문제에서 사용하는 동일한 문자는 같은 것을 나타내는 미지수다. 같은 문자라 할지라도 모르는 수니 여전히 더하거나 곱할 수

는 없다. 그러나 $x-x$는 같은 것에서 같은 것을 빼기 때문에 없어지며 같은 것에서 같은 것을 한 번 뺄 수 있으니 나눗셈에 대한 답은 1이다. 미지수끼리의 계산 중에서 같은 미지수의 빼기와 나누기가 '아는 수'로 바뀌는 순간이다. 즉, $x-x$와 $x \div x$는 각각 0과 1로 계산되어 답은 (1)이다. 그런데 $x+x$는 $2x$고 $x \times x$는 x^2이니 계산이 된 것이 아니냐 라고 하는 학생이 있다. 아는 수든지 모르는 수든지 '같은 수의 더하기'는 모두 곱하기로 표현 할 수는 있다. 그래서 $x+x$를 $x \times 2$나 $2x$로 표현한 것은 더하기로 계산을 한 게 아니라 좀 더 간단하게 정리한 것뿐이다. x^2 역시 계산을 한 게 아니라 간단히 정리했을 뿐이다.

수학에서 설명하지 않는 것은 대부분 당연하기 때문이고 조금만 생각해 보면 알 수 있는 것들이다. 그래서 쓸데없이 이런 말을 하느냐는 학생들이 있을 것이다. 간혹 숫자 또는 문자에서 사용되는 $\times$를 생략하는 법을 배운 학생들에게 $x+3$이나 $x+y$로 해보라고 강제하면 많은 아이들이 $3x$, xy라고 한다. 틀렸다면 비로소 더하지 못하는 것을 왜 더하라고 해서 헷갈리게 하느냐고 한다. 그러나 이 정도에서 헷갈린다고 한다면 문제를 풀다가 얼마든지 오답으로 갈 수 있다는 것을 알아야 한다. 되는 것을 아는 것도 필요하지만 안 되는 것이 왜 안 되는지 생각해보지 않았기 때문이다.

미지수의 사칙계산,
계산이 되는 것을 구분하자

3

초등학교 6년 동안 자연수, 분수, 소수 등의 수를 배우고 이들 간의 사칙계산을 배웠다. 이제 중학교에 와서 자연수, 분수, 소수를 포괄하는 유리수를 배웠으니 생각을 확장하여 유리수들 간에는 모두 사칙계산이 된다는 것을 알아야 한다. 왜냐하면 유리수는 '분수로 바꿀 수 있는 수'고 분수끼리는 계산할 수 있으니 당연히 모든 유리수끼리 계산할 수 있기 때문이다.

이제 미지수를 배웠는데 역시 수라고 하니 다시 사칙계산을 해야 한다. 그런데 미지수는 유리수와 달리 사칙계산이 안 되는 것들이 있다. 아니 앞에서 오히려 일부를 제외하고는 대부분이 계산이 되지 않는다는 것을 확인하였다. 그렇다면 수 중에서 계산이 되는 것과 되지 않는 것, 정리되는 것과 정리되지 않는 것에 대한 구분을 해야 한다.

더하기와 곱하기를 구분하라

빼기와 나누기가 없으니 중학교 식에서는 더하기와 곱하기 밖에 없다. 따라서 계산을 한다는 것은 덧셈과 곱셈이다. 또한 덧셈과 곱셈을 잘 구분할 수 있다면 식을 보는 오류로부터 오는 중학수학의 오답은 거의 해결된다고 볼 수 있다. 곱셈보다 덧셈이 더 어렵고 오답이 많은데, 그것은 덧셈을 할 수 있는 조건이 곱셈보다 까다롭기 때문이다. 중학교에서도 여전히 덧셈의 문제가 제기되니 간단하게 설명한다.

더하기를 할 수 있는 조건은 한마디로 말하면 기준이 같아야 한다는 것이다. 단위가 같은 것끼리 즉 cm는 cm끼리, km는 km끼리 계산해야 하고 시간은 시간끼리 더하고, 분은 분끼리 더한다. 수에서도 자연수는 자연수끼리 더하고 분수는 분수끼리 더한다. 따라서 대분수에서 자연수는 자연수끼리 더하고 분수는 분수끼리 더한다. 분수를 더하고 뺄 때는 기준인 단위분수가 같을 때만이 더할 수 있다. 심지어 자연수끼리 더할 때도 마찬가지다. 100의 자리는 100의 자리끼리 더하고 10의 자리는 10의 자리끼리 더하고 1의 자리는 1의 자리끼리 더한다. 그래서 큰 수는 세로셈을 통하여 자릿값이 같도록 만든 것이다.

소수도 0.1의 자리는 0.1의 자리끼리 더하고 0.01의 자리는 0.01의 자리끼리 더한다. 이제 덧셈에서 유리수는 유리수끼리 더하고 미지수는 미지수끼리 더하려고 해야 한다. 이 모든 것이 기준이 같아야 계산할 수 있기 때문이다. 대신에 곱하기는 기준에서 좀 더 자유롭고, 곱하기를 모두 더하기로 바꿀 수 있기에 모두 더하기로 설명이 가능하다. 따라서 곱하기를 '같은 수의 더하기'로 바꿔보는 것이 덧셈과 곱셈의 혼동을 막는 지름길이다. $2^2 \times 3 \Rightarrow 2^2 + 2^2 + 2^2$, $\sqrt{2} \times 3 \Rightarrow \sqrt{2} + \sqrt{2} + \sqrt{2}$, $x^2 \times 3 \Rightarrow x^2 + x^2 + x^2$, $xy \times 3 \Rightarrow xy + xy + xy$ 등과 같이 곱으로 이루어진 수를 더하기로 바꾸어 보는 연습을 많이 하면 더하기와 곱하기의 구분이 훨씬 쉬워지며 중학수학의 수식을 이해하는 데 많은 도움이 된다.

계산이 되는 것과 계산이 되지 않는 것, 정리되는 것과 정리되지 않는 것을 구분하라

그동안 수가 아닌 것들도 수학에서 배웠는데 대표적으로 '비, 비율, 백분율, 할 푼리' 등이다. 이들은 수가 아니라서 이 상태로는 계산할 수 없지만 수로 바꾼다 면 모두 유리수가 되어 항상 계산할 수 있었다. 이처럼 수학에서 항상 계산이 되 는 것은 유리수까지며, 중3에는 무리수가 들어오는데 계산이 되는 것과 계산이 되지 않는 것을 구분해야 한다. 또한 지수는 일부를 제외하고는 미지수끼리는 계 산이 되지 않는다. 중학생들에게 "$x+3$, $x+y$, $x+x$ 중에 계산이 되는 것은 무엇이 니?"라고 질문하면 $x+x$만 계산된다고 대답한다. 그러나 틀렸다. 어느 것도 계산 이 되지 않는다. 다만 $x+x=x\times2=2x$로 정리될 뿐이다. 이처럼 무언가를 배우게 되면 계산과 정리를 할 수 있는 것과 없는 것을 정리하고 구분해야 수학공부의 분량을 줄일 수 있다. 먼저 문제부터 풀어보자!

Q (1) $x+3+x+5$ (2) $x+3+y+5$

(3) $x\times3\times x\times5$ (4) $x\times3\times y\times5$

답: (1) $2x+8$ (2) $x+y+8$ (3) $15x^2$ (4) $15xy$

문제를 설명하기 전에 하나만 물어보자! 사과가 들어있는 상자와 배가 들어 있는 상자에서 만약 사과를 먹으려면 어떤 상자에서 꺼내야 하는가? 사과를 먹 으려면 사과상자에서 꺼내야지 무슨 바보 같은 질문이냐고 할 수도 있다. 그렇다면 식의 계산에서도 계산이나 정리할 수 있는 것끼리 하라고 하는 것도 당연한 것이다.

(1) $x+3+x+5$에서 $x+x$는 계산되지는 않지만 $x \times 2$로 정리되고 $3+5$는 계산이 된다. 사과상자에서 사과를 꺼내듯이 되는 것끼리 계산이나 정리를 해야 한다. (2) 문자는 계산되지 않지만 당연히 숫자끼리는 계산된다. (3) 간혹 곱하기만 생략해서 $x3x5$라고 하는 학생이 있다. 3×5에서 $\times$를 생략할 수 있는가? '숫자 곱하기 숫자'에서 곱하기 생략은 배우지 않았는데 그것은 3×5를 할 수 있고 그것은 초등학교에서 배웠다. 수학은 한 번 배우면 아는 것으로 생각하지 다시 정리하거나 설명하지 않는다. 유리수끼리는 모두 계산되는데 굳이 생략이라는 것을 사용할 이유는 없다. 이처럼 정리는 항상 학생들의 몫으로 남을 것이다. 물론 나중에 필요에 따라 3×5 대신에 $3 \cdot 5$를 사용하기도 한다. 답은 $x \times x = x^2$으로 표현되고 숫자를 문자 앞에 쓰니 $15x^2$이다. (4)는 굳이 설명하지 않아도 되겠지? 계산이 안 되는 것을 계산하려고 해서 틀리는 경우가 많다. 덧셈이나 곱셈은 더하거나 곱하라는 명령기호지만, 그렇다고 할 수 없는 것을 할 수는 없다.

미지수의 연산에 대해서 무서워하는 학생이 있는데 무언가 잘못 생각하는 것이다. 몇몇 예외를 제외하고는 미지수는 기본적으로 계산이 안 된다. 계산이 안 되는 것을 어려워한다거나 무서워하는 것은 마음 탓이다. 마음을 고쳐먹고 제대로 직시한다면 아름답게 보이지는 않지만 친근하게 보일지 또 누가 아는가?

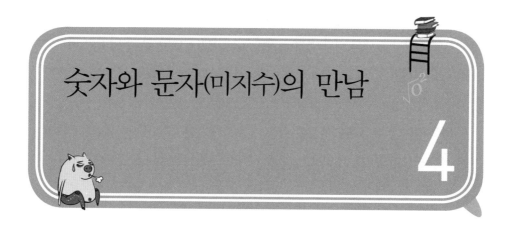

숫자와 문자(미지수)의 만남

4

중학수학에서 가장 중요한 것은 수식에 대한 이해다. 그래서 여기에서는 수식을 만드는 과정을 다루려고 한다. 보기에는 계산이 안 되니 다소 밍밍하고 의미가 없어 보이지만 식을 보는 눈을 키우기 위해서는 확실하게 익히는 것이 좋다. 지금까지 배운 기호들 즉 $+, -, \times, \div, (\ ), =, >, |\ |$ 등과 숫자 또는 문자를 사용하여 식을 만들면 된다. 이 기호들 중에 등호와 부등호의 사용을 잠시 보류하고 먼저 식을 만든다. 숫자와 숫자, 숫자와 문자, 문자와 문자의 연산 중에서 '숫자와 숫자'는 그 숫자가 유리수라면 모두 계산이 된다. 그렇다면 문제가 되는 것은 숫자와 문자, 문자와 문자의 연산만 남게 된다.

먼저 미지수 x, y와 3만 조합해서 계산식을 만들어보자!

$x, y, 3, x+x, x-x, x\times x, x\div x, x+y, x-y, y-x, x\times y, x\div y, y\div x, x+3, x-3,$
$3-x, x\times 3, x\div 3, 3\div x, y+3, y-3, 3-y, y\times 3, y\div 3, 3\div y, x+y+3, x\times 3+y,$
$x+y\times 3, (x+y)\times 3, (x+3)\times y, (x+y)\div 3$

그냥 생각나는 대로 적다가 너무 많아서 포기했다. 만약 좀 더 다양한 미지수와 숫자 그리고 +, −, ×, ÷, ( ), =, >, | | 등의 기호가 조합되고 같은 수의 더하기나 곱하기가 허락 된다면 상상을 초월할 만큼 많은 종류와 복잡한 식을 만들 수 있을 것이다. 다양하고 복잡한 식을 매번 쓰는 것은 힘들기 때문에 좀 더 간단한 식을 만드는 방법을 배워보자. 그 중 하나가 곱셈기호 ×의 생략이다.

식을 간단히 하는 원칙

① 숫자와 문자, 문자와 문자 사이의 ×를 생략한다.
　　– 숫자와 문자의 곱에서 ×를 생략할 때는 숫자를 먼저 쓴다.
　　– 1과의 곱은 1도 생략한다.
　　– 여러 개의 문자는 보통 알파벳 순서대로 쓴다.
② 나눗셈은 분수로 바꾸거나 곱하기로 바꾸었다가 생략한다.
③ 괄호가 있는 곱셈은 ×를 생략하고 수를 괄호 앞에 쓴다.
④ 같은 문자나 괄호의 곱은 거듭제곱으로 나타낸다.

× 기호를 하나 생략했을 뿐이고 별거 아니라고 생각될 수도 있겠지만 복잡한 식을 단순하게 만드는 데 많은 위력을 발휘한다. 좀 더 자세한 것은 문제를 통해 설명하겠다.

Q (1) $x \times 3$　　　　　　(2) $x \times (-3)$

　　　(3) $x \times 1$　　　　　　(4) $x \times (-1)$

　　　(5) $x \times 0.1$　　　　　(6) $x \times 3 + y \times 4$

(7) $b \times 3 \times a$ (8) $a \times b \times a \times b \times b$

(9) $(-x) \times (-y) \times (-x)$ (10) $x \div (-3)$

(11) $x \times (-3) + y \div 2$ (12) $a \div b \times c \div d \div e$

(13) $(a+b) \times (-3)$ (14) $(a-b) \div (-3)$

(15) $(a+b) \times (a+b)$

답: (1) $3x$ (2) $-3x$ (3) x (4) $-x$ (5) $0.1x$ (6) $3x+4y$

(7) $3ab$ (8) a^2b^3 (9) $-x^2y$ (10) $-\dfrac{x}{3}$ (11) $-3x+\dfrac{y}{2}$ (12) $\dfrac{ac}{bde}$

(13) $-3(a+b)$ 또는 $-3a-3b$ (14) $-\dfrac{a-b}{3}$ 또는 $-\dfrac{1}{3}(a-b)$ (15) $(a+b)^2$

(1) $x \times 3$에서 곱하기를 생략하고 숫자를 문자 앞에 쓰니 $3x$다. (2) $x \times (-3)$에서 숫자를 앞에 쓰면 답은 $-3x$다. 그런데 왜 숫자를 문자 앞에 쓰는 것일까? 만약 숫자를 뒤에 써보면 $x \times 3$은 $x3$이고, $x \times (-3)$은 $x-3$이다. $x3$은 그렇다 해도 $x-3$은 원래 의도인 $x \times (-3)$이 아니라 $x+(-3)$이 되어 전혀 다른 식이 된다. 이처럼 숫자를 문자 앞에 쓰는 이유는 바로 $-$ 때문이다. (3) $x \times 1$은 생략하면 $1x$이다. 그런데 $1x$는 x가 한 개 더해졌다는 의미로 x만으로도 그 의미가 충분히 전해지기에 1을 생략한다. 이미 초등학교에서 배워서 어떤 수든지 1을 곱하면 원래의 수가 된다는 것을 알 것이다. 예를 들어, 일 백원, 일 천원, 일 만원 등을 간단하게 백 원, 천 원, 만 원 등으로 사용하는 것이 그것이다. 이유는 간단하다. 귀찮기 때문이다. (4) $x \times (-1)$도 $-1x$지만 같은 이유로 1을 생략하여 $-x$라 한다. (5) $x \times 0.1$은 $0.1x$이며 절대 $0.x(\times)$라고 해서는 안 된다. 왜? 그럼, 0.1이 1일까? (6) $x \times 3 + y \times 4$는 $3x+4y$인데, 문제는 이것을 더 계산하려는 학생들이 있다는 것이다. 어떤 경우도 $+$를 생략하는 경우는 없으며 서로 다른 문자를 간단하게 정리하는 방법도 없다. (7) $b \times 3 \times a$에서 숫자를 앞에 쓰고 문자는 알파벳

순서대로 쓰면 $3ab$이다. (8) 같은 숫자나 문자의 곱은 거듭제곱으로 나타낼 수 있으니 a^2b^3이다. (9) $(-x)\times(-y)\times(-x)$를 $(-x)^2(-y)$라고 표현하는 학생들이 많다. 그런데 앞서 곱하기로 뭉쳐져 있는 것은 하나의 항이고, 항 안에서는 제일 먼저 부호를 결정하라고 배웠다. $-$가 3개니 $-x^2y$이다. (10) $x\div(-3)$은 분수로 바꾸면 $\frac{x}{-3}$인데, 32쪽에서 분모에 음수가 있는 상태로 두는 것은 별 도움이 안 된다고 했다. (11) $x\times(-3)+y\div2$가 두 덩어리인 것이 보인다면 더 이상 설명이 필요가 없어 보인다. (12) $a\div b\times c\div d\div e$는 곱하기와 나누기가 여러 개다. 이런 때는 먼저 나누기를 모두 곱하기로 바꾸어 $a\times\frac{1}{b}\times c\times\frac{1}{d}\times\frac{1}{e}$로 만들면 무엇이 분모이고 무엇인 분자인지가 명확하여 바로 $\frac{ac}{bde}$를 쓸 수 있을 것이다. (13) 괄호를 풀어주는 것은 분배법칙을 배워야 한다. 아직 분배법칙을 배우지 않았다면 항상 괄호는 하나로 처리해야 한다. 그래서 $(a+b)\times(-3)$는 $-3(a+b)$이다. 물론 분배법칙을 사용하여 $-3a-3b$라 해도 된다. (14) $(a-b)\div(-3)=\frac{(a-b)}{-3}$이지만 분자에 $a-b$밖에 없으니 괄호는 의미가 없고 분모에 음수를 두지 말라고 했으니 $-\frac{a-b}{3}$이다. 괄호는 하나로 그리고 나누기를 곱하기로 바꾸는 $(a-b)\div(-3)=(a-b)\times\left(-\frac{1}{3}\right)$로 보고 $-\frac{1}{3}(a-b)$라 해도 된다. (15) $(a+b)\times(a+b)$를 a^2+b^2라고 쓰는 중1 학생이 많다. 안 배운 탓이지만 안 배웠다고 아무렇게나 쓰는 것은 습관이 되니 아는 대로 쓴다는 생각을 해야 한다. 괄호는 하나로 보라고 했으니 $(a+b)(a+b)$로 쓰거나 괄호 안이 같으니 거듭제곱으로 표현해서 $(a+b)^2$이라고 해야 한다. $(a+b)^2$에서 괄호를 푸는 방법은 278쪽에서 다루었다. 이렇게 $\times$를 생략함으로써 이제 역으로 숫자나 문자 사이에 생략된 것은 모두 곱하기라는 생각을 해야 한다.

그런데 $\times$를 생략하면 식은 단순해지지만 단순해질수록 오히려 그 식이 이해하기 어려워지는 방향으로 나갈 수도 있다. 수학은 순방향이 있다면 반드시 역방향이 존재하며 여기까지 해야 완성도를 높이게 된다. 생략하는 방법을 배웠다면 다시 역으로 곱하기와 나누기의 기호를 사용하는 식을 만드는 연습을 해야 한다. 그래야 확실하다. 좀 더 나아가면 다시 곱하기를 더하기로 바꾸는 작업까지 해야 식의 의미를 정확하게 파악할 수 있다. 이 부분은 계수나 차수라는 용어를 설명하면서 다시 논한다. 곱하기나 나누기가 생략된 식을 다시 원래대로 만드는 것은 쉽다. 그런데 문제가 되는 부분은 분수가 사용되어 그로 인해 괄호의 사용이 필요한 때다. 문제들을 보면서 살펴보자!

Q (1) $\dfrac{2xy}{p-q}$　　　(2) $\dfrac{ac}{bde}$　　　(3) $-\dfrac{a-b}{3}$

답: (1) $2\times x\times y\div(p-q)$ (2) $a\times c\times\dfrac{1}{b}\times\dfrac{1}{d}\times\dfrac{1}{e}$ (3) $-(a-b)\div3$

(1) 분모와 분자에는 괄호가 있는 것으로 봐야 한다. 그러면 $2\times x\times y\div(p-q)$ 라고 쓸 수 있다. (2) 분모와 분자에 괄호가 있는 것으로 본다는 것을 아는 학생들도 분모와 분자에 더하기로 되어 있을 때만 괄호를 사용한다고 착각하여 $a\times c\div b\times d\times e$라는 오답을 내곤 한다. 괄호는 $\times$, $\div$ 보다 우선한다. $a\times c\div b\times d\times e=a\times c\times\dfrac{1}{b}\times d\times e=\dfrac{acde}{b}$ 는 원래의 식과 다르며 $(ac)\div(bde)$와도 당연히 다르다. $(ac)\div(bde)$에서 괄호를 풀어주는 것은 배우지 않았으니 먼저 $ac\times\dfrac{1}{bde}$ 로 분리하여 생각하고 $a\times c\times\dfrac{1}{b}\times\dfrac{1}{d}\times\dfrac{1}{e}$ 이나 $a\times c\div b\div d\div e$라고 해야 한다. (3) 분모와 분자를 분리하는 것에 음수를 추가한 것이다. 분자에 괄호를 사용하고 $-$를 분자에 올려주면 $-(a-b)\div3$을 쓸 수 있다.

2부. 7가지 개념과 유리수 아 문자의 만남　113

• 수학이 쉬워지는 스페셜 이야기 9 •

문자를 사용한 식으로 나타내기

문자를 사용한 식은 초등학교의 문장제 문제를 생각나게 한다. 그런데 그때와 다른 점은 숫자의 일부분이 문자로 대체되어 있다는 것이다. +, -, ×, ÷의 의미를 잘 알고 있다면 그냥 풀 수 있지만, 그렇지 않다면 미지수에 구체적인 숫자를 넣어 식을 만들고 해당 숫자에 다시 문자를 넣어보면 좀 더 쉽게 풀 수 있다. 대표적인 식 만들기 문제를 몇 개 풀어보자!

Q (1) 한 권에 x원인 공책 3권과 한 자루에 y원인 연필 4개를 사고 내야 하는 금액

(2) 한 권에 x원인 공책 3권과 한 자루에 y원인 연필 4개를 사고 5,000원을 냈을 때 받을 거스름돈

(3) 5개에 a원인 사과 1개의 값

(4) 5개에 a원인 사과 7개의 값

(5) 30개 카드에서 m명에게 n개의 카드를 주고 남은 카드의 개수

(6) 30개 카드에서 m명에게 n개씩의 카드를 주고 남은 카드의 개수

(7) 10의 자릿수를 x, 일의 자릿수를 y라 했을 때 두 자리 자연수

(8) 100의 자릿수를 a, 10의 자릿수를 b, 일의 자릿수를 c라 했을 때 세 자리 자연수

답: (1) $3x+4y$ (2) $5000-(3x+4y)$ (3) $\dfrac{a}{5}$ (4) $\dfrac{7a}{5}$

(5) $30-n$ (6) $30-mn$ (7) $10x+y$ (8) $100a+10b+c$

그냥 주어진 대로 문제만 풀지 말고 (1)과 (2), (3)과 (4), (5)와 (6), (7)과 (8)을 비교하기 바란다. (1) $x+x+x+y+y+y+y$로 보고 $x\times3+y\times4=3x+4y$로 식을 쓸 수 있다면 금상첨화다. 그렇지 않다면 x를 100원, y를 200원 등으로 생각하고 식을 만들 수 있을 것이다. (2) 거스름돈 문제로 낸 돈에서 물건의 값을 빼주어야 한다. 그런데 아직도 $5000-3x+4y$처럼 공책 값은 빼고 노트 값을 더하는 학생이 있다. 낸 돈에서 물건 값, 즉 공책과 노트 값을 모두 빼야 하니 $5000-3x-4y$ 또는 $5000-(3x+4y)$다. (3) 5개에 500원이라고 하면 한 개의 값은 $500\div5$다. 따라서 한 개의 값은 $a\div5=\dfrac{a}{5}$ 또는 $\dfrac{1}{5}a$다. (4) 앞의 문제와 다른 것은 한 개가 아니라 7개의 값을 구하라는 것이다. 7개든 100개든 한 개의 값을 구하면 얼마든지 그 값을 알 수 있다. 여기에서는 바로 앞의 문제가 다음 문제를 푸는 단서지만 단독으로 나와도 항상 기준이 되는 한 개의 값을 먼저 구해야 한다. $a\div5\times7=\dfrac{7a}{5}$ 또는 $\dfrac{7}{5}a$다. (5)와 (6)을 구분하지 못해서 많은 학생들이 착각한다. (5)는 30개에서 학생이 몇 명이든지 간에 n개를 주었다는 것이니 $30-n$이고, (6)은 m명에게 각각 n개씩 주었으니 곱셈이 적용되어 $30-m\times n \Rightarrow 30-mn$이다. (7) 두 자리 수 만들기는 방정식의 활용 등에 많이 응용되니 반드시 알아야 한다. 그런데 다음 대화에서도 알 수 있듯이 많은 학생들이 어려워한다. 대화를 보고 이해하기 바란다. (7)이 된다면 (8)은 그냥 할 수 있을 것이다.

10의 자리의 수를 x, 일의 자리의 수를 y라 했을 때 두 자리 자연수는 뭐니?

xy요.

10의 자릿수가 7이고 일의 자릿수 8이면 56이구나?

78인데 무슨 말씀이신지 이해가 되지 않아요.

xy는 $x \times y$이니 네가 7×8=56이라고 한 것이란다.

그럼 어떻게 해요?

차근차근 해보자! 10의 자릿수가 7이면 얼마를 나타내는 걸까?

70이요.

10의 자릿수가 7인데 왜 70이야?

7에다가 0을 붙였는데요.

왜?

10의 자리니까요.

7이 70이 되려면 어떤 계산을 해야 하니?

10을 곱해야 하니 $10x$라는 말이군요?

그래. 그럼 두 자릿수는 얼마니?

$10xy$요.

너, 78이 70 더하기 8인 것을 모르고 있었구나?

아, $10x+y$라는 말이지요? 그런데 그냥 두 자릿수를 하나의 미지수로 나타내지 각각 자리의 수를 꼭 분리해야 하나요?

분리하랬잖니! 수학 문제를 풀 때, 가장 먼저 최소한 문제가 하라는 대로는 할 수 있어야 한단다. 그래야 추론이고 뭐고 그 다음 단계를 할 수 있는 거야.

네.

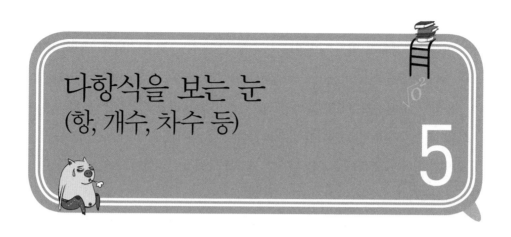

다항식을 보는 눈
(항, 개수, 차수 등)

5

×기호 하나 없앴을 뿐인데 식은 엄청 간단해졌다. 간단해진 식에서 각각을 지칭하는 항, 계수, 차수, 동류항 등의 용어가 나오는데 이 용어들을 구분할 수 있어야 한다. 별거 없으니 자세히 몰라도 문제를 푸는 데 지장이 없다고 말할지도 모르겠다. 문제를 풀다가 2~3학년들에게 이 부분을 다시 설명하는 경우가 많다. 이 말은 바꿔서 생각하면 이 부분을 대충 공부하지만 계속 사용하고 있다는 말도 된다. 물론 이것을 잘한다고 수학을 잘하는 것은 아니다. 그러나 용어를 정확하게 구분해야 문제의 뜻을 파악할 수 있고 또한 선생님과 소통할 수 있다.

항과 상수항

항	곱하기로 뭉쳐져 있는 덩어리
상수항	항들 중에서 미지수를 포함하지 않은 항

곱하기로 뭉쳐져 있는 덩어리로 항과 항 사이에는 +로 연결되어 있다고 봐야 한다. 예를 들어 $x^2-3x+\frac{1}{4}$, $\frac{x}{3}-5xy$, $x-1$이라는 식이 있다고 보자! $x^2-3x+\frac{1}{4}$은 $x^2+(-3x)+\frac{1}{4}$로 3개의 항, $\frac{x}{3}-5xy$는 $\frac{x}{3}+(-5xy)$라는 2개의 항, $x-1$도 $x+(-1)$이라는 2개의 항으로 되어 있다고 봐야 한다. 번거롭게 항과 항 사이에는 +로 연결 되어 있는 것으로 보는 것은 혹시 −를 항에서 분리할 수도 있을 것 같은 노파심에서다.

항에서 −를 분리하는 순간 오답의 근원이 된다는 말을 기억하는가? 상수항은 항들 중에서 미지수를 포함하지 않는 항이라고 하니 결국 항상 '수'로만 되어 있다. x^2-3x+7에서 상수항은 7, $x-1$에서 상수항은 −1이다. $\frac{x}{3}-5xy$의 상수항은 없지만 그래도 굳이 말하라면 0이라고 할 수 있다. 문제를 풀다 보면 간혹 학생들 중에는 상수항이 무엇인지 알면서도 자꾸 정수라고 생각하는 경향이 있는데, 미지수를 제외하고 π를 포함한 모든 수가 가능하다. 항과 관련하여 몇 개만 정리해본다.

① 하나의 항 내부는 모두 곱하기로 연결된다.

② 항과 항 사이는 모두 +기호로 연결된 것으로 본다.

③ 곱해지는 것들 중에 괄호는 하나로 본다.

④ 분모에 미지수를 포함하는 것은 항이 아니라 분수식이라고 한다.

다항식과 단항식

다항식　　한 개든 두 개든 관계없이 항으로 되어 있는 식

단항식　　다항식 중에서 특히 하나의 항으로 되어 있는 식

항 중에 상수항이 있듯이 다항식 중에 단항식이 있다. 그런데 다항식의 다(多)는 '많을 다'이고 단항식의 단(單)은 '홑 단'이다. 그래서 많은 학생들이 다항식과 단항식으로 분류하는 줄로 착각한다. 분류라는 말은 겹치는 부분이 있다면 분류라는 말을 사용할 수 없다. 다항식들의 종류 중에서 특히 하나의 항으로 되어 있는 식을 단항식이니 단항식들은 다항식들의 부분집합으로 분류하지 않는다. 그렇다면 '모든 식이 항으로 되어져 있지 그렇지 않은 식이 어디 있냐?' 하는 생각이 들지도 모르겠다. 이 부분은 126쪽의 식의 종류를 참조하기 바란다. 단항식과 관련하여 한 문제만 풀어보자!

Q 다음 중 단항식이 아닌 것을 고르면?

(1) 0   (2) 1   (3) $x+1$ (4) $2(x+1)$ (5) $(x+1)(x+2)$

답: (3)

0도 수이니 상수항이고 단항식이라고 할 수 있다. 다항식 중에서 단항식을 고르는 것이 어렵지 않으나 혼동하는 것은 괄호를 사용할 때다. 괄호는 하나로 보라고 했는데 분배법칙을 배웠기에 $2(x+1)$을 $2x+2$로 보고 항을 두 개라고 하는 학생이 많다. $2x+2$는 항이 2개인 것이 맞지만 $2(x+1)$은 괄호와 2가 곱해져 있는 단항식이다. $(x+1)(x+2)$도 분배법칙을 적용하면 2개나 4개가 될 수도 있지만 지금 상태로는 1개의 항이다. 중3이나 고등학생들에게 물어보면 $(x-2)(x^2+4x+4)$와 같은 식을 단항식이라고 생각하는 학생은 적다. 길어서 아닌 것처럼 보이지만 곱하기로만 연결된 단항식이 맞다.

계수와 차수

계수   문자의 더해진 개수

차수   문자의 곱해진 개수

　계수와 차수의 정의에서 더하기와 곱하기라는 차이만 있는데, 중학교에서 가장 헷갈리는 것이 더하기와 곱하기라고 했을 것이다. 그런데 계수와 차수의 구분은 어떠한가? 쉽다면 다행이지만 계수와 차수를 정확하게 이해하는 것에 한참 걸리는 학생들도 많다. 어려워서가 아니라 교과서에서 잘못된 정의를 내리고 있어 계수나 차수를 상수일 것이라고 착각하는 학생들이 많기 때문이다. 하나하나 살펴보자!

　우선 교과서는 계수를 '수와 문자의 곱으로 이루어진 항에서 문자 앞에 곱해진 수'라고 정의하고 있다. 이 정의대로 사용할 수 있는 유통기한은 안타깝게도 중학교 1학년까지다. 예를 들어 $3x$에서 x의 계수는 3이라고만 하면 되니 어렵지 않고 그냥 외우기만 하면 되지 않을까 하는 생각이 들 수 있다. 수학에서 이해하지 않고 무조건 외우는 것은 치명적인 습관을 만들 수 있으니, 귀찮아도 정확하게 이해해 보도록 하자!

$$3x = 3 \times x = x \times 3 = x + x + x$$

　위에서 보듯이 $3x$에서 3은 x의 더해진 개수를 의미한다. 만약 $3xy$에서 xy의 계수는 $3xy = xy \times 3 = xy + xy + xy$니 3이다. 그런데 $3xy$에서 x의 계수를 묻는다면 교과서의 정의대로 하기가 어렵다. 필자가 정의한 대로 계수를 '문자의 더해진 개수'라는 관점에서 보면 $3xy = x \times 3y = x + x + x + \cdots + x$($x$의 더해진 개수는 $3y$개)이니, $3y$가 x의 계수가 된다. 계수나 차수라는 말에 '수'가 들어가니 자칫 숫자만으로 생각할 수 있는데, 미지수도 수이니 단지 숫자만으로 되어있다는 착각에서 벗어나기 바란다. 실질적으로 이런 문제는 중3의 이차식 $x^2-6xy+9y^2$에서 x계수를 $-6y$가 아닌 -6으로 착각하는 경우가 많다.

계수에서 계(計)는 '세다'라는 뜻으로 외우기 쉽도록 용어를 그대로 차용하면 '문자의 더해진 개수를 계량화한 수'라고도 할 수 있다. 기억하기 좋도록 한 마디만 더 한다. 은행에서 돈을 세는 기계를 본 적이 있을 텐데 이를 현금 '계수'기라고 한다. 물론 '개수'라는 말은 통상 정수를 의미하기에 정수 이외의 수에 '개수'라는 말을 붙이기가 껄끄러운 것은 사실이다. 그러나 백번 양보해도 최소한 교과서는 '항에서 어떤 문자의 계수는 그 문자를 제외한 나머지 부분' 정도까지 수정해야 할 것이다. 차수는 '문자의 곱해진 개수'로 정의하는데 학생들이 다시 지수와 헷갈린다. 이 부분은 몇 차식이냐 하는 데서 다루니 문제를 풀어보자!

Q 다음 식에서 x의 계수를 구하여라.

(1) $-\dfrac{x}{2}+y$

(2) $3x^2-x+7$

(3) $-\dfrac{xy^2}{3}$

답: (1) $-\dfrac{1}{2}$ (2) -1 (3) $-\dfrac{y^2}{3}$

(1) 어려운 문제는 모두 분수 문제라고 했다. x의 계수를 x앞에 있는 수로 보고 1, -1로 하는 학생도 있지만 $-\dfrac{x}{2}$ 는 $-\dfrac{1}{2}\times x$로 x의 계수는 $-\dfrac{1}{2}$ 이다. (2) x가 2개라며 혼동하는 학생들이 많다. $3x^2-x+7$에서 x^2의 계수는 3이고, x의

계수는 −1로 각각 따로 본다. 여기서는 x의 계수를 물었으니 답은 −1이다. (3) $-\dfrac{xy^2}{3}$은 $-\dfrac{y^2}{3} \times x$다. 그런데 간혹 xy^2을 $x \times y \times y$로 보지 못하는 학생도 있다. 내친 김에 차수 문제도 풀어보자!

> **Q** 다음 차수를 구하여라.
>
> (1) $2x$
>
> (2) $5xy^2$
>
> (3) xyz^4

답: (1) 1차수 (2) 3차수 (3) 6차수

(1) 차수는 '문자의 곱해진 개수'로 x가 한 개니 1차수다. 그런데 2차수라고 한 학생도 있을 것이다. 2는 x의 계수다. (2) $5xy^2$을 $x \times y \times y$로 보지 않고 $(xy)^2$ 즉 $x \times y \times x \times y$로 보는 학생들이 있는데 조심해야 한다. (3) 위 문제를 잘 푼 학생들조차 xyz^4를 12차수와 같이 오답을 말하는 학생들이 종종 있다. xyz^4는 $x \times y \times z \times z \times z \times z$로 6차수다.

몇 차식인지 구분하기

각 항의 차수 중에 가장 큰 차수를 가지고 있는 항이 몇 차식인가를 결정한다. 예를 들어 $3x^2-x+7$의 각 항에서 가장 큰 차수가 2차수니 이차식이고, $x-2$는 가장 큰 차수가 1차수니 일차식이다. 그렇다면 0차식은 있는가? 물론 수학책에서 '0차식'이란 말은 없다. 하지만 $x^0=1(x \neq 0 /$ 212쪽 참조)이니 $7x^0=7$이며 0차식은 상수항만 항으로 갖는 식이 된다. 그런데 워낙 $3x^2-x+7$과 같은 이차식이 많이 나오다 보니 차수를 '문자의 지수 자리에 있는 수'라고 착각하는 학생이 많다. 먼저 지수와 차수를 구분해보자!

차수   항에서 문자의 곱해진 개수

다항식의 차수 다항식에서 차수가 가장 큰 항의 차수

지수   같은 숫자나 문자의 곱해진 개수

차수에서 사용하는 문자는 같고 다르고를 구분하지 않지만, 지수는 같은 수를 곱했을 때에만 사용되는 것이다. 문제를 풀어보자!

Q 다음 중 일차식의 개수는?

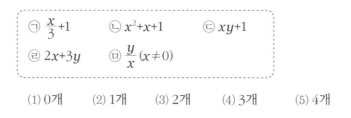

(1) 0개   (2) 1개   (3) 2개   (4) 3개   (5) 4개

답: (3)

설마 ㉡을 제외한 모든 식을 일차식이라고 생각하는 것은 아니겠지? ㉡이 이차식이라는 것을 헷갈려 하는 학생은 거의 없다. 그런데 ㉢ $xy+1$을 지수만 생각해서 일차식이라고 하는 학생이 많다. 몇 차식인가를 결정하는 것은 지수가 아니라 차수이며 xy는 문자 2개가 곱해져 있으니 $xy+1$는 이차식이다. ㉣ $2x+3y$은 (1차수)+(1차수)=(2차수)라고 말도 안 되게 생각해서 이차식이라고 하는 학생도 있다. 몇 차식인가는 문자의 종류도 상관없고 각 항 중에서 오로지 가장 큰 차수

가 식의 이름을 결정한다. 두 항이 모두 1차수니 가장 큰 차수도 1차수다. 아마도 가장 많은 혼동을 일으킨 것은 $\frac{y}{x}$였을 것이다. 문제를 풀다 보면 꼭 안 가르친 것이 나와서 당황하는 경우가 많은데 바로 이 보기와 같은 것이다. 126쪽에서 보듯이 분모에 미지수를 포함하고 있어서 이것은 다항식이 아니며 다항식이 아닌 분수식이다. 분수식에서는 몇 차수니 몇 차식이니 하는 다항식 기준의 용어가 적용되지 않는다.

Q 다항식 $3x^2-4x-5$에 대한 다음 설명 중 옳지 않은 것은?

(1) 다항식의 차수는 3이다.

(2) 일차항의 계수는 -4다.

(3) 상수항은 -5다.

(4) x대한 이차식이다.

(5) 이차항의 계수와 상수항의 합은 -2다.

답: (1)

$3x^2-4x-5$에서 가장 큰 차수가 2차수이니 차수는 2이고 이차식이니 답은 금방 찾았을 것이다. 그런데 (4)에서 그냥 이차식이라고 해도 될 것을 굳이 'x대한 이차식'이라 한 것을 좀 더 설명해야 할 것 같다. $x^2y+3xy+5$라는 식에서 어떤 제한 없이 본다면 가장 큰 차수가 3차수이니 삼차식이 맞다. 그런데 x라는 문자만이 몇 개 곱해졌는가를 보면 가장 큰 것이 2차수다. 따라서 $x^2y+3xy+5$는 삼차식이지만, x에 대한 이차식이라고 할 수도 있다.

동류항의 구분

동류항 문자와 차수가 같은 항

동류항은 문자와 차수가 같은 항으로 문자와 차수가 같다는 것은 역으로 숫자는 달라도 된다는 말이다. 이 말을 정확하게 이해하기보다는 학생들이 계산에만 치중하여 동류항의 경우 무조건 계수를 더하면 된다고 생각한다. $2x+3x$는 $5x$라고 잘 알고 있지만, $x+x$를 x^2으로 쓰거나 $xy+xy$를 내면 xy^2이나 x^2y^2이라고 하는 학생이 있다. 아니라면 난감해하거나 '아참, x 앞에 1이 생략된 거지'라며 $x+x$를 $1x+1x$로 하여 다시 $(1+1)x=2x$로 한다. 물론 $ax+bx$를 $(a+b)x$처럼 만드는 것을 알아야 한다. 그런데 처음부터 이런 식으로 외우게 되면 오답을 피할 수 없다. 동류항이 문자를 포함한다면 계산이 되는 것이 아니라 정확하게 말하면 간단하게 정리하는 것이며 그 이유를 보자.

곱하기는 '같은 수의 더하기'라는 것을 기억하는가? $x+x$는 그것이 문자이지만 같은 수의 더하기니 곱하기 즉, $x×2$로 바꿀 수 있다. 이처럼 같은 수의 더하기 즉 곱하기로 바꿀 수 있는 것들만 정리할 수 있다. 그래서 $xy+xy$는 $xy×2$, x^2y+x^2y는 $x^2y×2$, xyz^2+xyz^2은 $xyz^2×2$로 바꿀 수 있다. 그러나 같은 수의 더하기가 아닌 $x+y$, $x+x^2$, x^2y+xy^2은 곱하기로 바꿀 수 없어 더 이상 정리가 안 된다. 이처럼 동류항은 문자와 차수가 같아서 '같은 수의 더하기' 즉 곱하기로 만들 수 있는 항이다. 동류(同類)는 같은 종류라는 말로 내부적으로 보면 같은 수의 더하기로 만들 수 있어 정리가 가능한 항이라고 정리한다. $x+x^2$, x^2y+xy^2이 더 이상 정리가 안 된다고 했지만 중3의 공통인수라는 관점에서 보면 좀 더 정리가 가능하다.

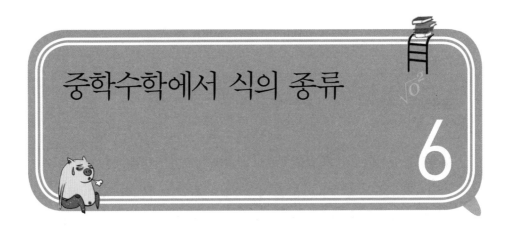

중학수학에서 식의 종류

초등학생은 식이라고 하면 2+3=5와 같은 등호가 있는 것만 식이라고 생각하려고 한다. 그러나 이제 다항식을 배웠으니 식이 무엇인가에 대한 관점이 많이 넓어졌을 것이다. 예를 들어 그동안 수로만 알았던 3도 상수항이고, 확대해석한다면 단항식, 다항식이라고 할 수 있을 것이다. 이런 관점에서 보면 모든 식이 다항식인 것처럼 보일 수 있는데, 다항식이 아닌 것이 있다. 이것을 입증하기 위해 숫자 또는 문자가 사칙연산을 하여 만들어지는 식을 한 번 만들어보자!

예를 들어 3과 x를 사용하여 사칙계산식을 만들어보면 $3+x$, $3-x$, $x-3$, $3 \times x$, $3 \div x(x \neq 0)$, $x \div 3$이라고 하는 식을 만들 수 있다. 이것을 다시 정리하면 $3+x$, $3-x$, $x-3$, $3x$, $\frac{3}{x}(x \neq 0)$, $\frac{x}{3}$다. 이 중에 $3+x$, $3-x$, $x-3$, $3x$, $\frac{x}{3}$까지는 모두 일차식인 다항식이다. 그런데 $\frac{3}{x}$은 분모에 미지수를 포함하는 것으로 다항식이 아니라 분수식이라고 한다.

$$(유리식) \begin{cases} (다항식) : 한 개 또는 여러 개의 항으로 이루어진 식 \\ \qquad 예) \ 3, \ 2x, \ \frac{1}{3}x+5, \ x^2+\frac{1}{2}x+7, \cdots \\ (분수식) : 분모에 미지수를 포함하는 식 \\ \qquad 예) \ \frac{3}{x}, \ \frac{2x}{x^2}, \ \frac{5}{x+2}, \ \frac{x+3}{x^2+1}, \cdots \end{cases}$$

중학교 수학에서 대부분의 식은 유리식이고 그 중에서 다항식이 대다수다. 항, 계수, 차수, 몇 차식 등을 배우는데, 모두 다항식에서만 사용되는 용어로 분수식에는 적용되지 않는다. 교과서는 중학수학의 주력인 다항식을 가르치느라 본류에서 벗어난 분수식을 다루지 않는다. 그러나 문제집이나 시험문제는 분수식을 출제하기에 분수식에 대해서 알아둘 필요가 있다. 여기에서 잘 익혀보자.

Q 다음 중 이차식이 아닌 것은 몇 개인가?

> ㉠ $x^2=0$ ㉡ $2x=0$ ㉢ $xy+3=0$ ㉣ $y=\dfrac{1}{x}$ ㉤ $x^2>y$

(1) 0개   (2) 1개   (3) 2개   (4) 3개   (5) 4개

답: (3)

이차식은 등호와 부등호의 유무에 따라 이차다항식, 이차방정식, 이차부등식 등으로 나누며 답은 ㉡과 ㉣ 두 개다. 이런 문제는 1학년 함수에서도 종종 출제되고 2~3학년의 방정식이나 함수 단원에서 기본을 묻고 싶은 선생님들이 자주 출제한다. ㉢은 지수만 보고 일차식이라고 하는 학생들이 많다. ㉣도 1차식으로 봐서 오답이 많다. 일차식도 이차식도 아닌 분수식이며 좀 더 정확히 말하면 분수함수(반비례식이라고도 배우지만 폭넓게 보면 분수함수다.)다. ㉤은 이차부등식이다.

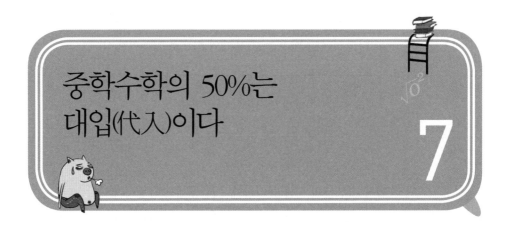

중학수학의 50%는
대입(代入)이다

7

중학수학에서 필요한 계산의 50%는 대입이다

문자를 포함한 식(중1~2는 유리식, 중3은 무리식을 포함)에서 문자가 무엇인지를 알려주고 계산하면 어떻게 되느냐를 묻는 것이 식의 값이다. 수학을 좀 할 줄 아는 사람의 입장에서 식의 값을 구하는 대입은 그냥 상식이니 별거 아니라는 생각을 할 수도 있다. 그래서 그런지 교과서나 문제집은 식의 값을 비중 있게 다루지 않는 것 같다. 그러나 공부를 못하는 학생들에게 대입은 자주 걸림돌이 된다.

식의 값을 구하기 위해서는 우선, 수 연산에 따른 혼합계산을 잘 할 수 있어야 하고 다항식을 보는 눈이 필요하다. 여기에 새로 배우는 '대입'을 통한 절댓값, 거듭제곱 등을 적용할 수 있어야 한다. 공부를 못하는 사람의 입장에서 이것들을 익히는 과정이 결코 쉽지는 않다. 그러나 다양한 대입을 익히고 나면 중학수학에서 필요한 계산의 50%는 정복했다 해도 과언이 아니다. 필자가 보기에 소위 성적이 좋은 학생들은 대입하여 계산하는 것이나 방정식을 잘 풀 뿐이지 그렇게 많이 앞서간 것이 아니다. 과정을 다소 자세하게 다루니 역전을 기대하는 학생이라면 정확하게 습득하기 바란다. 먼저 대입이 무엇인지 살펴보자!

대입

대입 대신할 대(代), 넣을 입(入)자로 문자 대신에 수를 넣는 것
식의 값 식에 있는 문자에 그 문자와 같은 수를 대신 넣어서 계산한 결과의 값

대입을 간단하게 말하면 '대신 넣는 것'이다. 대신에 넣는 것이라는 말은 가게 가서 돈을 주고 물건을 사듯이 교환한다는 말이고, 교환이 가능한 이유는 같은 가치를 가졌기 때문이다. 수학에서도 같지 않으면 절대 바꿀 수 없다. 먼저 문제를 통해서 보자!

Q $x=-2$일 때, $3x+1$의 값을 구하면?

답: -5

문제에서 $3x+1$이라는 식이 주어지고 이 식의 값을 구하라고 한다. $3x+1$에 $x=-2$를 대입하여 계산하라는 말이다. 이것을 풀기 위해서는 첫째, $3x+1$이 $3\times x+1$이라는 것을 알아야 하며 둘째, x와 -2가 같으니 서로 교환하되 음수의 경우 괄호를 사용하여 $3\times(-2)+1$이라고 쓸 수 있어야 한다. 쉬운 것을 길게 설명한다고 하는 학생이 많을 것이다. 그런데 이 첫 부분에 대한 이해를 소홀히 다루면 이후 복잡한 식에서 대입이 어렵다. 처음 대입을 하는 학생은 주로 다음과 같은

의문을 갖는다.

첫째, ×와 괄호를 꼭 써야 하는가?

항의 내부는 모두 곱하기로 뭉쳐져 있다는 것을 잘 알고 암산이 강하다면 ×를 사용할 필요도 없겠지만 버거우면 처음에는 중간 단계로 받아들이면 된다. 괄호도 마찬가지로 오답 없이 암산이 된다면 굳이 쓰라고 강요하지 않는다. 그러나 음수를 대입하는 것은 거의 대부분 출제자가 파놓은 함정이다. 게다가 1~2학년은 아직 대입이 서툴러서 괄호를 사용하는 것이 오답을 막는 지름길이다. 대입하는 문제는 방정식은 물론 함수 등 중학교 3년 동안 무수히 풀게 되는데 이때 정확하게 배우지 못하면 오답은 고등학교까지 연장된다.

둘째, x와 −2가 같다고 하는데 굳이 바꿔서 넣어야 하는 이유는 무엇인가?

한 마디로 문제가 식의 값을 묻고 있기 때문이다. $3x+1$이라는 식은 미지수를 포함하고 있어서 더 이상 계산할 수 없는데, x와 −2를 교환하면 모두 숫자들만 있어 계산이 가능하다. 결국 대입하라는 말만 없지 강요하는 것과 같아 보이지 않나? 그런데 필자가 대입이란 말 대신에 자꾸 '교환'이라는 말을 사용하고 있다는 것을 눈치 챘을 것이다.

처음 대입하는 학생들은 식에 −2도 주고 x도 주면서 어찌할 줄 모르는 것을 많이 봤기 때문이다. '교환'이란 일상생활에서 좀 더 익숙하다. 예를 들어 가게에서 물건과 돈을 교환한다고 생각하면 돈도 주고 물건도 주는 일이 없을 것이다. 대입은 수학에서 가장 많이 사용하는 방법 중의 하나이기 때문에 오답을 만들어내서는 안 된다. 많이 연습해야만 방정식이나 제일 중요한 함수를 풀 때 불편함이 없다. 오답이 나오지 않을 때까지 문자 대신 수를 넣으며 생략된 ×를 살려내는 연습을 해야 한다. 특히 음수는 반드시 괄호를 사용하여 오답을 막아야 한다. 식의 계산에서 분수, 거듭제곱, 부등식, 절댓값 등과의 만남을 설명하려고 하는데 절대 쉽지 않을 것이니 각오하고 보기 바란다.

분수와 만남

식에 있는 분수를 ÷로 바꿀 수도 있지만, 굳이 분수계산을 하면 되는데 바꿀 이유는 없다. 대입을 하는데 식이 다항식이든 분수식이든 상관이 있을까 하는 생각이 들 수도 있다. 그런데 분수식에 대입하는 수가 분수일 때 문제가 된다.

> **Q** $a=-\dfrac{1}{3}$ 일 때, $\dfrac{2}{a}$ 의 값을 구하여라.
>
> 답: -6

$\dfrac{2}{a}$ 에 대입하면 $\dfrac{2}{-\frac{1}{3}}$, 곱하기를 사용하여 나타낸 $2 \times \dfrac{1}{a}$ 에 넣어도 역시 $2 \times \dfrac{1}{-\frac{1}{3}}$ 라는 이상한 식이 나온다. 이것은 번분수(『중학수학 개념사전』 43쪽 참조)라는 것으로 아직 학생들이 배운 것이 아니다. 물론 이 번분수를 나누기로 바꾸어 $2 \div \left(-\dfrac{1}{3}\right)$로 나타낼 수 있다면 계산할 수 있을 것이다. 이처럼 분수식에 분수를 대입하는 경우는 번분수를 익히기 전까지는 ÷를 사용하는 식으로 나타내는 것이 편하다. $\dfrac{2}{a}$ 를 $2 \div a$로 바꾸고 대입하면 $2 \div \left(-\dfrac{1}{3}\right)=-6$이다. 조금 계산이 복잡한 것을 다루어보자!

> **Q** $x=2y$일 때, $\dfrac{x}{x-y}-\dfrac{y}{x+y}$의 값을 구하여라.
>
> 답: $\dfrac{5}{3}$

$\frac{x}{x-y}-\frac{y}{x+y}$ 의 x에 $2y$를 대입하면 $\frac{2y}{2y-y}-\frac{y}{2y+y}$ 로 $\frac{2y}{y}-\frac{y}{3y}$ 이다. 그런데 이렇게 해놓고 약분을 못하는 학생이 의외로 많다. $y \div y=1$로 $\frac{y}{y}=1$이다. 따라서 약분하면 $2-\frac{1}{3}=\frac{5}{3}$ 다. 이런 문제는 좀 더 복잡하게 낼 수도 있다. $x=2y$는 방정식인데, 이 방정식으로 복잡하게 만들어 정리하거나 $\frac{x}{x-y}-\frac{y}{x+y}$와 같은 식을 정리하도록 한다. 좀 더 복잡한 문제는 방정식을 배워야 활용이 가능하니 다시 172쪽에서 다루려고 한다. 복잡하면 어려워질 것이라고 미리 걱정하는 학생들도 있을 것이다. 그러나 복잡해지면 풀이 방법도 그 만큼 수준이 높아지니 걱정하지 않아도 된다.

거듭제곱과 만남

거듭제곱은 제 자신을 거듭해서 곱하라는 말이다. 예를 들어 '$a=2$일 때, a^3의 값을 구하라'는 문제에서 a에 2를 대입하면 2^3처럼 2를 세 번 곱하라는 말이 된다. 거듭제곱에서 유의해야하는 것은 첫째, 음수의 개수를 고려해야 하고 둘째, 기본적인 수의 거듭제곱(66쪽 참조)을 미리 알고 있어야 하며 셋째, 대입하는 수가 분수라면 분수의 곱셈이 어떻게 이루어지는 가를 생각해야 한다.

Q $a=-\frac{2}{3}$ 일 때, 다음 식의 값을 구하여라.

(1) $-a^2$

(2) a^3

답: (1) $-\frac{4}{9}$ (2) $-\frac{8}{27}$

하나의 항에서 부호결정이 가장 중요하니 괄호를 사용하여 직접 대입해가면서 음수의 개수를 세어봐야 한다. 부호의 개수를 세어서 부호를 결정하고 나서 천천히 거듭제곱만 신경 써주면 된다. 그런데 분수의 거듭제곱을 연습하지 않은 학생들은 $\left(\dfrac{2}{3}\right)^2$을 $\dfrac{4}{6}$라고 하는 등 많은 오답을 일으키는 것을 볼 수 있다. 대입하고 일일이 늘어놓아 보는 것이 귀찮아서다. 그런데 한두 번만 해보면 오답 없이 할 수 있을 것이다.

(1) 분수의 곱셈은 분모끼리 분자끼리 곱한다는 것은 알고 있을 것이다. $-a^2=$ $-a \times a$이니 $-\left(\dfrac{2}{3}\right) \times \left(\dfrac{2}{3}\right)$로 $-$는 홀수 개, $\dfrac{2}{3} \times \dfrac{2}{3} = \dfrac{4}{9}$이니 $-\dfrac{4}{9}$ 다.

(2) $\left(-\dfrac{2}{3}\right)^3$도 $-$가 홀수 개이고 $\dfrac{2}{3} \times \dfrac{2}{3} \times \dfrac{2}{3} = \dfrac{8}{27}$이니 답은 $-\dfrac{8}{27}$ 이다.

보통 거듭제곱의 문제는 개별적으로 다루는 분수거나 아니면 거듭제곱이 여러 개가 있는 문제로 발전하게 된다. 항상 여러 개가 있다는 것은 규칙이 있다는 것을 의미한다고 생각하며 다음 문제를 보자!

Q $a=-1$일 때, $1+a+a^2+a^3+a^4+a^5+a^6+a^7+a^8$의 값을 구하여라.

답: 1

이런 문제가 종종 출제되는데 풀어본 적이 있는가? 1은 몇 번을 곱해도 항상 1이지만 -1의 거듭제곱은 약간 다르다. $(-1)^n$에서 n이 짝수면 1이고, n이 홀수면 -1이었다. 이것을 이용하며 n의 숫자를 크게 하여 $-1^{2013} \times (-1)^{2014}$처럼 겁을 주지만 결국 부호만 결정해서 -1로 쉽게 답을 썼을 것이다. 그런데 여기에는 이것에 여러 개의 합이라는 변수가 추가되었다. $1+a+a^2+a^3+a^4+a^5+a^6+a^7+a^8$은 각 항이 거듭제곱이지만 결국 여러 개 항들의 합이다. 여러 개의 합으로 이루어진 것은 같은 수의 더하기거나 고맙게도 중간이 없어지는 두 가지가 주로 쓰인다고 했다. $a=-1$을 준식에 대입하면 $1+(-1)+(-1)^2+(-1)^3+(-1)^4+(-1)^5+(-1)^6+$

$(-1)^7+(-1)^8$로 +과 −1이 번갈아가며 나오고 있다. 짝수 번째 항까지의 합이 모두 0이며 홀 수 번째 항까지의 합은 1이라는 규칙이 있다. 그런데 총 항의 개수는 9개로 홀수이니 답은 1이다. 그런데 이런 문제에서 a가 0, 1, −1과 같은 숫자가 아니라 다른 숫자라면 어떨까 하는 생각은 해보지 않았나? 이것을 정식으로 다루는 것은 고등학교에서 '등비수열의 합'이라는 부분에서다. 그런데 이것을 여러분이 쉽게 이해할 수 있도록 새로운 관점으로 푸는 방법을 284쪽에서 다루었다.

부등호와 만남

변수를 방정식이 아닌 부등식 즉 범위로 알려주면 좀 더 어려워진다. 어려워서인지 중학교에서는 부등식의 문제가 많이 나오지 않는다. 이것을 다행이라고 생각할지도 모르지만, 중학교 때 연습할 기회가 적어 고등학교에서는 어려워하는 학생이 많기 때문에 꼭 좋은 것만은 아니다. 중학수학은 고등학교 수학을 잘하려는 것이 목적인 만큼 이 책에서는 좀 더 비중 있게 다룰 것이다. 그렇다 하더라도 중1은 '부등식의 성질'을 아직 다루지 않는 만큼 정식으로 이 부분을 설명하기는 어렵다. 여기에서는 '대입'이라는 관점에만 충실하고 좀 더 명확하게 다루는 것은 부등식의 성질을 배우고 나서 다시 다루겠다.

> **Q** $-1<a<0$을 만족하는 a의 값에 대하여 다음 중 그 값이 가장 작은 것은?
>
> (1) $-a$ (2) a (3) a^2 (4) $\left(-\dfrac{1}{a}\right)^2$ (5) $-\left(\dfrac{1}{a}\right)^2$
>
> **답:** (5)

a가 $-1<a<0$에 있으니 음수고 거기에 절댓값이 1보다 작으니 분수다. 정식

으로 설명하려면 많은 부분을 설명해야 하기 때문에 여기에서는 그냥 대입이라는 관점에서만 보자! $-1<a<0$에 있는 임의의 $-\dfrac{1}{2}$과 같은 수를 선택하여 보기에 대입해 보자! 선택할 때는 임의의 수를 소수로 찾기보다 분수로 찾아야 계산이 편할 것이다. 그런데 모두 대입하기보다 먼저 보기에서 양수가 되는 수와 음수가 되는 수를 구분한 다음, 가장 작은 수인 음수만 대입하는 것이 좋다. 어떤 수든 제곱하면 양수가 된다. 따라서 a^2과 $\left(-\dfrac{1}{a}\right)^2$은 양수다. 거기에 $-a$도 a라는 음수에 $-$를 붙였으니 양수다. 이제 음수는 a와 $-\left(\dfrac{1}{a}\right)^2$뿐이다. 이제 각각 대입하면 $-\dfrac{1}{2}$과 -2^2으로 가장 작은 수가 되는 것은 $-\left(\dfrac{1}{a}\right)^2$이 된다는 것을 알 수 있다.

절댓값과 만남

절댓값의 기호는 절댓값 안의 수를 양수로 만들어주라는 명령기호라고 하였다. 그래서 $|x|$에서 만약 x가 음수라면 $|x|=-x$라 풀어야 한다. 이 부분이 귀찮아서 그렇지 더 이상의 개념은 없다. 대입의 문제에서 가장 주의해야 하는 것은 음수처리지만, 가장 혼동되는 것은 거듭제곱과 절댓값의 대입이다. 일일이 대입하여 식을 쓰기가 귀찮지만 그래도 그런 수고로움을 감수해야 개념이 잡힌다는 것을 알아야 한다.

Q (1) $a=-3$, $b=2$일 때, $|a+b|$의 값을 구하여라.

(2) $x=2\dfrac{17}{23}$일 때, $|x|+|x-1|+|x-2|+|x-3|+|x-4|+|x-5|$의 값을 구하여라.

답: (1) 1 (2) 9

절댓값 기호는 별도의 설명은 없었지만, 괄호의 의미도 함께 가지고 있다. 각각의 수를 절댓값 안에 대입하고 안을 먼저 계산한다. 그런 다음 절댓값을 풀어주면 $|-3+2|=|-1|=-(-1)=1$이라는 답을 구할 수 있다. 그런데 머릿속에 절댓값은 부호를 없애준다는 생각만 가득 차 있고 수가 작으니 각각의 수를 절댓값으로 암산하고 더해서 ⑴번의 답을 $|a|=3$, $|b|=2$이니 5라고 하는 학생이 많다. 이것은 각각의 수의 절댓값으로 계산한 것이며 두 수의 부호가 같지 않으면 $|a+b|\neq|a|+|b|$다. ⑵ 절댓값 기호가 많다. 뭐 하나를 배우면 개념을 정확하게 알고 있는가를 판단하거나 추론능력을 묻고자 이처럼 여러 개를 문제에 사용한다. x 대신에 $2\frac{17}{23}$ 을 일일이 대입하여 구해도 되지만, 이것은 출제자의 의도가 아니며 게다가 그렇게 하면 시간이 오래 걸리고 얻는 것도 적다. x의 값이 이미 주어졌으니 주어진 식에서 절댓값 안의 부호를 알 수 있다. $x, x-1, x-2$는 양수고 $x-3$, $x-4, x-5$는 음수다. 따라서 음수인 경우에만 $-$를 붙여주며, 주어진 식의 절댓값을 풀어주면 $x+(x-1)+(x-2)-(x-3)-(x-4)-(x-5)$다. 이것을 정리하면 $3x-3x+9$로 x의 값과 상관없이 답은 9다.

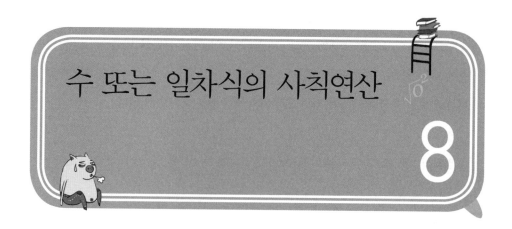

수 또는 일차식의 사칙연산

8

항상 배우는 순서를 기억하라

지금까지 다항식이 무엇이라는 것을 배웠다. 그럼 그 다음으로 배울 것은 무엇인가? 그것이 수든 식이든 새로운 것을 배우고 나면 가장 먼저 그들 간의 사칙연산이다. 그 다음 분수를 사용하여 절댓값이나 거듭제곱 등으로 확장해나가는 것이 순서다. 이것을 기억한다면 앞으로 새로운 것을 배우더라도 대충 무엇을 어떤 순서로 다루게 될 것인지 어림할 수 있다. 다항식을 배웠으니 이제 사칙연산을 배울 차례다. 이 단원의 제목이 〈수 또는 일차식의 사칙연산〉이다. 이것은 수와 수, 수와 일차식, 일차식과 일차식 간의 사칙연산을 의미한다. 이 중에서 수와 수 사이의 연산은 생략하고 수와 일차식, 일차식과 일차식 간의 연산을 다룰 것이다.

만들 수 있는 계산식을 먼저 생각해보기 위해서 수를 3이라 하고 두 일차식을 각각 $x+2$, $2x+5$라고 해보자! 이들 간의 사칙계산식을 만들어보면 $3+(x+2)$, $3-(x+2)$, $3\times(x+2)$, $3\div(x+2)$, $(x+2)\div3$, $(x+2)+(2x+5)$, $(x+2)-(2x+5)$, $(x+2)\times$

$(x+2)$, $(x+2)×(2x+5)$, $(x+2)÷(2x+5)$ 등과 같이 여러 종류를 만들 수 있다. 이 중에 나누기를 분수로 바꾸었을 때 나오는 분수식 $\dfrac{3}{x+2}$, $\dfrac{x+2}{2x+5}$ 등을 제외하고 분류해 보면 계산의 결과가 일차식과 이차식인 경우만 나오게 된다.

일차식 $3+(x+2)$, $3-(x+2)$, $3×(x+2)$, $3÷(x+2)$, $(x+2)÷3$, $(x+2)+(2x+5)$,

             $(x+2)-(2x+5)$

이차식 $(x+2)×(x+2)$, $(x+2)×(2x+5)$

교과서는 이들 중에 일차식은 중1에 다루고 이차식은 중2에서 곱셈공식이라는 이름으로 다룬다. 그런데 이들은 모두 괄호를 사용하기에 식을 정리하기 위해서는 괄호를 풀어주는 분배법칙을 먼저 알아야 한다. 곱셈공식도 분배법칙이 적용되는 것은 똑같아서 설명까지는 다루겠지만 중요도와 양을 고려하여 별도로 다루고, 여기에서는 일차식과 관련한 것만 다루려고 한다.

분배법칙

다음과 같이 도형의 넓이로 이해하는 것이 분배법칙을 이해할 때 가장 쉬울 듯하다.

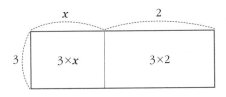

사각형의 넓이는 (가로)×(세로)로 가로의 길이가 $x+2$이고 세로의 길이가 3이니 전체 사각형의 넓이는 $3×(x+2)$다. 그리고 전체 사각형은 작은 두 개 사각형의 넓이의 합으로 이루어져 있다. 따라서 $3×(x+2)=3×x+3×2=3x+6$이다. 분배법칙을 이해하는 것은 어렵지 않은데 문제는 음수를 곱할 때 처음에는 헷갈릴 수 있다는 것이다. 가장 많은 오답을 이끄는 것은 $-(x+2)$처럼 -1에서 1이 생략된 경우와 $-\dfrac{x+2}{3}$에서 $-$를 분자에 올려 주는 과정에서다.

그렇다면 $5×(2+3)$은 얼마인가? 25가 나왔다면 맞다. 그런데 혹시 $5×2+5×3$처럼 분배법칙을 적용해서 풀었나? 분배법칙은 괄호 안을 계산할 수 없어서 할 수 없이 하는 것이다. $5×(2+3)$은 괄호 안이 계산이 되니 $5×5$로 해야 되는데 많은 학생들이 무조건 분배법칙을 적용하기에 물어본 것이다.

Q 다음 식을 간단히 하여라.

(1) $(x+2)-(2x+5)$

(2) $x-3(x+2)$

(3) $\dfrac{x-4}{2}-\dfrac{x+2}{3}$

답: (1) $-x-3$ (2) $-2x-6$ (3) $\dfrac{x-16}{6}$

어렵지는 않으나 부호를 조심하기 위해 많은 연습이 필요하다. (1) $(x+2)-(2x+5)$를 분배법칙으로 풀어주어 $x+2-2x-5$라고 쓰면 대부분 잘 계산하는데 문제는 귀찮아서 암산하다가 틀리는 경우가 많다. 암산을 하기 싫어도 나중에는 해야 할 때가 온다. 그러니 처음에는 차근차근 오답을 막는 것부터 해야 한다. (1)을 잘 풀다가도 (2)와 같은 곳에서 당황하는 경우가 있다. $x-3(x+2)$를 x와 $-3(x+2)$라는 2개의 항으로 보이지 않기 때문이다. (3) 분수계수인 다항식의 오답의 유형은 다양하다. 다항식이든 방정식이든 검산을 하기는 어렵다. 다항식은 아예 검산을 할 수가 없고 방정식은 검산을 할 수는 있지만 그렇게 되면 속도가 죽는다. 따라서 이때 정확하게 잡지 못하면 오답이 고등학교 때까지 간다. 이런 유형은 통분을 해야 하고 -를 분자에 올려주는 과정에서 분자에 괄호가 생략되어 있다는 것을 간과하기 때문이다. $\frac{3(x-4)-2(x+2)}{6}$ 를 쓰면 학생에 따라서 $\frac{3x-12-2x-4}{6}$ 과정을 암산처리하고 $\frac{x-16}{6}$ 이라는 답을 쓸 수도 있을 것이다. 그런데 $\frac{3(x-4)-2(x+2)}{6}$ 를 쓰지 않고 암산하는 경우는 많은 오답을 일으킨다. 가장 많은 오답은 부호 처리 미숙이지만 그밖에도 $\frac{x-16}{6}$ 에서 찍찍 그으며 $\frac{x-8}{3}$ 이라고 한다거나 분모를 없애고 답을 $x-16$ 이라고 쓰기 때문이다.

약분이란 찍찍 긋는 것이 아니라 분모와 분자에 같은 수로 나누는 것이다(40쪽 분수의 위대한 성질 참조). $\frac{x-16}{6}$ 을 2로 약분하고 싶다면 분모와 분자를 2로 나누는 것이다. 그런데 $\frac{(x-16)\div 2}{6\div 2}=\frac{\frac{x}{2}-8}{3}$ 로 더 복잡해지니 결국 약분이 안 되는 것이다. 그래도 굳이 좀 더 약분하고 싶다면 $\frac{x}{6}-\frac{16}{6}$ 으로 분리한 뒤 $\frac{x}{6}-\frac{8}{3}$ 라고 해야 한다. 분모를 없애고 답을 쓰는 경우는 분자가 복잡하니 분자만 쓰다가 이런 일이 벌어지거나 방정식을 배운 학생이 없는 등호가 있다고 생각하여 양변에 6을 곱한 것으로 착각하기 때문에 나타난다.

두 일차식의 곱은 분배법칙이 두 번 적용된다

두 일차식의 곱 $(x+2)\times(x+3)$ 에서 $(x+2)$ 를 하나로 보고 분배법칙을 적용하면 $(x+2)\times x+(x+2)\times 3$ 즉 $x(x+2)+3(x+2)$ 가 된다. 다시 분배법칙을 적용하면 $x^2+2x+3x+6$ 이다. 다시 동류항을 정리하면 x^2+5x+6 이라는 이차식을 얻게 된다. 다시 도형을 통해서 이해해보자!

만약 일차식을 세 번 곱한다면 3차식, 네 번 곱한다면 4차식이 나올 것이다. $(x+2)(x+3)$이 x^2+5x+6이 되는 과정에서 분배법칙을 두 번 사용하였다. 그런데 이와 같은 두 일차식의 곱은 무척 자주 사용하기 때문에 분배법칙을 매번 사용하기가 번거로워 이것을 곱셈공식(278쪽 참조)이라고 하여 외우도록 하고 있다. 또한 거꾸로 $3x+6$을 $3(x+2)$로 바꾸거나 x^2+5x+6을 다시 $(x+2)(x+3)$으로 바꾸는 것을 중3의 인수분해(288쪽 참조)라고 한다.

식과 등호의 만남

9

식과 등호가 연결되면 등식이 되는데, 등식의 종류 중 하나가 방정식이다. 방정식이 무엇인지 정확히 알기 위해서는 여러 가지를 알아야 하는데, 그 전에 이해하기 쉬운 방법으로 먼저 설명하겠다. 그동안 배운 계산식을 정리해보면 2+3=5, 2-3=-1, 2×3=6, 2÷3=$\frac{2}{3}$ 등이 있다. 이중에 한 수인 2를 x라 하면 x+3=5, x-3=-1, x×3=6, x÷3=$\frac{2}{3}$ 등이 되고 이것을 방정식이라 한다. 이 식들은 x=2를 대입할 때만 성립하고 그 밖의 수들은 안 된다. 그래서 교과서에서는 'x의 값에 따라 참이 되기도 하고 거짓이 되기도 하는 등식'이라 정의하고 있다.

등식   등호(=)가 있는 식

방정식   ① 미지수에 따라 참이 되기도 거짓이 되기도 하는 등식

② 미지수에 어떤 특별한 값을 대입했을 때만 성립하는 등식

③ 미지수가 있는 등식

그런데 'x의 값에 따라 참이 되기도 거짓이 되기도 한다'는 이 말에는 함수적인 의미까지 포함하는 말로 정확한 말이기는 하지만, 이 의미를 곧바로 아는 중학생들은 거의 없다. 그래서 필자는 가장 먼저 '미지수가 있는 등식'이라고 알려주고 '미지수'가 무엇인지 '등식'이 무엇인지, 그리고 가장 중요한 '등식의 성질(50쪽 참조)'을 차례로 알려준다. 등식의 성질로 주어진 방정식을 정리할 수 있어야 비로소 방정식인지 방정식이 아닌지를 구분할 수 있다. 먼저 방정식인지 아닌지 문제를 통해 구분해보자.

Q 다음 식 중에서 방정식에 ○표 하시오.

(1) $0=0$ (　)　　　　　(2) $8+\square=24$ (　)

(3) $28 \div x \geq 6$ (　)　　　(4) $5 \times 6 = x$ (　)

(5) $7+x$ (　)　　　　　(6) $x=0$ (　)

(7) $3+2 \times x = 11$ (　)

답: (1)　(2) ○　(3)　(4) ○　(5)　(6) ○　(7) ○

방정식은 '미지수가 있는 등식'이라고 했다. 가장 기본적으로 미지수와 등호가 있어야 한다. (1)은 미지수가 없으며, (2)의 □도 미지수다. (3)의 ≥는 부등호라서 부등식, (5)는 등호가 없다. (6)에서는 못 찾은 것이 아닌가? 미지수도 있고 등호도 있는 엄연한 방정식이다. $x=0$, $x=3$과 같은 식을 많은 중학생이 방정식이 아니라 방정식을 풀어서 나온 답이라고만 생각한다. 중1 때 이런 문제가 나오며, 이때는 여기에 항등식만 방정식과 구분하는 것을 추가하면 된다.

🧑 방정식이 뭐야?

🧒 미지수(x)가 있는 등식이요.

🧑 어떤 문자여도 괜찮은 거지. 그럼 등식은 뭐지?

🧒 등호가 있는 식이요.

🧑 그럼 '등식의 성질'은 뭘까?

🧒 양변에 같은 수를 +, −, ×, ÷어도(지지고 볶아도) 등식은 성립한다.

🧑 단???

🧒 0으로 나누면 안 되요.

🧑 이 중에 '양변에 같은 수'라는 말이 제일 중요하단다.

많은 아이들이 '0으로 나누면 안 된다'와 '0을 나누면 안 된다'를 혼동한다. 양변에 0을 더하거나 빼거나 곱해도 상관없지만 절대 나누면 안 된다. 0으로 나누면 어떻게 되는지는 221쪽에서 설명하였다. 수학의 풀이에서 식과 식의 행간에는 등식의 성질이 있고 바로 이 '등식의 성질' 때문에 풀이 식이 길어지는 것이다. 방정식을 등식의 성질을 적용하여 푸는 방법을 설명하기에 앞서 간단히 방정식의 종류를 알아보자.

등식에는 방정식, 항등식, 말도 안 되는 식이 만들어진다. 그런데 유리식과 유리식이 등호로 연결되어 방정식이 된다면 유리방정식이 된다. 유리식에는 다항식과 분수식이 있으니 다항식과 다항식이 등호로 연결되면 다항방정식, 분수식과 다항식 또는 분수식이 등호로 연결되면 분수방정식이 된다.

$$
(\text{방정식}) \begin{cases} (\text{유리방정식}) \begin{cases} (\text{다항방정식}) \\ (\text{분수방정식}) : \text{분모에 미지수를 포함하는 방정식} \end{cases} \\ (\text{무리방정식}) : \sqrt{} \ \text{안에 미지수를 포함하는 방정식(중3과 고1)} \end{cases}
$$

이 중에 다항방정식을 만드는 예를 들어 본다.

상수항과 일차식 2, $x+2$, $x+3$, $2x+7$을 가지고 등호로 연결해서 각 종류별로 만들어보면 3=$x+2$, $x+2=x+3$, $x+2=x+2$, $x+2=2x+7$ 등이다. 이 중에 방정식은 3=$x+2$, $x+2=2x+7$이며 모두 일차방정식이다. 항등식은 $x+2=x+2$, 말도 안 되는 식(53쪽 참조)은 $x+2=x+3$이다. 같은 방식을 적용해 이차식과 일차식을 등호로 연결하면 모두 이차식이 만들어진다. 그러나 이차식과 이차식을 등호로 연결해보면 $2x^2+3x+4=x^2+2x+3$과 같은 이차방정식, $x^2+3x+4=x^2+2x+3$과 같은 일차방정식, $x^2+2x+3=x^2+2x+3$과 같은 항등식, $x^2+2x=x^2+2x+3$과 같은 말도 안 되는 식이 만들어질 것이다.

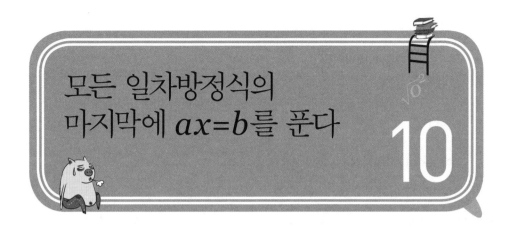

모든 일차방정식의
마지막에 $ax=b$를 푼다

10

모든 등식은 등식의 성질로 푸는 것이 기본이다. 방정식이든 항등식이든 설사 말도 안 되는 등식도 등식의 성질로 풀어야 간단하게 정리되고 이를 알아보게 된다. 여기에서는 1차방정식을 푸는 방법만 소개하려고 하지만 2차방정식이든 100차방정식이든 간에 모두 등식의 설질로 푸는 것이 기본이다. 이 부분은 나중에 다시 정리하겠다. 그런데 처음에는 이항 등의 편법이 아니라 귀찮더라도 당분간은 등식의 성질을 이용하여 풀어야 한다.

머리로는 이해하지만 처음에는 등식의 성질에 맞게 쓰다가도 생각이 뒤엉켜서 중간에 많이 혼란스러워 한다. 그 이유는 두 가지다. 첫째는 x만 남기려고 할 때 어느 것부터 없애야 하는지 헷갈릴 때와 둘째, 등식의 성질에 맞게 잘 쓰다가 계산이 되는 것을 먼저 계산하다가 그만 길을 잃어 버릴 때이다. 등식의 성질에 맞게 식을 쓸 때에는 중간에 계산이 된다고 덥석 계산하면 바른 식을 쓰지 못하는 원인이 된다.

모든 일차방정식은 마지막에 $ax=b$를 푼다

　미지수가 1개인 일차방정식을 정리하면 마지막에 $ax=b$가 나오는데 필자는 가장 먼저 이 부분을 연습시킨다. $ax=b$를 빨리 $x=\dfrac{b}{a}$로 만들지 못하면 절대 일차방정식의 빠르기를 기대할 수 없기 때문이다.

　　🧑‍🦱 $3x=2$에서 x의 값은 뭐니?

　　😀 −1이요.

　　🧑‍🦱 3을 이항한다고 생각했구나! 그런데 이항이란 '항이 이사간다'는 것인데 $3x=2$에는 항이 $3x$와 2로 3이라는 항은 없단다.

　　😀 그럼 어떻게 해요?

　　🧑‍🦱 $3x=2$는 $3×x=2$로 등식의 성질로 3만 없애주면 x만 남을 거야. 어떻게 하면 되겠니?

　　😀 0을 곱해줘요.

　　🧑‍🦱 양변에 0을 곱해주면 우리가 구하려는 x까지 없어지는데?

　　😀 그럼, 어떻게 하면 되는데요?

　　🧑‍🦱 x앞은 0이 아니라 1이 있어야 해.

　　😀 맞아요. $x=1x$였어요. 이제 알았어요. 양변에 3의 역수 $\dfrac{1}{3}$을 곱해주어야 해요.

　　🧑‍🦱 그래 그 말도 맞아. 그런데 그것보다는 양변에 같은 수인 3을 나누어준다고 생각하는 것이 더 빠를 거야.

　　😀 진작에 3으로 나누어준다고 하면 알걸 왜 이렇게 뜸을 들이시는 거예요?

　　🧑‍🦱 중요해서 그랬다. 어쩔래?

없어진다는 것은 모두 0이라는 뿌리 깊은 편견과 제대로 알지 못하는 상황에서 이항의 사용은 오히려 등식의 성질을 자유롭게 사용하는 것을 방해한다. $3x=2$에서 양변을 3으로 나누어주면 $\frac{3x}{3}=\frac{2}{3}$ ⇨ $x=\frac{2}{3}$ 이다. 그런데 많이 연습해서 거의 자동으로 나올 정도가 되어야 한다. 다음 문제를 보자.

Q (1) $-3x=2$ (2) $3x=-2$

(3) $-3x=-2$ (4) $-x=2$

답: (1) $\frac{2}{-3}$ (2) $\frac{-2}{3}$ (3) $\frac{2}{3}$ (4) -2

$\frac{2}{-3}=\frac{-2}{3}=-\frac{2}{3}$고 (1)과 (2)는 보통 답으로 $-\frac{2}{3}$로 쓰는데 형태를 유지하려고 필자가 일부러 답을 바꾸지 않았다. (3) 그래도 $x=\frac{-2}{-3}=\frac{2}{3}$ 까지는 바꿔야 한다. (4) 처음에는 같은 방식인 $x=\frac{2}{-1}=-2$처럼 풀다가 나중에 익숙해지면 양변에 $-$를 곱하는 것으로 바꿔야 한다.

x만 남기려고 할 때 혼합계산 순서의 역순으로 없앤다

방정식은 결국 x의 값을 구하는 것이다. x 옆의 숫자들을 모두 없애면(물론 등식의 성질로) x만 남는다. 그런데 여기서 x 옆의 숫자 중 무엇을 먼저 없애야 하는지 순서를 가르쳐야 한다. 등식의 성질 자체에는 우선 순위는 없으며 어느 것을 먼저 적용하느냐는 식에 따라 달라진다. 만약 (2+3)×5+1을 계산하려면 (거듭제곱) ⇨ (괄호) ⇨ ×, ÷ ⇨ +, −라는 혼합계산 순서에 따라 (2+3)×5+1=26이라는 답을 구하게 된다. 그런데 이 수 중에 2를 모르는 수 x라고 하면 (x+3)×5+1=26이 되고 이제는 미지수 때문에 계산이 안 된다. 이처럼 방정식이 길어지는 이유는 모르는 수 즉, 미지수가 있어서다.

실패에 실을 감았다면 풀 때는 반대로 돌려야 하듯이 이것들을 풀 때는 혼합계산 순서의 역순, 즉 (덧셈, 뺄셈) ⇨ (곱셈, 나눗셈) ⇨ (괄호) ⇨ (거듭제곱)의 순서로 없애야 한다. 그렇다면 '혼합계산 순서 거꾸로'가 '방정식 푸는 순서'(방정식 푸는 순서란 말은 정식 명칭은 아니고 필자가 만든 말이다.)가 된다.

네가 친구들 함께 놀고 있다가 친구들이 모두 집에 갔다면 누가 남았나?

저요.

친구들이 집에 갈 때, 네가 가는 순서를 정해주어야 해! 제일 먼저 +, − 있는 애들을 보내고 그 다음으로 ×, ÷ 있는 애들을 보내는 거지.

'혼합계산 순서의 거꾸로'라는 말인 거 알아요.

그런데 항상 등식의 성질을 잊어버리면 안 된다.

알았어요.

$(x+3) \times 5 + 1 = 26$ (+로 붙어있는 것을 없애야 하니 양변에 1을 **빼면**)

⇨ $(x+3) \times 5 + 1 - 1 = 26 - 1$

⇨ $(x+3) \times 5 = 25$ (×로 붙어있는 것을 없애야 하니 양변에 5로 나누면)

⇨ $(x+3) \times 5 \div 5 = 25 \div 5$

⇨ $x+3 = 5$ (좌변에 $x+3$밖에 없어서 괄호가 사라졌다. 이제 양변에 3을 빼면)

⇨ $x+3-3 = 5-3$

⇨ $x = 2$

등식의 성질을 적용하다가 중간에 계산하지 말아라

자발적으로 등식의 성질에 맞도록 이렇게 식을 길게 쓰고 싶은 학생들은 거의 없다. 필자는 대부분의 계산을 길게 쓰지 않고 될 수 있으면 암산하도록 권한다. 그러나 처음에는 정식으로 모든 단계를 거쳐서 정확하게 풀도록 해야 한다. 그래야 등식의 성질을 혼돈하지 않고 사용할 수 있기 때문이다. 물론 이런 연습은 중학교의 수많은 방정식을 풀면서 다시 빠르고 정확하게 암산할 수 있도록 하기 위함이다. 그런데 등식의 성질을 가르치고 방정식을 쓸 때 많은 학생들이 답은 맞지만 잘못된 식을 쓰는 것을 본다.

예를 들어 올바른 풀이는 $x+3=5$ ⇨ $x+3-3=5-3$ ⇨ $x=2$지만 이것이 귀찮다 보니 $x+3=5$의 식 우변에 3을 뺀 $x+3=5-3$ ⇨ $x=2$라고 쓰게 된다. 그런데 답은 맞았지만 중간식이 틀렸다. $x+3=5$에서 중간식을 암산해서 곧바로 $x=2$라고 쓰는 것은 좋지만 중간식을 틀리면 안 된다. 이 습관이 점점 길어지는 풀이 식을 써야 할 때 치명적인 약점이 될 수 있기 때문이다. 또 하나는 등식의 성질을 적용하다 중간에 계산이 된다고 계산하는 경우다. 등식의 성질을 충분히 연습했다면 이항을 사용하는 것이 빠를 것이다. $5x-3=2x+6$에서 우변에 $2x$를 좌변에 이항하여 $5x-2x$를 쓰고 나서 $5x-2x=3x$라고 쓰고는 어찌할 줄을 모르는 예가 많다. 중간에 아무리 계산이 되더라도 하던 것을 먼저 마쳐서 $5x-2x=6+3$이라고 써야 한다. 지금은 간단하니 자신은 절대 아니라고 하는 학생들도 많겠지만, 복잡해지면 고등학생들조차 중간에 계산하는 현상이 많이 발생한다. 몇 문제 낼 것이니 최대한 빨리 풀 수 있는 방법을 생각하기 바란다.

Q 다음 방정식의 해를 구하여라.

(1) $2x+1=4x-3$

(2) $3(x+1)=15$

(3) $2(x-1)=3(x-1)$

(4) $\frac{1}{2}(6x-1)=\frac{1}{7}(6x-1)$

답: (1) $x=2$ (2) $x=4$ (3) $x=1$ (4) $x=\frac{1}{6}$

(1) $2x-4x=-3-1$ ⇨ $-2x=-4$ ⇨ $x=2$로 풀었나? 때에 따라서 $1+3=4x-2x$ ⇨ $4=2x$ ⇨ $x=2$로 풀어야 빠를 때도 있다. (2) $3x+3=15$ ⇨ $3x=12$ ⇨ $x=4$로 풀었나? 괄호가 있다고 무조건 분배법칙을 사용하려는 것을 억제하고 먼저 식을 어떻게 하면 빠르게 세울 것인가를 생각해봐야 한다. 양변에 3으로 나누어지니 $x+1=5$로 하는 것이 더 간단할 것이다. (3) $2x-2=3x-3$ ⇨ $2x-3x=-3+2$ ⇨ $-x=-1$ ⇨ $x=1$이다. $2(x-1)=3(x-1)$을 보면 양변에 $x-1$이 똑같이 곱해져 있다. 등식의 성질에서 양변에 0으로 나누면 안 된다고 했는데 $x-1$이 0인지 아닌지 알 수 없다. 따라서 각각의 경우를 따져야 한다. 만약 $x-1$이 0이 아니라면 $x-1$로 나누었을 때 $2=3$이라는 '말도 안 되는 등식'이 나오게 되어 해가 없게 된다. 따라서 $x-1=0$이니 $x=1$이다. (4) 마찬가지로 $6x-1=0$이니 $x=\frac{1}{6}$이다.

일차방정식을 할 줄 안다고 지나치지 말고 충분히 연습하여 답이 빨리 나오게 하지 않으면 수학을 잘 할 수 없다. 중학수학에서 빠르기까지 연습해야 하는 몇 가지 부분이 있다. ① 중1에서 유리수의 사칙계산과 일차방정식, ② 중2의 연립방정식, ③ 중3의 인수분해와 이차방정식이다. 이 부분들은 빠르기까지 해놓지 않으면 문제 풀이 시간이 느려서 제 시간에 문제를 다 풀지 못한다거나 다양한 문제점을 노출시키게 된다.

분수계수의 방정식 풀이

언제나 그렇듯이 마지막 계산은 항상 분수와 관련된다. 초등학교에서 분수에 대한 안 좋은 기억 때문에 분수만 보면 피해가려는 학생들이 있다. 그러나 중학교 방정식에서 분수 문제는 '등식의 성질' 덕분에 초등학교에 비해서 훨씬 수월하고 문제가 많지도 않다. 만약 귀찮다고 1~2학년에서 분수를 피한다면 부족부분이 노출되지 않아 방치되어 있다가, 중학교 3학년이 되면 수학포기자(수포자)의 길로 들어서게 될 수 있다는 것을 명심하자!

Q 다음 식의 해를 구하여라.

(1) $\dfrac{x}{4} - \dfrac{3}{2} = x$　　　　(2) $x - \dfrac{x-1}{2} = 1$

답: (1) $x = -2$ (2) $x = 1$

(1) 동류항 정리를 우선시 하여 $\dfrac{x}{4} - \dfrac{3}{2} = x$ ⇨ $\dfrac{x}{4} - x = \dfrac{3}{2}$ ⇨ $-\dfrac{3}{4}x = \dfrac{3}{2}$ ⇨ $x = -2$라고 푼다면 귀찮은 분수셈을 여러 개 하게 된다. 자칫 분수에 대한 나쁜 기억만 더 다져지게 하는 결과를 가져올지도 모르겠다. 등식의 성질들에는 우선순위가 없다고 하였다. 모두 그런 것은 아니지만 대부분 분수계수의 방정식은 양변에 분모의 최소공배수를 곱하여 계수를 정수로 만드는 작업을 가장 먼저 하는 것이 좋다. $\dfrac{x}{4} - \dfrac{3}{2} = x$의 양변에 4와 2의 최소공배수 4를 곱하면 $x - 6 = 4x$로 $x = -2$이다. 생각한 것보다는 훨씬 편하지 않나? (2) 학생들이 가장 많은 오답으로 $x - \dfrac{x-1}{2} = 1$의 양변에 2를 곱하여 $2x - x - 1 = 2(\times)$와 같은 식을 쓴다. $-\dfrac{x-1}{2}$에서 $-$를 분자에 올려주면 $\dfrac{-x+1}{2}$로 양변에 2를 곱한 올바른 식은 $2x - x + 1 = 2$ ⇨ $x = 1$이다. 그 밖에도 x나 우변에 2를 곱하지 않은 식 등 많은 종류의 잘못된 식을 만들어 낸다. 이런 문제가 분수계수의 문제를 풀면서 가장 많은 오답을 일으키는 것이

니 가장 많은 연습이 필요하다.

분수방정식의 풀이

분수방정식이란 분수식을 포함한 방정식으로 분수식은 분모에 미지수를 가지고 있는 식이다. 그런데 분수라는 것은 분모가 0이면 안 되니 분모의 미지수에 0이 아니라는 단서를 달아주어야 올바른 식이 된다. 분수식은 교과서의 주된 방향이 아니라서 별 설명이 없는데 문제로 나와서 당황하는 예가 많다. 당황하는 것은 주로 다음 세 가지 요소 때문이다.

첫째, x의 배수를 한 번도 해보지 않았다.

둘째, 미지수를 약분하는 것이 두렵다.

셋째, 미지수와 상수항의 합을 하나로 보지 않아서다.

x의 배수를 학생들에게 말해보라 하면 처음에는 당황하다가 곧 x, $2x$, $3x$, $4x$, $\cdots$ 를 한다. 한 번도 안 해봐서 그렇지 해보면 금방 알 것이다. 마찬가지로 $x+1$의 배수도 $(x+1)$, $2(x+1)$, $3(x+1)$, $4(x+1)$, $\cdots$ 라고 할 수 있다. 이것을 안다면 분모가 미지수라도 최소공배수를 구할 수 있다. 그리고 x가 무언지 몰라도 분모와 분자가 같으면 $x \div x = 1$이니 약분이 된다. $\frac{x}{x} = 1$일 뿐만 아니라 분모와 분자가 같으면 $\frac{y}{y} = \frac{x+1}{x+1} = \frac{xy+1}{xy+1} = \cdots = 1$이며 같은 것을 하나로 본다면 모두 약분이 된다. 문제를 한번 풀어보자!

Q 다음 분수방정식의 해를 구하여라.

(1) $1 - \dfrac{1}{x} = 2$ (단, $x \neq 0$)

(2) $\dfrac{x}{x+1} = \dfrac{1}{3}$ (단, $x \neq -1$)

답: (1) $x = -1$ (2) $x = \dfrac{1}{2}$

(1) $1 - \dfrac{1}{x} = 2$의 양변에 x를 곱하면 $x - 1 = 2x \Rightarrow x = -1$이다. (2) $x+1$과 3의 공배수를 구해야 하는데, $x+1$의 배수 $(x+1)$, $2(x+1)$, $3(x+1)$, $4(x+1)$, … 중에 $3(x+1)$이 있지? $\dfrac{x}{x+1} = \dfrac{1}{3}$의 양변에 $3(x+1)$을 곱하면 $3x = x+1 \Rightarrow x = \dfrac{1}{2}$이다. 그런데 $3(x+1)$을 분배법칙을 적용하여 $3x+3$으로 만들어 곱하면서 못하는 학생도 있다. 분배법칙이 만능은 아니다.

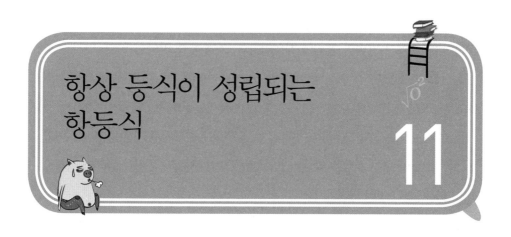

항상 등식이 성립되는
항등식

11

중학교 1학년 등식의 성질을 배우고 난 후 항등식과 방정식을 배우게 된다. 항등식과 관련한 문제로 주로 방정식과 구분하는 것과 항등식이 되기 위하여 변수를 결정하는 문제(중2)가 주를 이룬다. 이 시기에 학생들이 묻는 것은 문제를 어떻게 풀 것인가에 대한 방법이다. 그런데 문제를 푸는 방법을 익혔다 해도 머릿속에는 여전히 방정식과 달리 항등식은 쓸데없는 분야라는 생각을 많이 하고 있는 것 같다. 그것은 단순히 문제를 푸는 방법만 익혔기 때문이다. 문제만 푸는 데서 그치는 것이 아니라, 항등식은 무엇이고 어떻게 풀며 왜 배우는가에 대한 것까지 익혀야 비로소 항등식을 제대로 아는 것이라 할 수 있다. 이제 출발해보자!

등식에는 항등식, 방정식, 말도 안 되는 식이 있다

항등식은 '항상 등식이 성립하는 식'이라고 정의된다. 항등식을 보다 정확하게 전체 속에서 알려면 등식이 무엇인지와 그 종류를 알아야 한다. 먼저 등식은 '등호(=)가 있는 식'으로 등호가 있으면 등식이라고 할 수 있다. 종류를 보면 ① 7+3=10 ② 7+3=11 ③ x+3=10 ④ x+3=x+3 ⑤ x+3=x+7 등이 있다. 이 식들은 모두 등호가 있으니 등식이다. 우선 ①은 초등학교에서 배운 당연한 식이고 ②는 말도 안 되는 식임을 알 수 있다. ③~⑤는 미지수가 있어서 등식의 성질로 간단히 해보는 것이 먼저다.

정리해보면 ③ x+3=10 ⇨ x=7 ④ x+3=x+3 ⇨ $x-x$=3-3 ⇨ 0=0 ⑤ x+3=x+7 ⇨ $x-x$=7-3 ⇨ 0=4이다. 이렇게 아직은 잘 모르겠지만 등식은 당연한 것, 어떤 것을 넣었을 때만 성립하는 것 그리고 말도 안 되는 것이라는 세 종류가 있음을 알 수 있을 것이다.

(등식) $\begin{cases} \text{① 당연한 식(항등식) 예 } 7+3=10, x+3=x+3 \\ \text{② 등식이 성립하는 수를 갖는 식(방정식) 예 } x+3=10 \\ \text{③ 말도 안 되는 식(해가 없는 식) 예 } 7+3=11, x+3=x+7 \end{cases}$

7+3=10은 미지수가 없으니 항등식이 아니라고 하는 학생도 있는데 미지수가 있든 없든 항상 등식이 성립하니 항등식이다. 다만 이런 식은 문제로써 다루어지는 실익이 없을 뿐이다. 그런데 상식이지만 어떤 것을 각각의 것들로 분류할 때는 조심해하는 것이 있다. 첫째, 분류할 때 역으로 각각의 것들이 모두를 포함해야 한다는 것이다. 둘째, 서로 포함관계라면 분류한 것이 아니다. 구분하는 기준을 말한 이유는 수학뿐만 아니라 분류를 하는 것은 학습의 기본이며 항등식에서도 몇 가지를 오해하는 학생들이 있어서다.

첫째, 등식에는 항등식과 방정식이 있다고 얘기하는 것은 틀린 말이다

위처럼 등식에는 항등식과 방정식 그리고 말도 안 되는 식이 존재하기 때문이다. 교과서가 등식의 종류 중에 항등식과 방정식만 구분해서 다루기에 이런 오해를 하는 것 같다. 어떤 것의 종류를 말할 때는 모두 말해야 올바른 답이지 그렇지 않고 일부만 이야기하는 것은 틀린 것이다. 예를 들어 철수, 아빠, 엄마로 구성된 가족에서 '우리 가족은 철수와 아빠다'는 맞지 않는 말이다. 그런데 '우리 가족은 철수와 아빠 등이다'는 모두를 말한 것이니 맞는 말이고, 또 역으로 '철수와 아빠는 우리 가족이다'도 맞는 말이다. 그래서 등식에는 항등식과 방정식 등이 있다고 하거나 항등식과 방정식은 등식이라고 하는 것은 맞는 말이다.

둘째, 항등식은 방정식이 아니다

분류는 포함관계가 없어야 하니 '항등식은 방정식이다'라거나 '방정식은 항등식이다'라는 말은 모두 틀린 말이다. 이렇게 서로 다르니 항등식과 방정식을 구분하는 문제도 나오는 것이다.

방정식과 항등식을 구분하는 방법

보통 5개의 보기 중에 방정식이나 항등식을 찾으라고 하든지 아니면 아닌 것을 찾으라는 문제들이 나온다. 이때 할 수 있는 방법은 세 가지로 첫째, 보기의 문제를 방정식을 풀듯이 동류항을 정리하는 방법과 둘째, 좌변과 우변이 같은지를 보는 방법, 셋째, 항상 성립하니 아무 수나 즉 x에 0과 같은 수를 대입해보는 방법이 있다. 첫 번째는 동류항을 정리하였을 때, 0=0이 나온다면 항등식이다. 그런데 아직 1학년의 경우 방정식을 푸는 것이 숙달되지 않아 5개의 방정식을 모두 푸는 데 시간이 오래 걸려 힘들 수 있다. 이런 경우 두 번째 방법 즉, 좌변과 우변을 비교하는 방법이 더 쉽다. 그런데 이때 조심해야 할 것은 좌변과 우변의 x항의 계수만 보는 게 아니라 상수항들도 같은지 확인해야 한다. 만약 상수항이 다르다면 항등식도 방정식도 아닌 말도 안 되는 식이 되는데, 이것이 일반적인 문제들의 함정이다. 세 번째 방법은 항등식이냐 아니냐만 구분되고 방정식과 말도 안 되는 식의 구분은 할 수 없으니 되도록 중학생들은 사용하지 않는 것이 좋다.

$ax+b=cx+d$에서

종류	해의 개수	풀이 방법
방정식	1개	$ax-cx=d-b \Rightarrow x=\dfrac{d-b}{a-c}\,(a\neq c)$
항등식	무수히 많다	$a=c,\ b=d$
말도 안 되는 식	0개	$a=c,\ b\neq d$

Q 다음 중 해가 무수히 많은 것은?

(1) $x-2=2-x$ (2) $x+2=x$ (3) $-2+x=x-2$

(4) $x-2=x+2$ (5) $-x-2=x-2$

답: (3)

해가 무수히 많은 것은 항등식이다. 방정식을 찾으라는 것은 좌변과 우변의 미지수가 다른 것만 찾으면 되니 좀 더 쉽다. 항등식은 '말도 안 되는 등식'과도 구분해야 하기에 좌변과 우변의 미지수와 상수항까지 같아야 한다. (1)과 (5)는 좌변과 우변의 미지수가 x와 $-x$로 다르니 방정식이다. (2), (3), (4) 중에 상수항까지 같은 것은 (3)이다.

항등식에서 계수를 결정하는 방법

중학교는 방정식이 대세다 보니 미지수와 등호가 있으면 마치 무조건 방정식처럼 보인다. 그러나 방정식의 형태를 갖추었다고 해서 무조건 방정식이라고 단정하지 않고 위 3가지로 항상 구분하고 있어야 한다. 항등식은 중2에서는 '특수한 등식'이라는 이름으로 다루게 되며, 특수한 등식이 바로 '항등식(해가 무수히 많다)'과 '말도 안 되는 등식(해가 없다)'이다. 그런데 항등식이나 말도 안 되는 식은 문제에서 알려주지 않는 한 방정식과 거의 구분할 수 없다. 즉 문제에서 해가 무수히 많게 또는 없게 하기 위한 문제임을 명시한다는 것이다. 반대로 이때는 문제에서 주어지는 단서에 주의하지 않으면 문제를 풀 수 없게 된다. 문제에서 'x에 관한 항등식일 때' '해가 무수히 많을 때' '모든 x에 대하여 항상 참일 때' 'x의 값과 관계없이 항상 성립할 때' 등의 단서에 민감하게 반응하지 않으면 그 문제의 방정식은 부정방정식(179쪽 참조)이 되어 풀 수 없는 상태가 된다. 문제를 풀어보자!

> **Q** 등식 $ax+3=5x-b$가 x의 값과 상관없이 항상 등식이 성립할 때, 상수 a, b에 대하여 ab의 값을 구하여라.
>
> 답: -15

x의 값과 상관없이 항상 등식이 성립한다는 말도 항등식을 의미한다. x의 계수끼리 그리고 상수항끼리도 같아야 하니 $a=5$, $3=-b$ ⇨ $b=-3$이다. $ab=a\times b$이니 $ab=5\times(-3)=-15$다. 이해만 한다면 푸는 것은 어렵지 않았을 것이다. 문제가 좀 더 어려워진다는 의미는 식을 전개하는 것 등이 추가되는 것뿐이다.

항등식은 도대체 왜 배우는 것일까?

항등식의 계수를 결정하는 문제는 이해가 거의 90%고, 이해만 된다면 문제를 몇 개 풀어보는 수준으로도 무척 쉽다는 것을 알 수 있다. 한 마디로 보는 눈만 있으면 문제가 풀리는 경우가 많아서 오히려 학생들에게 항등식은 쓸데없는 문제라는 인식을 주는 것 같다. 그런데 조금만 생각해 보자!

수학 문제의 대세는 앞으로도 역시 방정식이니 계속해서 항등식은 특수한 것이거나 별거 아니라는 생각이 들 수도 있겠지만 수학은 항상 특이점이 중요하다. 그 특이한 것들의 안으로 들어가면 갈수록 넓고 심오한 개념들이 존재하고 있다는 것을 경험하게 될 것이다. 예를 들어 항등식의 쓰임새를 보자! 항상 성립한다는 말은 언제 어디에서도 성립하기에 항상 '참'이라고도 할 수 있다.

첫째, 증명의 문제에서 다루어진다

거짓임을 증명하는 것은 단 한 개라도 거짓이라는 것을 증명하기만 하면 되기 때문에 쉽지만, 항상 참임을 증명하는 것은 쉽지 않다. 대신 참이라는 것이 증명되었다면 보편적인 것이니 개별적인 것을 모두 포함한다.

둘째, 수학공식은 모두 항등식이다

명제와 마찬가지로 공식도 항상 성립해야만 언제라도 사용할 수 있다. 그런데 공식은 모두 등식이라고만 생각하는 학생들이 있다. 물론 가장 많은 공식은 항등식이다. 그러나 등식뿐만 아니라 부등식(절대부등식)도 가능하며 항상 성립하는 것은 공식이 될 수 있는 개연성이 있다.

그 밖에 항등식의 개념을 좀 더 발전시키려면 부정방정식과 0의 성질 그리고 절대부등식을 추가해야 된다.

초등학교 때 제대로 배웠어야 할 비와 비율

12

공부 좀 해보려고 마음을 다잡았거나 시험기간인데 지금 배우는 것이 아닌 비와 비율, 백분율, 할푼리, 비례식, 비례배분 등이 나와서 난감해하는 중학생들이 있다. 공부를 잘하는 학생은 문제없지만 그렇지 않은 학생들 대부분은 지금 공부하는 단원을 소화하기 쉽지 않다. 하지만 초등 과정을 찾아서 공부할 열정은 부족하니 그냥 대충 해답지를 보면서 이해하고 넘어가는 것이 전부였을 것이다. 그런데 연습이 될 정도로 문제의 개수가 충분히 있지도 않아서 다음에 나오면 또다시 어려워하는 악순환이 계속된다는 것이 문제다.

그리고 솔직히 비와 비율, 비례식 등은 전혀 어려운 분야가 아니다. 어렵지 않기 때문에 중학교가 아닌 초등학교에서 배우는 것이다. 다만 초등학교 때 탄탄하게 배웠어야 했는데 그러지 못한 탓이 크다. 그렇기 때문에 정확하게만 이해한다면 초등학교에서 미진했던 것을 보충하고도 남을 것이다. 대신 이렇게 부족하게 공부하면 다음에 고등학교에서 얼마나 어려워지는지를 알고 중학교에서 개념을 튼튼히 잡으려는 마음을 갖기 바란다.

수학은 수만 계산하니 모두 수로 바꾼다

초등 과정에서는 가르치지 않았지만 가장 먼저 알아야 할 것은 비와 비율, 할푼리 등은 모두 수가 아니라는 사실이다. 우리가 그동안 배운 수에는 자연수, 분수, 소수, 정수, 유리수, 무리수, 실수 등이며 π(원주율)을 제외한 모든 수는 끝에 '수'자가 붙는다. 그리고 수학에서는 '수'만이 +, -, ×, ÷와 같은 계산이 된다. 비와 비율, 할푼리 등은 '수'자로 끝나지 않으니 당연히 수가 아니다. 따라서 이 상태로는 계산이 불가능하다. 계산도 되지 않는 것이 수학에서 왜 나왔을까? 그 이유는 비와 비율을 모두 수로 바꿀 수 있고, 수로 바꾼다면 계산이 가능하기 때문이다.

초등학교에서 무언가 많이 배웠다는 느낌이 들겠지만, 결국 비와 비율, 할푼리 등을 모두 수로 바꾸는 과정이었다고 보면 된다. 이들을 수로 바꾸는 것이 어렵지 않아도 학생들이 어렵게 느끼는 것은 비와 비율을 수로 바꾸라는 말을 하지 않은 탓이 크다. 비, 백분율, 할푼리 등이 수가 아니라고 가르치지 않았으니 당연히 계산이 가능한 수로 바꾸라는 말을 가르칠 수도 없었다. 비와 비율, 백분율, 할푼리, 비례식, 비례배분 등이 문제에 나오고 계산이 필요하다면 아무 말이 없어도 모두 수로 바꿔야 할 것이다. 비부터 출발해보자!

$$\begin{cases} 3 \div 8 = \dfrac{3}{8} \\ 3 : 8 = \dfrac{3}{8} \end{cases}$$

3:8을 '비'라 하고 분수로 바꾼 $\frac{3}{8}$을 '비의 값'이라 한다. 나눗셈을 모두 분수를 바꾸었듯이 비도 모두 분수로 바꿀 수 있다. 문제에 나오는 비를 그냥 모두 분수로 만들어 사용하면 되지만, 그렇다고 비와 분수가 완전히 같다는 것으로 오해할 것 같아 설명을 하고 넘어가겠다.

비는 원래 비교를 하기 위해서 만들어졌고 비교에는 '절대적 비교'와 '상대적 비교'가 있다. 절대적 비교는 빼서 얼마 크니 작으니 하는 것이고, 상대적 비교는 기준량에 얼마를 곱하면 비교하는 양이 되느냐라는 것인데 그중에 비는 상대적 비교이다. 그래서 비의 어떤 항에도 0을 포함한 5:0, 0:5 등은 비가 되지 못한다. 그에 비해 분수는 분모만 0이 아니면 어떤 정수도 가능하다. 그래서 분자가 0인 분수는 모두 비로 바꿀 수는 없지만 비를 모두 분수로 바꿀 수는 있다. 조금 설명이 어렵게 느껴지는가? 이미 비가 되었다면 모두 분수로 바꿀 수 있는 조건을 모두 갖추고 있다는 이유를 길게 설명한 것이다.

비를 분수로 바꾼 것과 마찬가지로 비와 비율, 비의 성질, 비례식, 비례배분 등은 모두 분수와 관련이 된다. 그런데 분수로 바꾸었으면 이것들을 분수의 성질로 가르쳐야 하는데, 예전에 초등학교에서는 마치 별도의 법칙이 있는 것처럼 가르쳤다. '전항과 후항에 같은 수를 곱하거나 나누어도 된다' '내항과 외항의 곱은 같다' 등을 이유도 모르는 공식처럼 외웠다가 잊어버려서 더욱 두려워지고 말았다. 수학은 어떻게 배우든 한 번 배운 것은 다시 가르치지 않으며 설명 역시 반복해서 해 주지 않는다. 그런데 나중에 나오는 것을 예전에 배운 것과 연결해서 생각할 줄 아는 학생들은 별로 되지 않는다. 무조건 예전처럼 외우고 넘어가려고 하니 어려워지는 결과만 낳는 것이다. 모든 부분에서 먼저 이해하려고 노력하자.

이제 비율에 대해서 알아보자!

백분율 : 기준이 100인 비율로 퍼센트(%)가 붙었다

비율에는 백분율, 할푼리 등이 있는데 먼저 백분율부터 보자. 백분율은 기준을 100으로 놓았을 때의 비율이고 퍼센트(%)라는 기호를 사용한다. 퍼센트(%)는 100에서 1을 빼서 0과 0 사이에 넣어 만들었다. 백분율은 현실 생활 속의 필요에 의해서 만들어졌는데, 예를 들어 한 학생이 수학 시험에서 20문제 중에서 17문제를 맞혔다고 해보자! 이때, 배점이 같다면 곧바로 85점이라고 말하겠지만 그래도 그 안에 있는 것이 무엇을 의미하는지를 알아보자! 20개에 대하여 17개니 비로 나타내면 17:20이고 비의 값으로 나타내면 $\frac{17}{20}$ 또는 0.85다. 이처럼 기준을 1로 보고 수학점수를 $\frac{17}{20}$ 이나 0.85점으로 얘기해도 되지만 숫자가 너무 작아서 불편하다. 그래서 적당하게 크게 만들 필요에 의하여 백분율이 만들어졌다. 20인 기준을 100으로 바꾸려면 기준인 20에다 5를 곱해야 한다. 따라서 17에다 5를 곱한 85점을 수학 점수로 사용하는 것이다.

$$\frac{3}{8} = 0.375 \cdots\cdots 1(기준)$$

$$백분율(\%) \cdots\cdots 100(기준)$$

　　소수나 분수의 기준은 뭘까?

　　1이요.

　　그럼 백분율의 기준은?

　　100이요.

　　소수나 분수를 백분율로 바꾸려면 어떻게 해?

　　100을 곱해요.

　　왜?

기준이 1에서 100으로 바뀌었잖아요?

그럼 백분율을 분수나 소수로 바꾸려면 어떻게 해?

100으로 나누죠.

왜?

100을 곱해서 만들었으니 원래대로 되려면 100으로 나누어야죠.

'기준'이라는 말을 사용해서 다시 말해볼래?

알았어요. 기준이 100에서 1로 바뀌니까요.

그런데 이 중에 수가 뭘까? 백분율이 수니?

아니요.

그럼 할푼리가 수니?

아니요.

그럼 분수나 소수가 수니?

예.

참고로 모든 수는 자연수, 분수, 소수, 정수, 유리수, 무리수, 실수, 허수, 복소수 등 끝에 '수'자가 붙어. 그리고 수학에서는 수만이 +, −, ×, ÷와 같은 계산을 할 수 있단다. 만약 백분율이 나왔는데 계산하려면 어떻게 해?

백분율을 수로 바꿔야 해요.

문제에는 수로 바꾸라는 말이 없겠지만, 그래도 비율을 모두 수로 바꾸어야 계산 할 수 있단다.

$$(백분율) \div 100 = (비의 값) = (분수 \ or \ 소수)$$

기준이 1인 분수를 기준이 100인 백분율로 나타내려면 100을 곱해야 한다. 예를 들어 0.375를 백분율로 고치면 100을 곱하여 37.5를 쓰고 %를 붙여서 37.5%라 쓴다. 역으로 37.5%를 수로 바꾸려면 100으로 나누어주고 %를 제거하면 된다. 백분율을 수로 만들려면 100으로 나누어주면 된다는 말 한 마디면 될 것을 '기준'을 언급하며 정말 장황하게도 설명한다. 그렇게 장황하게 설명하는 이유는 많은 학생들이 100을 곱하거나 나눈다는 생각에만 빠져서 백분율의 수가 작으면 100을 곱해주는 등 말도 안 되는 일이 자주 벌어지기 때문이다. 백분율 수의 크기와 상관없이 기준을 몇 번 생각하는 것만으로도 오답을 피할 수 있을 것이다. 백분율에 비해 할푼리는 많은 학생들이 혼동을 하지 않으니 간단하게만 언급한다.

할푼리
: 기준이 각각 10인 '할', 100인 '푼', 1000인 '리'가 모였다

백분율이 수가 작아서 적당하게 크게 만들어 사용하기 위한 것인 반면 할푼리는 소수인 상태를 그대로 유지하면서 사용하기 위해 만들어졌다. 할푼리에서 할의 기준량은 10, 푼의 기준량은 100, 리의 기준량은 1000이다. 기준량이 각각 다르다니까 어려워 보이겠지만 소수에서는 자리만 기억하면 된다. 예를 들어 0.375라면 소수점 아래 첫 번째 자리의 수에 '할', 두 번째 자리의 수에 '푼', 세 번째 자리의 수에 '리'를 붙여 '3할 7푼 5리'라 읽으면 된다. 할푼리는 소수에서 사용되는 것이니 백분율이나 분수가 나오면 소수로 고쳐야 한다. 이제 백분율이나 할푼리가 무엇인지 알았다면 미지수를 사용한 것을 연습해야 한다.

Q 다음을 식으로 나타내어라.

(1) 2의 x%　　　　(2) 200의 0.01a%

(3) x의 25%　　　　(4) a의 6%

(5) 100의 a할　　　　(6) 200의 b푼

(7) 300의 a할 b푼

답: (1) $\dfrac{x}{50}$　(2) $\dfrac{a}{10000}$　(3) $\dfrac{1}{4}x$　(4) $0.06a$　(5) $10a$　(6) $2b$　(7) $30a+3b$

　(1) '2의 x%'에서 x%는 수가 아니므로 계산하기 위해서 수로 바꾸려면 100으로 나누면 된다. $x \div 100 = \dfrac{x}{100}$이니 $2 \times \dfrac{x}{100} = \dfrac{x}{50}$ 또는 $\dfrac{1}{50}x$다. (2) 200의 0.01a%에서 0.01a%를 수로 바꾸려면 설마 수가 작다고 100을 곱해야 한다고 생각하지는 않았겠지? $0.01a \div 100$이니 소수를 분수로 나누기를 곱하기로 바꾸면 $\dfrac{1}{100} \times a \times \dfrac{1}{100} = \dfrac{a}{10000}$ 또는 0.0001a이다. 이때, 0.000a(×)라고 쓰면 안 된다. (3) 'x의 25%'에서 25%를 수로 바꾸면 $\dfrac{25}{100} = \dfrac{1}{4}$이니 $\dfrac{1}{4}x$ 또는 0.25x이다. (4) 'a의 6%'는 0.06a 또는 $a \times \dfrac{6}{100} = \dfrac{3}{50}a$다. (5) '100의 a할'에서 할이 소수 첫 번째 자리의 수니 0.1a로 바꾸어도 되고, 할의 기준이 10이니 $\dfrac{a}{10}$라고 해도 된다. 따라서 $100 \times 0.1a$ 또는 $100 \times \dfrac{a}{10}$로 답은 10a다. (6) 200의 b푼에서 푼은 소수 두 번째 자리의 수이니 0.01b라 해도 되고 '푼'은 기준이 백분율과 마찬가지로 기준이 100이니 $\dfrac{b}{100}$이라 해도 된다. 따라서 답은 $200 \times \dfrac{b}{100} = 2b$다. (7) a할 b푼은 'a할' + 'b푼'이니 $300(0.1a + 0.01b)$로 $30a+3b$다.

공식이 아닌 이해가 필요한 비와 등호의 만남

13

비를 분수로 만들면 분모와 분자에 0이 아닌 같은 수를 곱하거나 나누어도 크기는 같다는 '분수의 위대한 성질'을 사용할 수 있다. 예를 들어 $\frac{2}{3}$라는 분수의 분모와 분자에 각각 5를 곱하면 $\frac{10}{15}$라는 크기가 같은 분수를 만들 수 있다. 즉 $\frac{2}{3} = \frac{10}{15}$이며 등호가 생기는 순간이다. $\frac{2}{3} = \frac{10}{15}$ 의 분수를 다시 비로 바꾸면 2:3=10:15라는 비례식이 된다. 초등학교에서 '내항과 외항의 곱은 같다'라는 비례식의 성질을 공식처럼 배웠다. 그런데 이때 왜 내항의 곱과 외항의 곱이 같은지에 대한 설명과 이해 없이 무조건 외우기만 했을 것이다.

이해 없이 외운 공식은 망각율이 높아서 많은 중학생들이 어려움을 겪는 것을 본다. 또다시 '내항과 외항의 곱은 같다'를 외워서 비례식을 방정식으로 만들면 악순환이 지속된다. 정확하게 이해를 해야 하며 이해가 어렵지는 않다. 중학생이니 비례식의 항에 미지수를 사용하여 설명한다.

$$x : y = a : b \text{ (분수로 바꾸면)}$$

$$\Rightarrow \frac{x}{y} = \frac{a}{b} \text{ (분모의 최소공배수 } by \text{를 등식의 성질에 따라 양변에 곱하면)}$$

$$\Rightarrow x \times b = y \times a$$

$x \times b$는 외항의 곱이고, $y \times a$는 내항의 곱이며 이들은 서로 같다. 비를 분수로 바꾸고 등식의 성질에 따라 최소공배수를 곱하는 과정을 생략하여 초등학교에서 '내항과 외항의 곱은 같다'라고 한 것이다. 이것을 잊어버린다 해도 비를 분수로 바꾸고 분수계수의 방정식을 풀듯이 양변에 최소공배수를 곱한다면 공식은 잊어버려도 될 것이다. 이런 문제는 중1의 식을 값을 구하는 문제나 중2의 $\begin{cases} x : y = 1 : 2 \\ x + y = 6 \end{cases}$ 과 같은 연립방정식에서 주로 사용된다. 한 문제만 풀어보자!

Q $x : y = 1 : 3$일 때, $\dfrac{x - y}{x + y}$의 값을 구하여라.

답: $-\dfrac{1}{2}$

$x : y = 1 : 3$을 분수로 바꾸면 $\dfrac{x}{y} = \dfrac{1}{3}$이며 양변에 $3y$를 곱하면 $y = 3x$다. 준식 $\dfrac{x - y}{x + y}$의 y대신에 $3x$를 대입하면 $\dfrac{x - 3x}{x + 3x} = \dfrac{-2x}{4x} = \dfrac{-1}{2}$이다. 그런데 $x : y = 1 : 3$은 비례식이고, $y = 3x$는 방정식이니 결국 비례식을 방정식으로 바꾸는 과정을 설명한 것이다. 비와 비율, 백분율, 비례식, 비례배분 등의 공통점은 모두 분수와 관련된다는 데에 있다. 또한 등호가 있다면 항상 등식의 성질을 사용하는 것을 습관화하는 것이 좋다.

비례식으로 정비례, 반비례 관계식 만들기

정비례와 반비례는 교과서 개정 때마다 중1의 함수와 더불어 초등학교 6학년을 번갈아가며 오가고 있다. 정비례와 반비례는 함수의 도입부여서 무척 중요하다. 그런데 학생들이 어려워하는 이유는 실생활의 예시를 들어가며 마치 새로운 영역인 것처럼 다루고 있기 때문이다. 가장 좋은 방법은 새롭게 가르치는 것이 아니라 아는 것에 덧붙이는 방법이다. 정비례와 반비례를 필자는 이미 알고 있는 비례식으로부터 연결을 모색한다. 함수에서 다루어야 맞지만 비례식의 확장으로써 함께 다룰 것이다. 정비례와 반비례는 어떤 두 양이 서로 간에 영향을 미치며 일어나는 관계를 말한다. 먼저 정의부터 보자!

정비례 어떤 값이 2배, 3배, 4배, … 로 늘어갈 때, 다른 값도 2배, 3배, 4배, … 로 같이 늘어가는 관계

정비례 관계식 $y=a \times x$ (단, a는 0이 될 수 없다.)

반비례 어떤 값이 2배, 3배, 4배, … 로 늘어갈 때, 다른 값은 $\frac{1}{2}$배, $\frac{1}{3}$배, $\frac{1}{4}$배, … 로 줄어가는 관계

반비례 관계식 $y=\dfrac{a}{x}$ (단, x, a는 0이 될 수 없다.)

$$x:y=1:3 \Rightarrow y=3 \times x$$
$$x:1=3:y \Rightarrow x \times y=3 \Rightarrow y=\frac{3}{x}$$

비례식에서 미지수가 2개다. 왜냐하면 앞서 말한 것처럼 정비례와 반비례는 서로에게 영향을 미치는 두 양의 관계이기 때문이다. 위에서 보듯이 비례식의 두 문자를 어디에 놓느냐에 따라서 $y=ax$나 $y=\dfrac{a}{x}$ 와 같은 꼴의 정비례와 반비례의

관계식이 만들어진다. 특히 정비례는 비례식으로 만들었기에 정비례와 비례는 같은 말로 사용된다.

Q 다음 중 정비례 관계식을 모두 고르면?

(1) $y=2x$ (2) $y=2x+1$ (3) $xy=1$

(4) $y=\dfrac{1}{2}x$ (5) $y=\dfrac{2}{x}$

답: (1), (4)

정비례의 꼴 $y=a\times x$를 기억한다면 (3)과 (5)는 반비례니 답에서 제외되고, (1)과 (4)를 찾는 데는 어려움이 없었을 것이다. 문제는 (2) $y=2\times x+1$이 비례인가 하는 것이다. $y=2\times x+1$에서 x가 1일 때 y는 3이고, x가 2일 때 y는 5이니 잘못하면 비례라고 생각할 수 있다. 그런데 비례를 무조건 x의 값이 커질 때 y의 값이 커진다고만 생각하면 안 된다. 커지기도 해야겠지만 비례해서 커져야 한다. x가 1일 때 y는 3이고, x가 2일 때 y는 5라는 것을 비례식으로 만들면 1:3=2:5 즉 $\dfrac{1}{3}=\dfrac{2}{5}$라는 말도 안 되는 식이 만들어진다. 즉 $y=2\times x+1$은 비례하지 않는다는 말이다. 앞으로 다시 함수에서 배우겠지만 $y=a\times x$에서 a가 음수라면 x의 값이 커질 때 y의 값은 비례해서 작아진다.

비례식으로 만든 방정식을 다시 비례식으로 만들기

비례식을 사용하여 만든 방정식을 다시 비례식으로 만드는 방법을 알려주려고 한다. 이 방법은 교과과정에서는 다루지 않으나 중·고등학교에서 문제를 다룰 때 유용하기 때문에 알아두는 것이 좋다. 그런데 앞서 확인하였듯이 $y=2x+1$

과 같은 방정식은 비례식으로 만들 수 없다. 그러나 비례식으로 만들어진 방정식 $y=2x$나 $y=\frac{1}{2}x$와 같은 것은 다시 비례식으로 만들 수 있다. 이 부분을 설명하기 위해서 많이도 돌아왔지만 중요한 부분이다.

$y=2x$나 $y=\frac{1}{2}x$를 비례식으로 만들어보자! 먼저 비례식은 항이 4개여야 하니 $y=2\times x$는 $y\times 1=2\times x$로 바꾼다. $y\times 1$에서 y와 1을 각각 내항에 놓고, $2\times x$의 2와 x를 각각 외항에 놓으면 $2:y=1:x$가 된다. 물론 y와 1을 외항에, 2와 x를 내항에 놓아도 된다. $2:y=1:x$에서 다시 내항과 외항끼리는 바꿀 수 있으니 $x:y=1:2$가 된다. $y=\frac{1}{2}\times x$를 설명 없이 과정을 나열해도 이해할 수 있을 것이다. $y=\frac{1}{2}\times x \Rightarrow y\times 1=\frac{1}{2}\times x \Rightarrow \frac{1}{2}:y=1:x \Rightarrow x:y=1:\frac{1}{2}$이다. 방정식을 비례식으로 만들면 무엇이 좋은지 문제를 통해서 보자!

Q $3x=4y$일 때, $\frac{x+y}{3x-y}$의 값을 구하여라.

답: $\frac{7}{5}$

$3x=4y$를 $x=\frac{4}{3}y$로 만들어서 x 대신 $\frac{4}{3}y$를 대입해도 식의 값을 구할 수 있다. 그런데 분수라서 계산이 귀찮아진다. 식이 복잡해지는 상위 학년일수록 방정식을 비례식으로 만드는 방법이 유용할 것이다. $3x=4y$는 $3\times x=4\times y$로 비례식으로 만들면 $x:y=4:3$이다. 그런데 한 가지 알아두어야 할 것은 $x=4$, $y=3(\times)$이라고 해서는 안 된다. 비가 그렇다는 것이지 x와 y의 값이라는 말은 아니다. $x:y=4:3$을 분수로 바꾸면 $\frac{x}{y}=\frac{4}{3}$인데 분수의 성질에 따라서 분모와 분자에 어떤 수를 곱해도 된다. 만약 k를 곱한다면 $\frac{x}{y}=\frac{4k}{3k}$이다. 이제 $x=4k$, $y=3k$라고 해도 된다. $\frac{x+y}{3x-y}$에 대입하면 $\frac{3k+4k}{3\times 3k-4k}=\frac{7k}{5k}=\frac{7}{5}$이다. 이렇게 하는 것이 더 어려울 것 같겠지만 익숙하지 않아서 그렇지 익숙해지면 무척 빨라지게 된다.

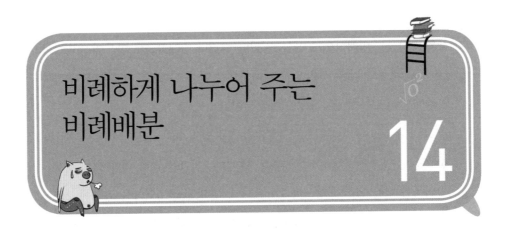

비례배분이란 비례적인 배분을 줄인 말로 수나 양을 주어진 비로 나누는 것이다. 예를 들어 2,000원을 2:3으로 나누면 800:1200이 된다. 이것을 비의 성질에 따라 전항과 후항을 각각 400으로 나누면 역시 2:3이 된다. 이때 800:1200=2:3이라는 비례식이 성립하기 때문에 비례배분이라고 한 것이다. 그런데 이렇게 설명하는 것은 이론적인 설명이고 비례배분을 하려면 결국 분수의 의미를 살려야 한다.

설명은 간단하다. 2:3으로 나누려면 5개가 있다면 쉽게 나누어줄 수 있을 것이라는 것이다. 어린 아이도 만약 사탕 5개가 있을 때 2:3으로 나누라 하면 쉽게 나누어줄 수 있을 것이다. 기준이 되는 2000을 5개로 나누면 한 덩어리가 400인 수가 된다. 이것을 2개와 3개로 갈라놓는 것이다. 그러면 분수의 의미에 따라 5개 중에 2개인 $\frac{2}{5}$와 5개 중에 3개인 $\frac{3}{5}$이 된다. 그러면 '기준량' 2000에 '비의 값'을 곱하여 '비교하는 양'을 만들듯이 $2000 \times \frac{2}{5} = 800$과 $2000 \times$

$\frac{3}{5}$ =1200으로 가를 수 있게 된다.

밀가루 한 봉지가 있다고 하자. 이 밀가루를 선생님과 네가 3:2로 나누어 가지려고 해. 어떻게 하면 될까?

잘 나누면 돼요.

그래, 그러니까 어떻게?

일단 반으로 나누고 선생님에게 조금 더 줘요.

밀가루니까 별거 아니라고 생각되어서 그렇지 만일 귀중한 거라면 그렇게 했다가 싸움 나겠다. 정확하게 나누려면 어떻게 해야 할까?

그러면 정확하게 무게를 재서 나누어요.

무게를 정확하게 재어서 만약 600g이 되었다고 해도 마찬가지야. 어떻게 나누어 줄래? 그래도 나누는 방법을 알아야 하지 않니?

그러네요.

아주 쉬운 방법이 있어. 일단 밀가루를 5등분 하는 거야. 그런 다음 네가 2무더기를 갖고 나머지 3무더기를 나한테 주면 되잖아.

아, 알았어요. 쉽네요.

쉽다고? 그럼, 너는 전체 밀가루의 얼마나 갖게 되니?

알아요. 5개로 나누어 2개니 $\frac{2}{5}$고 선생님은 $\frac{3}{5}$이잖아요.

어쭈, 잘하는데. 그럼 5:7로 나누려면 어떻게 하니?

12개로 나누면 되잖아요. 이해했다니까요.

만약 600g을 5:7로 나누고 네가 7을 가지려면 어떻게 하니?

600g의 $\frac{7}{12}$을 하면 돼요.

잘하는데. 그럼 무게를 정확하게 재는 기구가 없을 때 안 싸우고 나누는 방법만 더 얘기해줄게. 12개 무더기로 나누는 것은 네가 하고, 5개를 선택할 때는 내가 하면 불만 없겠지? 그러면 나누는 사람이 좀 더 똑같이 나누려하지 않겠니? 동생하고 먹을 거 나눌 때도 한 번 사용해봐라.

분수에서 전체와 부분의 의미를 잘 알고 있는 아이는 위처럼 쉽게 이해한다. 그러나 분수의 의미를 잘 모르면 비례배분을 알려주는데 더 오래 걸리지도 모른다. 비례배분은 중·고등학교 도형 문제로 많이 나온다. 각을 비례배분 하거나 선분을 비례배분 하는 것으로 항상 분수를 염두에 두어야만 오답을 피할 수 있을 것이다.

Q 둘레의 길이가 80cm인 직사각형이 있는데 가로의 길이가 세로의 길이의 3배라고 한다. 이 직사각형의 가로의 길이는?

답: 30cm

이 문제를 직관적으로 이해한다면 좋겠지만, 그렇지 않다면 몇 가지를 설명해야 한다. 첫째, 비가 아니라 몇 배라는 형태가 되어도 비로 만들 수 있어야 한다. 아이가 문제를 읽고 비를 곧장 만드는 경우도 많겠지만, 만들지 못한다면 방정식을 만든 뒤에 다시 비로 만드는 설명을 해야 한다. (가로)=(세로)×3 ⇨ (가로)×1=(세로)×3 ⇨ (가로):(세로)=3:1이다. 이 부분이 어렵다면 방정식을 비례식으로 만드는 172쪽을 참조하기 바란다.

둘째, 직사각형의 가로와 세로 길이의 합은 전체둘레길이의 반이다. 이것은 간단하지만 중2나 중3의 도형에서 자주 사용하니 알아두는 것이 좋을 것이다. 전체가 80cm이니 가로와 세로의 합은 전체의 반인 40cm이다. 묻는 것이 가로의 길이니 답은 40의 $\frac{3}{4}$ 으로 30(cm)이다. 그런데 이것을 아는 아이가 간혹 직사각형의 가로는 2개니 60cm라고 잘못 답하는 경우가 있다. 아이 말대로 직사각형의 가로는 2개 있고 그 길이는 같다. 문제가 가로 길이의 합이라고 하기 전까지는 하나의 길이를 가로라고 봐야 한다.

비례배분은 초등과정이라서 어떤 설명도 없이 특히 중학교의 도형 문제에서 자주 출제된다. 다음은 비례배분을 문자를 사용하여 정리하였다.

x를 $a{:}b$로 비례배분 $\Rightarrow$ $x \times \dfrac{a}{a+b}$, $x \times \dfrac{b}{a+b}$

x를 연비 $a{:}b{:}c$로 비례배분 $\Rightarrow$ $x \times \dfrac{a}{a+b+c}$, $x \times \dfrac{b}{a+b+c}$, $x \times \dfrac{c}{a+b+c}$

두 방정식의 만남

15

다항식을 주로 다루는 중학교에서는 다항식과 등호가 만나는 일차, 이차방정식을 다룬다. 이 등식들이 서로 만난다면 주로 두 일차방정식의 만남, 일차방정과 이차방정식의 만남, 두 이차방정식의 만남 등이 있게 된다. 이 중에 두 일차방정식의 만남을 중2에서는 '이원연립일차방정식'이라는 다소 긴 이름을 가지게 되는데, 여기에서는 편의상 연립방정식이라고 한다.

일차방정과 이차방정식의 만남은 중3에서 별도의 배우는 과정이 없이 사용한다. 중2의 연립방정식에서 대입법을 가르쳤으니 교과서는 학생들이 사용할 수 있을 것이라는 생각에서다. 이차방정식 이상의 만남은 고등학교 1학년부터 다루기 때문에 여기에서는 생략하도록 하겠다.

두 일차방정식의 만남

미지수가 각각 2개인 일차방정식 2개가 같은 해를 가지는 연립방정식은 주로 가감법과 대입법을 통해서 해를 구한다. 가감법을 통해서 떨어져 있는 정수의 덧셈과 뺄셈을 하고 다시 대입하여 5개 정도의 암산을 한다. 대입법을 통해서는 식의 대입을 하며 그 안에서 괄호의 사용을 연습하게 된다. 가감법이나 대입법을 이용하여 연립방정식을 빠르고 정확하게 푸는 것도 필요하지만 단지 푸는 것에만 만족한다면 많은 연립방정식 풀이에 비해 얻는 것이 너무 적다. 연립방정식을 배우는 목적은 단순히 가감법이나 대입법을 가르치는 것 이상이다.

앞으로 좀 더 설명하겠지만 연립방정식의 풀이 방법 외에도 첫째, 부정방정식의 개념, 둘째, 식과 미지수의 개수와의 관계, 셋째, 등식의 성질의 확장, 넷째, 방정식과 함수와의 관계, 다섯째, 공약수의 의미 등이 있다. 이렇게 얘기하니 단순히 연립방정식을 하나 푸는 데 이렇게 많은 개념이 숨어있다는 사실에 놀라고 겁부터 먹은 학생도 있을 것이다. 실제로 하는 것은 가감법이나 대입법이겠지만 그 안에 여러 가지 성질들을 함께 이해하며 풀면 같은 노력으로 많은 성과를 얻을 것이다. 이처럼 똑같은 문제를 똑같이 푼다고 해서 똑같은 결과를 얻는 것은 아니다. 부정방정식의 개념부터 하나하나 살펴보자!

부정방정식 : 해를 정하지 못하는 방정식

부정방정식에서 부정은 아니 불(不), 정할 정(定)자로 '해를 정하지 못하는 방정식'이란 뜻이다. 해를 왜 정하지 못하는 것인지 다음 문제를 먼저 보자!

Q 방정식 $x+y=4$의 해를 구하여라. (단, x, y는 자연수)

답: $(1,3), (2,2), (3,1)$

$x+y=4$는 미지수가 2개이고 식은 한 개이며, 이 식을 만족하는 x와 y의 값은 무수히 많다. $x=1$일 때, $y=3$처럼 자연수인 해가 먼저 생각 날 것이다. 그러나 이들의 해에는 $x=-1$, $y=5$처럼 음의 정수, $x=1.1$, $y=2.9$처럼 소수, 분수, 무리수가 포함될 수 있어서 무수히 많다고 할 수 있다. 무수히 많은 해 중에서 어떤 해가 진짜 해인지를 정하기는 어렵다. 그래서 이런 것을 해를 정하지 못하는 방정식 즉 부정방정식이라고 한다. 만약 단순히 '방정식 $x+y=4$'라고만 주어진다면 해가 무수히 많다고 하고 끝낼 일이지만 문제가 그렇게 나오지는 않는다. 문제에 'x, y는 자연수'라는 단서가 주어져 있고 이 부분이 부정방정식의 해결 열쇠가 된다. 자연수라는 조건이 있으니 $x=1$일 때 $y=3$, $x=2$일 때 $y=2$, $x=3$일 때 $y=1$로 비록 여러 개이기는 하지만 하나하나 대입하여 직접 구할 수 있는 상태가 된다. 그런데 한 가지 노파심에 말하는데 자연수에는 0이 포함되지 않는다는 것은 알고 있을 것이다. 또 '$x=1$일 때 $y=3$'처럼 길게 쓰는 것이 불편하여 보통 순서쌍 $(x, y)=(1, 3)$으로 표현한다. 순서쌍은 '순서가 있는 쌍'이라는 뜻으로 $(1, 3)$과 $(3, 1)$은 다르며 주로 함수에서 좌표로 사용한다.

Q 연립방정식 $\begin{cases} x+y=4 \\ 3x+y=10 \end{cases}$ 의 해를 구하여라. (단, x, y는 자연수)

답: $(3, 1)$

위 문제의 뜻은 '방정식 $x+y=4$와 방정식 $3x+y=10$에서 두 식의 x, y의 값이 각각 같다면 해는 무엇인가?'라고 묻는 것이다. 앞서서 한 문제에서 사용된 동일한 미지수는 같은 값을 갖는다고 했는데, $x+y=4$와 $3x+y=10$이라는 두 식을 아예 중괄호로 묶어서 논란을 피하고 있다고 보면 된다. 각각의 식을 부정방정식으로 보고 해를 구하면 $x+y=4$의 해는 (1, 3), (2, 2), (3, 1)이고 $3x+y=10$의 해는 (1, 7), (2, 4), (3, 1)로 공통인 해는 (3, 1)이다. 그런데 위 연립방정식에서 미지수의 개수와 식의 개수는 각각 2개다. 이처럼 미지수와 식의 개수가 같다면 부정방정식처럼 하나하나 대입해가는 귀찮은 과정을 거치지 않고 풀 수 있으며 그 방법에는 가감법, 대입법 등이 있다. 이것들을 다루기 전에 먼저 식과 미지수와의 관계를 정리해보자!

① 문제에서 식을 보면 가장 먼저 식의 개수와 미지수의 개수를 세어 보아야 한다. 미지수와 식의 개수가 같으면 등식의 성질, 가감법, 대입법 등 그동안 많이 연습했던 일반적인 방정식의 풀이를 통해서 풀면 된다.

② 미지수의 개수가 식의 개수보다 많은 방정식은 부정방정식을 의심해야 한다.

③ 부정방정식은 해가 무수히 많기 때문에 해를 적절하게 줄여줄 수 있는 단서를 반드시 문제에 포함하게 된다. 이 단서를 무시하면 그 문제를 풀 수 없다. 단서로는 주로 미지수가 자연수, 정수, 실수 등이며 이 중 실수로 제시되는 것은 주로 실수의 성질을 배운 고등학교에서 사용된다.

가감법 : 식을 더하고 빼는 과정을 통해서 해를 구하는 방법

가감법에서 가는 더할 가(加)자이고 감은 뺄 감(減)이다. 식을 더하고 빼는 과정을 통해서 해를 구하는 방법이라는 말이다. 좀 더 자세한 설명은 문제를 통해서 보자!

$$\begin{cases} x+y=4 \\ 3x+y=10 \end{cases}$$

가감법은 더하거나 빼는 과정을 통해서 한 개의 미지수를 없애고 나머지 미지수는 다시 대입을 통해서 구하는 방식이다. 위 식에서 y의 계수가 같으니 좌변끼리 빼고 우변끼리 빼면 y가 없어진 방정식은 x라는 미지수 하나로 이루어진 식이니 해를 구할 수 있다. 즉 $x+y-(3x+y)=4-10$ ⇨ $x+y-3x-y=-6$ ⇨ $-2x=-6$ ⇨ $x=3$이다. $x=3$을 $x+y=4$나 $3x+y=10$ 중에 아무거나 대입하면 된다. 그런데 굳이 복잡한 식에 대입할 필요는 없으니 $x+y=4$에 대입하면 $y=1$을 얻을 수 있다. 지금까지 설명한 것은 가로 계산법인데 이보다는 다음과 같은 세로 계산법이 좀 편할 것이다.

$$- \Big) \begin{cases} x+y=4 \\ 3x+y=10 \end{cases}$$
$$\overline{-2x=-6}$$

이렇게 간단한 연립방정식은 학생들이 잘 푼다. 그런데 왜 좌변끼리 우변끼리 더하거나 빼도 되는 이유를 모르는 경우가 많다. 선생님들이 설명해주지 않아서 그렇지 이해하는 것은 어렵지 않다. $x+y=4$란 식의 양변에 10을 빼도 된다. 그러면 $x+y-10=4-10$이란 식이 만들어진다. 여기까지는 이해가 잘 될 것이다. 그런데 $10=3x+y$니 좌변에 있는 10 대신에 $3x+y$를 대입하면 $x+y-(3x+y)=4-10$이라는 식이 만들어지는데 이 식을 잘 보면 좌변끼리 우변끼리 뺀 것이 된다. 자, 이해가 되었나? 이것을 이해하지 못하고 그냥 푼다면 얻는 것이 적다고 했을 것이다. 그런데 조금만 확장해보자! 같은 변끼리 더하거나 빼기만 될까? 같은 변끼리 곱해도 나누어도 된다는 것을 어렵지 않게 유추해 낼 수 있을 것이다. 정리해보자!

등식에서 좌변끼리 우변끼리 더하거나 빼거나 곱하거나 나누어도 된다. 단, 나눌 때는 0이 아니어야 한다.

전교 1등도 변변끼리 더하고 빼도 되는 이유를 몰라서 가감법으로 풀 수는 있지만 가감법 대신에 항상 이해가 되는 대입법을 사용하는 경우가 있었다. 몰랐다는 것보다 수학을 확실하게 알아가려는 전교 1등의 생각이 돋보이는 대목이다. 어찌 되었든지 가감법의 내부에는 등식의 성질이 도사리고 있었던 것이다. 등식의 성질은 단순히 양변에 같은 수를 사칙계산하는 정도에 그치지 않고 계속 확장을 해 나간다. 그 밖에도 등식의 성질이 식의 행간에 많은 역할을 하지만, 대부분 가르치지 않아서 학생들이 '이렇게 해도 된대!'라며 공식처럼 외우게 하는 경우가 너무 많다. 이번에는 계수가 다른 연립방정식을 풀어보자!

$$\begin{cases} 2x+3y=1 & \cdots ① \\ x-2y=4 & \cdots ② \end{cases}$$

계수의 절댓값이 다르면 더하거나 빼서는 한 개의 문자를 없앨 수 없다. 같지 않으면 같게 하면 된다. 그런데 x나 y 중에 어느 것을 없앨 것인지에 따라 풀이 과정이 달라진다. x를 없애려면 ②×2만 하면 되겠지만 만약 y를 없애려면 최소공배수인 6을 만들기 위해서 ①×2와 ②×3을 해야 한다. 여러분은 어떤 선택을 할 것인가? 때로 이것이 보이지 않아서 그렇지 보이기만 한다면 당연히 x를 없애야 편할 것이다. 그래서 무작정 풀려고 달려들기 보다는 잠깐 어떤 문자를 없앨 것인지를 생각해 보는 것이 결과적으로 시간을 더 절약하는 것이다.

$$\begin{cases} 2x+3y=1 & \cdots ① \\ x-2y=4 & \cdots ②\times 2 \end{cases} \Rightarrow \quad -\begin{cases} 2x+3y=1 \\ 2x-4y=8 \end{cases}$$
$$\overline{\qquad\qquad 7y=-7}$$

$3y-(-4y)=7y$의 계산처럼 특히 뺄 때 부호를 조심해야 한다. 처음에 가장 먼저 이런 부분이 가장 오답을 일으키기에 충분히 많은 연습을 해야 한다. $7y=-7 \Rightarrow y=-1$을 계수가 작은 $x-2y=4$에 대입하여 $x=2$라는 값을 구할 때는 반드시 암산을 해야 한다. 이때 3~4개 정도의 암산을 못한다면 중학교 3학년의 5~6개의 암산이나 고등학교 1학년에서 해야 할 10개 이상의 암산은 꿈도 꾸지 못한다는 것을 알아야 한다.

대입을 통해서 나머지 미지수를 구할 때는 힘들거나 설사 오답이 우려되어도 반드시 암산으로 처리해라.

① $2x+3y=1$, ② $x-2y=4$을 다른 방식으로 한번 풀어보자! ①-②를 하면 ③ $x+5y=-3$이라는 식이 나온다. 이제 ② $x-2y=4$, ③ $x+5y=-3$을 연립해도 (2, -1)이라는 동일한 해를 가지게 된다. ①의 식에 ②라는 식을 뺀 제3의 식 ③이 다시 ②와의 연립으로 왜 동일한 결과를 가지게 되었을까? 그렇다면 ①, ②, ③의 식들은 도대체 어떤 관계를 가지고 있는 걸까? 그뿐만이 아니다. 해보면 알겠지

만 ①+②를 한 ④ $3x+y=5$나 각 식에 어떤 수를 곱한 뒤에 더하거나 빼서 만들어지는 어떤 식들도 서로 연립하면 같은 결과를 가진다.

필자가 중학교 때 이 부분에 대한 이해가 안 되어 선생님을 찾아간 적이 있었다. 선생님도 모른다며 그냥 풀라는 대답을 들었다. 그 후 필자가 학생들을 가르치기 시작한 뒤 10년이 지나서야 비로소 그 이유를 알 수 있었다. 연립방정식은 함수로 보면 두 직선이고 공통인 해이니 두 직선이 만나는 점이 교집합이 된다. 그런데 그 점을 공약수로 보면 두 수들 간에 더하거나 빼도 공약수가 보존된다는 것이다. ①, ②, ③, ④ 등 각 식에 어떤 수를 곱하고 각각을 더하거나 빼도 모두 한 점을 지나는 직선에는 변함이 없다. 이것을 301쪽에서 좀 더 설명하였다.

마지막은 항상 분수니 이번에는 분수 계수인 연립방정식을 풀어보자!

$$\begin{cases} \dfrac{2}{3}x+y=4 & \cdots ① \\[2mm] \dfrac{3}{2}x-y=\dfrac{5}{2} & \cdots ② \end{cases}$$

y의 계수가 절댓값이 같고 부호가 다르니 먼저 두 식의 변변을 더하겠다는 생각이 드는가? 아니면 계수가 분수니 먼저 정수로 바꾸고 싶은 생각이 드나? 두 가지 모두 생각이 났다면 어떤 것을 먼저 해야 할까? 대체로 분수 계수의 방정식은 먼저 계수를 정수로 바꾸는 것이 더 빠르게 계산할 수 있는 경우가 많다.

$$\begin{cases} \dfrac{2}{3}x+y=4 & \cdots ①\times3 \\[2mm] \dfrac{3}{2}x-y=\dfrac{5}{2} & \cdots ②\times2 \end{cases} \Rightarrow \begin{cases} 2x+3y=12 & \cdots ③\times3 \\[2mm] 3x-2y=5 & \cdots ④\times2 \end{cases} \Rightarrow \begin{cases} 6x+9y=36 & \cdots ⑤ \\[2mm] 6x-4y=10 & \cdots ⑥ \end{cases}$$

이제 암산도 가능해졌지? $y=2$이고 대입하면 $x=3$이다. 부정방정식, 식과 미지수 개수의 관계, 등식의 성질 확장, 방정식과 함수의 관계, 공약수의 의미 중에서 방정식과 함수의 관계는 분량이 많기 때문에 따로 다른 책에서 다루려고 한다.

대입법 : 부호 처리와 괄호를 의식하면 된다

128쪽에서 미지수 대신에 수를 대입하는 것을 다루었다. 이번에는 식을 대입하는 것을 배우게 된다. 대입법은 대체로 학생들이 어려워하지는 않는다. 그런데 수이든 식이든 대입을 하면서 가장 조심해야 하는 것은 역시 부호를 어떻게 처리할 것인가와 이것에 대한 오답을 없애기 위해서는 괄호를 의식해야 한다.

Q 연립방정식 $y=-3x+1$, $2x-y=4$의 해를 구하여라.

답: $(1, -2)$

$2x-y=4$의 y 대신에 $-3x+1$을 대입할 때, $2x-(-3x+1)=4$처럼 괄호를 사용하여야 한다. 이것을 풀어주면 $2x+3x-1=4$ $\Rightarrow$ $x=1$이고 다시 이것을 $y=-3x+1$에 대입하면 $y=-2$다. 간혹 학생들 중에는 자신은 대입법보다는 가감법이 좋다며 $y=-3x+1$, $2x-y=4$를 $3x+y=1$, $2x-y=4$로 바꾸어 푸는 학생이 있다. 잘못 공부하고 있는 것이다. 가감법과 대입법을 모두 잘해야 문제마다 편한 방법을 선택할 수 있다.

Q 연립방정식 $x:y=4:3$, $3x+5y=81$의 해를 구하여라.

답: $(12, 9)$

미지수를 포함한 비례식은 방정식으로 만들 수 있다(171쪽 참조). $x:y=4:3$ ⇨ $3x=4y$이다. 따라서 준식은 $3x=4y$, $3x+5y=81$과 같다. 그런데 간혹 $3x=4y$를 $x=\frac{4}{3}y$나 $y=\frac{3}{4}x$로 만들어서 대입하려는 학생들이 있다. 그것도 하나의 방법이지만 이 문제는 $3x+5y=81$에 $3x$가 있으니 $3x$ 대신에 곧장 $4y$를 대입하면 된다. $4y+5y=81$ ⇨ $y=9$이고 다시 이것을 대입하면 $x=12$다.

지금까지 가감법과 대입법을 알아보았으니 전체적으로 생각해보자! 가감법과 대입법의 공통점은 무엇일까? 가감법은 더하고 빼는 방법에 의하여 한 문자를 없애주었고 대입법은 대입이라는 방법으로 한 문자를 없애주었다. 방법만 달랐을 뿐 한 문자를 없애주는 것(많은 선생님들이 이것을 '소거'라고 표현한다.)은 똑같다고 볼 수 있다.

삼원연립일차방정식의 풀이
: 교과서에서 다루지 않지만 반드시 필요한 문제

삼원은 미지수가 3개라는 뜻이고 연립은 연립주택처럼 연이어 있다는 말이다. 미지수가 3개인 방정식은 3개의 식이 필요하니 식이 3개가 연결되어 있는 형태를 가진다. 삼원연립일차방정식은 교과과정에서는 다루지 않으나 당장 중3의 함수에서 사용하기 때문에 잠깐 알아보겠다. 삼원연립방정식의 풀이 방법은 어렵지는 않은데 약간 혼동의 소지가 있어 몇 문제 정도만 풀어서 이해만 하면 된다. 한 문제만 풀어보자!

Q 삼원연립방정식 ① $x+y+z=13$, ② $3x-y+z=23$, ③ $x+2y-z=7$의 해를 구하여라.

답: (7, 2, 4)

가감법으로 풀 때, 문자 x, y, z 중에 어느 것을 없애면 좋을까? z의 계수가 절댓값이 같으니 z를 없애보자! 여기서 중요한 것은 z를 없애기로 했다면 중간에 다른 것에 현혹되지 않고 z를 없애는 데만 신경 써야 한다는 것이다. ①-②는 $-2x+2y=-10 \Rightarrow x-y=5$이고 ②+③은 $4x+y=30$이다. 따라서 $\begin{cases} x-y=5 \\ 4x+y=30 \end{cases}$ 이라는 연립방정식이 되었다. 이것을 풀어서 나온 $x=7$, $y=2$를 $x+y+z=13$에 대입하면 나머지 미지수인 $z=4$를 구할 수 있다. 정리해보자!

삼원연립일차방정식에서 미지수 한 개를 없애면 이원연립일차방정식이 되어 풀 수 있다. 여기에서는 다루지 않겠지만, 미루어 짐작해보면 사원연립일차방정식은 한 개의 미지수를 없앰으로써 삼원연립일차방정식이 되고 여기에서 미지수를 다시 한 개 없애주면 이원연립방정식이 될 것이다.

$A=B=C$의 꼴의 연립방정식

'$A=B=C$'는 'A는 B와 같고 B는 C와 같으니 A와 C는 같다'라는 뜻으로 굳이 수학이 아니더라도 일상생활에서 많이 쓰이는 삼단논법이다. 이것을 생각해본다면 어렵지 않게 $A=B$, $B=C$, $A=C$라는 3개의 방정식을 얻을 수 있다는 것을 알 수 있다. 문제를 통해서 보자!

Q $x+2y=-x+3y=5$의 해를 구하여라.

답: (1, 2)

$x+2y=-x+3y=5$를 $A=B=C$로 보고 $A=B$, $B=C$, $A=C$의 형태로 만들어 보면 $x+2y=-x+3y$, $-x+3y=5$, $x+2y=5$라는 방정식을 얻게 된다. 그런데 준식에 있는 미지수는 x, y로 2개니 식은 2개만 있으면 된다. 따라서 $x+2y=-x+3y$, $-x+3y=5$, $x+2y=5$라는 세 개 중에 어느 것이든 2개를 선택하여 풀기만 하면 된다. 그런데 굳이 어려운 것을 택하는 것보다는 쉬운 편이 좋다. 따라서 세 개 중에 $-x+3y=5$, $x+2y=5$를 선택하는 것이 좋겠지?

이것의 해를 구하면 (1, 2)다. 그런데 $A=B=C$의 꼴의 방정식은 삼원연립일차방정식과 혼동할 수 있다. $x+2y=-x+3y=5$에서 5를 모르는 수 a라고 할 때 $x+2y=-x+3y=a$가 된다. 이것을 $A=B$, $B=C$, $A=C$의 형태로 만들면 $x+2y=-x+3y$, $-x+3y=a$, $x+2y=a$로 식과 미지수가 3개인 식이 되니 x, y, a의 값을 각각 구할 수 있을 거라 착각한다. 이 세 개의 식을 한 번 풀어보기 바란다. 풀다 보면 항등식이 나올 것이다. 필자도 이것을 몰라서 고등학교 1학년 때 복잡한 식을 정리하면서 항등식이 나오는 황당한 경험을 여러 번 했다. '$x+2y=-x+3y=5$와 같은 꼴은 비록 3개의 식은 만들 수 있지만 그 중에 한 개는 의미 없는 식이다'라고 정리하고 있어야 한다.

일차방정식과 이차방정식의 만남
: 고1 과정이지만 중3에서 설명도 없이 사용한다

일차방정식과 이차방정식으로 이루어진 연립방정식은 교과과정상 고1의 과정이다. 그런데 문제는 중3의 이차방정식의 활용이나 함수에서 이를 아무 설명도 없이 사용한다는 것이다. 아무 설명도 없이 사용하는 것은 이미 중2에서 연립방정식의 풀이 방법으로 가감법과 대입법을 배웠기에 때문이기도 하지만 어렵지 않기 때문이다. 한 문제만 풀어보자!

> **Q** 둘레의 길이가 20이고 넓이가 24인 직사각형이 있다. 이 직사각형의 가
> 로와 세로의 길이를 각각 x, y라 할 때, x의 값을 구하여라. (단, $x>y$)
>
> 답: 6

둘레의 길이가 20이니 $2x+2y=20 \Rightarrow x+y=10$이고, 넓이가 24이니 $xy=24$
다. 이해가 안 된다면 직사각형을 그려보라. 결국 $\begin{cases} x+y=10 \\ xy=24 \end{cases}$인 연립방정식을 구하
라는 말이다. 연립방정식의 풀이 방법에는 가감법과 대입법이 있는데 어떤 것을
사용할까? 가감법으로 안 되니 대입법을 사용하여 $y=10-x$로 바꾸고 $xy=24$의
y대신 $10-x$를 대입하면 $x(10-x)=24$라는 이차방정식이 된다. 물론 이 이차방정
식은 3학년에서 인수분해를 배워야 풀 수 있다.

중1, 2학년은 이차방정식으로는 풀지 못하니 다른 방법을 해보자! 곱해서 24
가 되는 수 중에서 더해서 10이 되는 수는 6과 4인데 주어진 조건에서 $x>y$이니
답은 6이다.

그런데 이차방정식과 이차방정식이 만나면 어떻게 푸는지 갑자기 궁금해졌다
고? 그것은 중학교에서는 다루지 않으니 고등학교에서 배우면 되지만 미리 힌트
만 준다. 연립방정식의 풀이 방법은 가감법과 대입법이고, 이차방정식의 풀이는
인수분해니 결국 가감법, 대입법, 인수분해로 푼다는 것만 알아두자. 그러니 중3
이라면 인수분해를 좀 더 열심히 하는 것이 고등학교를 대비하는 것이다.

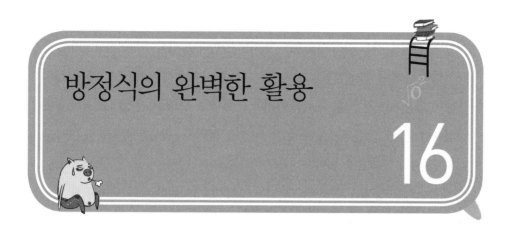

방정식의 완벽한 활용

16

"방정식의 활용 때문에 미치겠어요!"

중학교 1, 2학년 학생들이 가장 어려워하고 싫어하는 것 중에 하나가 '방정식의 활용'이라는 단원이다. 1학년에서 어떻게 넘어갔다가 2학년에 다시 나오면 멘붕이다. 그런데 1학년에서 방정식의 활용을 이겨내면 2학년에서의 활용은 쉽다. 왜냐하면 문제는 같은데 연립방정식을 배웠기 때문에 방정식 만들기가 더 쉬워졌기 때문이다. 1학년이라면 한 번 이겨내면 2학년 때에는 더 쉬워질 거라는 믿음을 갖기 바라며, 중학교 2학년이라면 부등식의 활용에서 더 어려워지기 전에 다져 놓아야 한다.

대신 자신하건대 1~2학년의 활용을 이겨낸 학생은 중3 이차방정식의 활용은 매우 쉽다. 만약 기회가 생긴다면 고등학교의 문제집이나 대입 수능문제를 한번 살펴보기 바란다. 풀어보라는 말이 아니라 그냥 쭉 훑어만 봐도 긴 문장으로 되어 있는 문제를 찾는 것이 어려운 일이 아닐 것이다. 방정식이 주어지고 x의 값을 구하라는 문제도 있지만, 점점 서술형 문제를 읽고 방정식을 세워서 푸는 문제의 비중이 커진다는 것을 알 수 있을 것이다. 초등학교에서부터 문장제 문제를 싫어하였다면 중학교의 문장제 문제라 할 수 있는 방정식의 활용은 두려움에 가까울 수도 있다. 그 두려움을 벗어나는 길은 정면돌파며, 막상 이겨내 보면 별거 아닌 것에 쫄았다는 생각이 들 것이다. 쉽지는 않겠지만 1학년이든 2학년이든 한 번은 이겨내야 하고 한 번만 이겨내면 그 다음부터는 모두 이겨낼 만하다. 이제 시작해 보자!

먼저 교과서에서 제시하고 있는 '방정식을 이용해 문제를 푸는 순서'를 보자!

① 구하려는 것을 미지수 x로 놓는다.
② 등식관계가 되는 수량을 찾아 방정식을 세운다.
③ 방정식을 푼다.
④ 구한 해가 문제의 뜻에 맞는지를 확인한다.

이 중에서 ②의 '방정식을 세운다'가 가장 큰 문제다. 맞는 말이기는 하지만 고압적이어서 솔직히 필자는 화부터 난다. 이 한 마디로 학생들이 방정식을 세울 수 있다고 생각하는 걸까? 만약 학생들이 방정식을 세울 수 있으면 왜 방정식의 활용이 어려울까? 방정식을 만드는 방법을 좀 더 자상하게 해주어야 한다고 생각한다. 방정식으로만 만들 수 있다면 그 다음은 어렵지 않다. 만약 방정식을 만든 다음에 푸는 것이 어렵다면 여기를 공부할 것이 아니라 좀 더 방정식을 풀고 올 일이다. 그래서 이 책의 내용도 방정식 자체를 만드는 방법에 대해서 좀 더 많은 부분을 할애하고자 한다.

보통 방정식의 활용을 어려워하는 이유로 학생들이 속력이나 소금물의 농도 등이 나오기 때문이라고 생각한다. 그러나 그렇지 않다. 필자가 보기에 '방정식 만들기'를 연습하는 중간 단계가 없이 갑자기 어려운 활용하는 단계로 넘어갔기 때문이다. 방정식 만들기를 초등학교에서 문장제 문제를 풀었으면 알 것이라고 생각하는 듯한데, 그때는 등식을 정확하게 이해하지 못하는 상태였다. 어려울 때는 기본으로 돌아가란 말이 있듯이 '방정식의 활용'이란 말부터 생각해 보자. 그냥 '활용'이 아니라 '방정식의 활용'이란 말에 주목해야 한다. 방정식은 '미지수가 있는 등식'이라고 했다. 즉 방정식은 등호가 있는 등식의 일종이고 결국 등호가 있다는 말이다. 등호(=)는 좌변과 우변이 있어 그것들이 같다는 것을 식으로 나타낸 것이다. 결국 방정식의 활용의 어떤 문제든지 반드시 등호를 사용한다는 것이다.

그 다음 '어떻게 하면 같아질까?'라고 생각하는 것이 방정식 활용문제를 푸는 핵심 열쇠이다. 많은 경우의 학생들이 문제에서 풀라는 대로 풀다가 생각이 꼬이고 있다. 다시 한 번 강조하지만 문제가 하라는 대로가 아니라 어떻게 하면 같아질까를 생각해야 문제를 장악하게 된다. 다음은 필자가 방정식을 만드는 순서를 정해보았다.

필자가 알려주는 방정식을 만드는 6가지 순서

① 문제 파악 : 그림을 그려라.

② 무엇이 같은지를 찾아서 당장 식으로 쓰기 어려우면 한글로 써봐라.

③ 만약 같지 않다면 '어떻게 하면 같아질까?'를 생각하라.

④ 미지수 설정 : 모르는 수를 미지수로 놓아라.

⑤ 같도록 식을 만들어라.

⑥ 방정식을 풀고 물어 보는 것과 미지수가 같은지 확인해라.

식을 만드는 데 사용하는 기호는 주로 +, −, ×, ÷, ( )다. 이 중에 특히 괄호에서 오답이 많으니 순서를 생각해서 괄호를 사용해야 할 때를 잘 구분할 수 있어야 한다. 수식의 의미를 잘 모르면 기호를 꺼내서 쓰는 것이 쉬울 수는 없다. 비록 간단하지만 +, −, ×, ÷, ( )의 의미를 되새겨야 할 것이다. 말을 식으로 바꿀 수만 있다면 방정식의 활용은 어렵지 않다. 방정식 만들기의 순서를 간단하게 정리하면 (그림) ⇨ (한글)=(한글) ⇨ (미지수 설정) ⇨ '+, −, ×, ÷, ( )를 사용한 방정식'이다. 쉬운 문제부터 천천히 출발해볼 텐데, 1~2학년이 모두 볼 수 있도록 하였다.

> **Q** 동생이 가지고 있는 돈은 형이 가지고 있는 돈보다 100원이 적다. 동생이 360원이라면 형은 얼마를 가지고 있는가?
>
> 답: 460원

초등 수준의 문제로 답이 그냥 나오겠지만 답이 중요한 것이 아니라 식을 만드는 과정을 연습하려는 것이다. 이 문제는 그림을 그리기가 어려우니 곧장 한글로 식을 만들어보자! 동생이 100원 적다고 했으니 '(동생의 돈)≠(형의 돈), (동생의 돈)=(360원)'이라는 한글로 된 식을 만들 수 있다. 이제 '어떻게 하면 같아질까?'를 생각해야 한다. 그런데 초등학교에서 '적다'라고 하면 의례히 빼서 답을 구하던 버릇이 있다. 그러나 같으려면 어떻게 해야 하느냐로 생각하면 달라진다. 이 부분이 대부분의 문제에서 학생들에게 첫 번째 걸림돌이 될 가능성이 높다. 동생이 100원이 적으니 동생에게 100원을 더하거나 형에게서 100원을 빼주어야 같아진다. 따라서 (동생의 돈)+100=(형의 돈) 또는 (동생의 돈)=(형의 돈)-100이라는 식이 만들어진다. (형의 돈)=x, (동생의 돈)=(360원)을 대입하면 360+100=x, 또는 360=x-100이 된다. 이렇게 쉬운 문제를 누가 못하느냐고 하겠지만 기본이 탄탄하려면 쉬운 문제를 잘 다루어야 한다는 것을 잊지 말자.

Q 연속하는 두 자연수의 합이 작은 수의 3배보다 9만큼 작다. 이때 두 자연수 중 작은 수를 구하여라.

답: 10

문제에서 단순히 무엇이 무엇보다 '크다' '작다'라고 하면 부등식이지만 '얼마나 작거나 크다'라는 표현이 있으면 등식을 사용할 준비를 해야 한다. 이것을 이해하지 못하면 방정식과 부등식의 구분이 안 되어 자칫 혼란스럽다. 우선 같지 않은 식을 쓰고 같게 만든 작업을 해보자! (연속하는 두 자연수의 합)≠(작은 자연수)×3에서 연속하는 두 자연수의 합이 9 작으니 (연속하는 두 자연수의 합)+9=(작은 자연수)×3이라는 등식이 만들어진다. 그런데 이 문제는 연속하는 자연수라는 말을 알아야 한다. 학생들에게 연속하는 자연수에서 작은 수가 100이면 큰 수는 무엇이냐고 물으면 101이라는 말을 하지만, 어떻게 만들어졌느냐고 물으면 '그냥'이라고 한다. 자연수는 1씩 더해진다는 것, 즉 1의 배수라고 할 수 있다. 때에 따라서 아닐 수도 있지만 보통 문제에서 구하라는 것이 작은 자연수니 구하려는 미지수를 x로 놓는 것이 좋다. (작은 자연수)=x라 하면 큰 자연수는 x+1이다. 따라서 (연속하는 두 자연수의 합)=(작은 자연수)+(큰 자연수)니 (연속하는 두 자연수의 합)+9=(작은 자연수)×3에 대입하면 x+(x+1)+9=3x

⇨ $x=10$이다. 문제에서 '연속하는 짝수'나 '연속하는 홀수'를 다루는데, 짝수나 홀수가 연속하면 2씩 커진다. 따라서 두 경우 모두 작은 수를 x라 놓으면 큰 수는 $x+2$가 된다.

> **Q** 십의 자리 숫자가 5인 두 자리 자연수가 있다. 이 자연수의 십의 자리 숫자와 일의 자리 숫자를 바꾼 수는 처음의 수보다 18만큼 작다고 한다. 처음의 수를 구하여라.
>
> 답: 53

각각의 자리 수를 미지수로 표현하는 것은 115쪽에서 다루었다. 십의 자리수가 5이고 일의 자리수를 x라 하면 처음의 수는 $50+x$이고 십의 자리 숫자와 일의 자리 숫자를 바꾼 수는 $10x+5$이다. 처음의 수보다 18만큼 작다고 했으니 $50+x=10x+5+18$ ⇨ $27=9x$ ⇨ $x=3$이다. 그런데 x는 1의 자리숫자고 묻는 것은 처음의 수인 $50+x$이니 대입하면 53이다.

그런데 필자의 귀에 많은 학생들이 이런 문제들이 문제가 아니라 '속력' 문제가 어려우니 빨리 설명해 달라고 아우성치는 소리가 들리는 것 같다. 아무리 급해도 기본을 먼저 익혀야 하기 때문이다. 속력 문제는 몇 가지만 정리하고 있으면 오히려 어떤 개념을 사용할지 모르는 다른 활용 문제보다도 쉬운 측면이 많다. 속력 문제를 풀기 전에 먼저 다음 대화부터 보자!

🙂 방정식이란 좌변과 우변이 같지?

🙂 알아요.

🙂 그럼, 속력이란 뭐지?

🙂 (속력)=$\frac{(거리)}{(시간)}$라는 공식은 잘 외우고 있어요.

😤 누가 공식 물어봤니? 속력이라는 것이 무엇이냐고?

🙂 속력이 속력이지 뭐예요.

😤 공식만 외우면 뭐하니? 잘 봐! 속력이란 시간당 거리야. 예를 들어 1시간에 80km를 갔다면 속력은 $\frac{80km}{1시간}$이라고 할 수 있으며 이것을 '시속 80km'라고 하는 거야.

🙂 알겠어요. 그런데 속력 문제가 왜 이렇게 어려운 거예요?

😤 몇 가지 이유가 있어. 첫째로 속력이나 시간은 눈에 보이니 안보이니?

🙂 안보이지요. 눈에 안보이기 때문에 어렵다는 것이네요.

😤 그래, 또 있어. 우변이 시간이라면 그럼 좌변은 시간이야, 거리야, 속력이야?

🙂 $\frac{(거리)}{(속력)}$인데요.

😤 시간, 거리, 속력 중에 뭐냐고 묻는데 뭐라고 대답하는 거야?

🙂 시간요?

😤 당연한 거 아니야? 시간이 시간과 같지 거리나 속력과 같겠니?

🙂 당연한 거지만 한 번도 생각해 보지 않았던 거 같아요.

😤 바로 이 부분이 두 번째 어려운 이유야. 허탈할 정도로 당연한 말이지만, 너희들이 공식만 외우고 공식 쓸 생각에만 골몰하기에 이런 상식적인 부분이 눈에 안 들어오는 거야.

🙂 얼른 문제로 설명해주세요.

'서울에서 대전까지 자동차로 가는 데 80km의 속력으로 두 시간을 갔다면 거리는 얼마인가?'처럼 구체적으로 인식하면 (속력)×(시간)=(거리)와 같은 공식이 머리에 들어온다. 이제 $ax=b$에서 $x=\frac{b}{a}$ 또는 $a=\frac{b}{x}$처럼 만들어 쓰면 된다. 그러면 (속력)$=\dfrac{(거리)}{(시간)}$, (시간)$=\dfrac{(거리)}{(속력)}$를 만들어 쓸 수 있다. 억지로 외우지 말고 자연스럽게 머리에 들어가도록 연습하면 될 뿐이다. 직접 문제를 풀어보자.

> **Q** 두 지점 A에서 B까지의 거리가 $400km$이다. 자동차로 A지점을 출발하여 시속 $60km$로 가다가 속력을 바꿔 시속 $80km$로 달려서 B지점에 도착하였더니 걸린 총시간이 6시간이었다. 시속 $60km$로 간 거리를 구하여라.
>
> 답: $240km$

속력이 같거나 시간이 같거나 거리가 같다. 무엇이 같은가를 찾기 위해 그림을 그리면 좀 더 명확할 것이다.

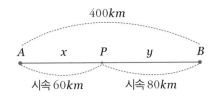

중간에 속력을 바꾼 지점을 P라고 문제가 요구하는 시속 $60km$로 간 거리를 x, 시속 $80km$로 간 거리를 y라 하면 위처럼 그림을 그릴 수 있을 것이다. 처음에는 힘들지 모르지만 몇 번 하면 곧 위처럼 그릴 수 있다. 이제 (거리)=(거리), (시간)=(시간), (속력)=(속력)이라고 했으니 같은 것을 찾아보자! 가장 먼저 거리인 $x+y=400$이 보인다. 그 다음 속력을 보면 (시속 $60km$)≠(시속 $80km$)다. 이제 시간이 같은 것을 찾아보자! 그림에는 안보이지만 문제에서 총시간이 6시간이라고 하였으니 (A지점에서 B지점까지 걸린 시간)=(6시간)이다. 문제를 풀다가 (어쩌구 저쩌구)=(6시간)을 놓쳤다 해도 이렇게 하나하나 찾다보면 잠시 빠뜨린 것이라 할지라도 다시 찾아낼 수 있다. A지점에서 B지점까지의 시간은 x거리를 간 시간에 y를 간 시간을 합친 것과 같다. 그런데 (시간)=$\frac{(거리)}{(속력)}$니 $\frac{x}{60}+\frac{y}{80}=6$이다. 그런데 $x+y=400$ ⇨ $y=400-x$를 대입하면 $\frac{x}{60}+\frac{400-x}{80}=6$이라고 푸는 것이 1학년이고, 연립방정식 $x+y=400$, $\frac{x}{60}+\frac{y}{80}=6$이라고 보는 것은 2학년일 뿐이다. 연립방정식을 푸는 것이 더 편하겠지만 1학년을 위해서 $\frac{x}{60}+\frac{400-x}{80}=6$을 풀어보자! 양변에 분모의 최소공배수 240을 곱하면 $4x+3(400-x)=1440$ ⇨ $x=240(km)$이다.

Q 형이 출발한지 30분 후에 동생이 형을 뒤따라 출발했다. 형은 시속 $5km$의 속력으로 걷고 동생은 자전거를 타고 시속 $10km$ 속력으로 갔다면, 동생은 출발한지 몇 분 후에 형과 만나는지를 구하여라.

답: 30분

무엇이 같은지 다른지부터 보자!

① 형과 동생이 만났다니까 둘이 간 거리가 같다.

② 형은 시속 $5km$, 동생은 시속 $10km$이니 속력은 다르다.

③ 형이 출발한지 30분 후에 동생이 출발하였으니 시간이 다르다.

④ 시간을 같게 만들면 (동생이 간 시간)+(30분)=(형이 간 시간)이다.

무엇이 같은지 찾고 그 다음으로 해야 하는 것은 단위를 같게 해주는 것이다. 이 문제도 속력 단위와 제시된 단위가 다르다. 속력이 시속 단위이니 30분은 $\frac{1}{2}$시간이다. 동생의 시간을 x라 하면 $x+\frac{1}{2}$=(형의 시간)이다. 동생이 간 거리와 형이 간 거리가 같고 (거리)=(속력)×(시간)이다. (동생의 속력)×(동생의 시간)=(형의 속력)×(형의 시간)에 대입하면 $10x=5\left(x+\frac{1}{2}\right)$ ⇨ $x=\frac{1}{2}$(시간)이다.

Q 둘레의 길이가 $3km$인 호숫가의 한 지점에서 A는 분속 $90m$의 속력으로 걷고 B는 A와 반대 방향으로 분속 $60m$의 속력으로 걸어서 만났다고 한다. A와 B가 만나는 데 걸린 시간을 구하여라.

답: 20분

먼저 무엇이 같은지 보자! A와 B의 걷는 속력이 다르니 걸은 거리도 다르다. 그렇다면 남은 것은 시간이다. 처음에는 잘 보이지 않겠지만 이들이 걸은 시간은 같은가라는 생각을 가지고 보면 시간이 같다는 것을 알 수 있을 것이다. 이 문제에서 또 찾기 힘든 것은 A와 B가 걸은 거리가 호수 한 바퀴와 같다는 것이다. 만약 그림을 그렸다면 금방 이해하겠지만 그렇지 않았다면 잘 생각이 나지 않을 수도 있다. 문제에서 구하라는 시간을 미지수로 놓으면 A와 B가 간 시간이 같으니 $x=x$라는 쓸모없는 항등식이 생긴다. A가 걸은 거리를 x라 하고 단위를 맞추기 위해서 $3km$를 $3,000m$로 바꾸면 B가 걸은 거리는 $3000-x$다. (A의 시간)$=$(B의 시간)이고 (시간)$=\dfrac{(거리)}{(속력)}$니 $\dfrac{(A의\ 거리)}{(A의\ 속력)}=\dfrac{(B의\ 거리)}{(B의\ 속력)}$ $\Rightarrow$ $\dfrac{x}{90}=\dfrac{3000-x}{60}$ $\Rightarrow$ $2x=3(3000-x)$ $\Rightarrow$ $5x=9000$ $\Rightarrow$ $x=1800(m)$이다. 그런데 이것은 거리지 문제가 요구한 시간이 아니다. (A의 시간)$=$(B의 시간)$=\dfrac{1800}{90}=20$(분)이다.

Q 둘레의 길이가 $1200m$인 트랙의 한 지점에서 A와 B가 같은 방향으로 동시에 출발하여 걷고 있다. A는 분속 $90m$, B는 분속 $60m$의 속력으로 걸을 때 두 사람이 출발하여 처음으로 만나는 것은 몇 분 후인지를 구하여라.

답: 40분

호수나 트랙이나 동그란 모양이라는 것은 같다. 위 문제와 비교하면 같은 방향이냐 반대 방향이냐 하는 것만 다르지만 자칫 이해가 안 될 수도 있다. 이 문제는 학교의 운동회 날 이어달리 등 장거리 달리기를 하는 상황을 떠올려보는 것이 도움이 될 것이다. 달리다가 차이가 많이 벌어져서 선두에 있던 학생이 후미의 학생을 처음으로 따라 잡는 순간을 기억해보면 이들 둘의 달린 거리의 차이가 운동장 한 바퀴가 된다는 것이다. 물론 이들 둘이 달린 시간은 같다. 따라서 빨리 걸은 A의 거리에서 느리게 걸은 B의 거리를 빼면 트랙의 한 바퀴인 길이 $800m$ 가 된다. 이해만 되면 식은 간단하다. 걸은 시간을 x라 하면 $90x-60x=1200$ ⇨ $x=40$(분)이다.

학생들이 속력 문제와 함께 소금물 문제를 어려워하는데, 요즘 교과과정에서 빠졌다고 문제를 내면 잘 풀려고 하지 않아서 여기에서도 다루지 않는다. 그런데 간혹 학교시험에 난이도 높은 문제로 출제 되는 경우가 있는데, 이 중에는 시계 문제와 열차 문제가 있다. 지금까지 잘 되었다면 도전 문제로 삼기 바란다. 먼저 시계 문제부터 보자!

Q 1시와 2시 사이에 시계의 시침과 분침이 반대 방향으로 일직선이 되는 시각을 구하여라.

답: 1시 $38\frac{2}{11}$ 분

시계는 시침이나 분침이 한 바퀴 즉 360°를 돈다. 분침은 60분에 360°를 도니 360÷60=6로 1분에 6°를 움직이게 된다. 그에 비해 시침은 60분에 30°를 움직이니 1분에는 30÷60=$\frac{1}{2}$ 로 $\left(\frac{1}{2}\right)^{\circ}$를 움직인다. 시계를 1시 정각에서 출발한다고 보자! 시침과 분침이 일직선이 되려면 빨리 간 분침의 각도에서 시침의 각도를 뺐을 때, 180°가 되어야 한다. 그리고 시침은 이미 30°에서 출발하니 $6x-$

$\left(30+\dfrac{1}{2}x\right)=180 \Rightarrow 6x-30-\dfrac{1}{2}x=180 \Rightarrow 12x-60-x=360 \Rightarrow x=\dfrac{420}{11}=38\dfrac{2}{11}$ 다.

시계 문제가 어려운 것은 바로 1분당 움직이는 각도를 생각해보지 않았기 때문이다. 몇 번 해보면 될 것이다. 이번에는 열차 문제를 풀어보자!

Q 길이가 $700m$인 터널을 완전히 통과하는 데 1분, 길이가 $1,600m$인 다리를 완전히 통과하는 데 걸리는 시간이 2분인 열차가 있다. 이 열차의 길이를 구하여라.

답: $200m$

무엇이 같은지부터 보자! 주어진 길이도 다르고 그에 따른 시간도 모두 다르다. 그렇다면 이제 남은 것은 속력뿐이다. 속력이 같은가? 문제에서는 주어져 있지 않지만 속력이 같아야 하고 만약 다르다면 문제를 풀 수 없는 상태가 된다. (속력)$=\dfrac{(거리)}{(시간)}$인데 거리 대신에 길이를 사용하고 있다. 또한 이 길이는 기차가 '완전히' 통과해야 하기에 열차의 길이를 더해주어야 한다. 이 부분을 이해하는 것이 열차관련 문제의 핵심이다. 그래서 열차의 길이를 x라 할 때, 열차가 $700m$인 터널을 통과하면서 가야 하는 길이는 $700+x$다. 따라서 (터널을 지나는 속력)=(다리를 지나는 속력)에 대입하면 $\dfrac{700+x}{1}=\dfrac{1600+x}{2} \Rightarrow x=200(m)$이다. 참고로 이 열차의 속력은 $\dfrac{700+200}{1}=900$이니 분속 $900m$가 된다.

거듭제곱과
사칙계산의 만남

17

정수의 셈에서 연습을 대충하였다면 중2에서도 여전히 2^3을 8이 아닌 6으로, 3^3을 27이 아닌 9로, 5^3을 125가 아닌 15나 75로 답을 내는 경우가 많다. 혼동 된다면 직접 곱하는 수고를 아끼지 말아야 한다. '거듭제곱'이란 거듭해서 제 자신을 곱한 수라고 하였다. 아는 수든지 모르는 수든지 같은 수를 여러 번 곱하기 가 귀찮아서 만든 표현이다. 그런데 이 거듭제곱 수들끼리 사칙계산을 한다면 어 떻게 될까? 무엇이든 새롭게 배우면 항상 사칙계산부터 배운다는 말을 했다. 여 기에서도 종류별로, 그러나 많이 크지 않은 수인 2^4과 3^3을 가지고 만들어보자.

$$2^4+3^3, \ 2^4-3^3, \ 2^4\times3^3, \ 2^4\div3^3$$

계산하고 싶으면 각각을 계산해야 가능할 뿐 어느 것도 간단하게 만들어지거 나 규칙이 있지 않다. 이번에는 2^3과 2^5과 같이 밑이 같은 수를 해보자!

$$2^3+2^5, \ 2^3-2^5, \ 2^3 \times 2^5, \ 2^3 \div 2^5$$

2^3+2^5, 2^3-2^5은 별 소득이 없지만(사실은 인수분해를 통해서 $2^3+2^5=2^3(1+2^2)$, $2^3-2^5=2^3(1-2^2)$로 좀 더 정리할 수 있으니 밑이 같은 거듭제곱의 덧셈과 뺄셈은 중3으로 넘겼다는 표현이 더 맞아 보인다.) $2^3 \times 2^5$, $2^3 \div 2^5$는 좀 더 간단하게 정리가 된다. $2^3 \times 2^5$는 $(2 \times 2 \times 2) \times (2 \times 2 \times 2 \times 2 \times 2)$로 2^8이라고 간단하게 할 수 있다. 또 $2^3 \div 2^5$를 분수로 바꾸면 $\dfrac{2 \times 2 \times 2}{2 \times 2 \times 2 \times 2 \times 2} = \dfrac{1}{2 \times 2} = \dfrac{1}{2^2}$로 뭔가 정리가 되는 느낌이다. 이번에는 밑은 다르고 지수를 같게 해보자!

$$2^3+3^3, \ 2^3-3^3, \ 2^3 \times 3^3, \ 2^3 \div 3^3$$

2^3+3^3, 2^3-3^3과 달리 $2^3 \times 3^3$, $2^3 \div 3^3$은 좀 더 정리가 된다.

$2^3 \times 3^3 = 2 \times 2 \times 2 \times 3 \times 3 \times 3 = (2 \times 3) \times (2 \times 3) \times (2 \times 3) = (2 \times 3)^3 = 6^3$이고,

$2^3 \div 3^3 = \dfrac{2 \times 2 \times 2}{3 \times 3 \times 3} = \dfrac{2}{3} \times \dfrac{2}{3} \times \dfrac{2}{3} = \left(\dfrac{2}{3}\right)^3$이다. 이와 관련된 문제는 『중학수학 만점 공부법』226쪽에 있다. 이번에는 밑뿐만 아니라 지수까지 같도록 해보자!

$$2^3+2^3, \ 2^3-2^3, \ 2^3 \times 2^3, \ 2^3 \div 2^3$$

이번에는 모두 다 정리나 계산이 된다. 2^3+2^3은 같은 수의 더하기라서 곱하기로 바꾸면 $2^3 \times 2 = (2 \times 2 \times 2) \times 2 = 2^4$, $2^3-2^3=0$, $2^3 \times 2^3$은 $(2 \times 2 \times 2) \times (2 \times 2 \times 2) = 2^6$이고 또한 2^3을 하나로 보면 $(2^3)^2$이라고도 할 수 있다.

밑과 지수의 종류를 다르게 하면서 사칙계산식을 만들어 보았다. 공통점이 보이는가? 밑이 같은 곱셈과 나눗셈은 모두 정리가 되었다. 그리고 밑이 다르더라

도 지수가 같다면 곱셈과 나눗셈에서는 정리가 되었다. 그리고 밑과 지수가 같다면 모두 정리가 되거나 계산이 되었다는 것이다. 이 생각을 가지고 아래 지수법칙 (중2)을 보기 바란다. 지수법칙이란 정리가 되지 않았던 것들을 배제하고 정리가 되었던 것만을 뽑아 문자를 사용하여 일반화한 것이다.

지수법칙 : 공식을 사용하지 말고 식을 길게 쓰는 것이 좋다

법칙이라고 하니 무조건 외워야 하는 공식이라는 생각이 드는가? 만약 이해하지 못하고 무조건 외웠다면 중학교의 최대 변수인 '더하기'와 '곱하기'를 헷갈려 했을 것이다. 물론 지수법칙을 단순히 외워서 풀어도 문제가 빠르고 쉽게 풀릴 것이다. 그러나 외워서 사용하는 방법은 훨씬 더 많은 시간과 반복을 요구한다. 처음에는 개념이 들어가도록 공식을 사용하지 말고 일부러 식을 길게 쓰는 귀찮은 길을 택하도록 하라. 이 과정을 반복하다 보면 지수법칙이 법칙이라고 할 수 없이 당연한 것으로 느껴지게 된다. 하나하나 이해해보자!

m, n이 자연수일 때

① $a^m \times a^n = a^{m+n}$

② $a^m \div a^n = a^{m-n} (a \neq 0)$ $\Rightarrow$ $\begin{cases} m > n일 때, & a^{m-n} \\ m = n일 때, & a^0 = 1 \\ m < n일 때, & \dfrac{1}{a^{n-m}} \end{cases}$

③ $(a^m)^n = a^{mn}$

④ $(ab)^n = a^n b^n$

⑤ $\left(\dfrac{b}{a}\right)^n = \dfrac{b^n}{a^n} \ (a \neq 0)$

항상 그렇듯 식이 보이면 가장 먼저 문자의 개수와 조건을 본다. 문자에는 m,

n과 a, b가 있다. 그런데 m, n이 자연수라는 조건이 붙어있는 반면 a, b에는 조건이 없다. 조건이 없다면 아무거나 다 된다는 말이고 무리수까지 배운 학생이라면 실수 전체가 모두 위 법칙이 성립된다는 말이다. $a \neq 0$라는 조건이 붙은 지수법칙은 분모가 0이 되지 않도록 하는 장치다.

밑이 같은 거듭제곱의 곱과 나눗셈

$: a^m \times a^n = a^{m+n}, a^m \div a^n = a^{m-n}$

위 지수법칙 중에 $a^m \times a^n = a^{m+n}$과 $a^m \div a^n = a^{m-n}$은 밑이 같은 거듭제곱끼리의 곱하기와 나누기다. $a^m \times a^n = a^{m+n}$은 $2^3 \times 2^5 = (2 \times 2 \times 2) \times (2 \times 2 \times 2 \times 2 \times 2) = 2^{3+5} = 2^8$과 같이 되는 것으로 비교적 이해가 쉽다. 조심해야 할 것은 $a^m \div a^n = a^{m-n}$으로 분수를 통해서 이해해야 한다.

예를 들어 $2^5 \div 2^3$을 분수로 바꾸면 $\dfrac{2 \times 2 \times 2 \times 2 \times 2}{2 \times 2 \times 2}$ 로 분모와 분자에 같은 개수만큼 약분되어 없어지고 $2 \times 2 = 2^2$이 된다. 약분되어 같은 개수만큼 없어진 다는 것은 지수로 보면 빼기가 된다. 그런데 $a^m \div a^n = a^{m-n}$에서 $m>n$, $m=n$, $m<n$인 경우로 다시 나누어진다. 예를 들어 $2^5 \div 2^3 = 2^{5-3} = 2^2$, $2^3 \div 2^3 = 2^{3-3} = 2^0$, $2^3 \div 2^5 = 2^{3-5} = 2^{-2}$와 같이 계산된다. 이제 2^0과 2^{-2}이 무엇이냐 하는 것을 정확하게 해야 할 필요가 있다. $2^0 = 1$이 되는 것은 212쪽의 *Special page*에서 다루었다. 2^{-2}은 지수에 음수가 들어가는 경우로 이것은 중학교 과정을 벗어나는 것이므로 지수에 음수가 나오지 않도록 하고 있다. 이를 위하여 $2^3 \div 2^5 = \dfrac{2 \times 2 \times 2}{2 \times 2 \times 2 \times 2 \times 2} = \dfrac{1}{2^{5-3}} = \dfrac{1}{2^2}$과 같은 긴 이해가 필요하다. 그러나 현실적으로는 $2^3 \div 2^5 = 2^{3-5} = 2^{-2} = \dfrac{1}{2^2}$처럼 음수로 만든 다음 다시 만들어 주는 것이 이해하기 편하며, 어차피 고등학교에서도 이런 방식으로 배우기 때문에 미리 연습하도록 하자.

이 부분은 고등학교 2학년 과정의 수1에서 지수와 로그로 이어진다. 그런데 이때 지수에 음수뿐만 아니라 분수도 들어갔을 때(275쪽 참조) 다시 음수가 혼동을 일으키는 경우가 많다. 그래서 지금 음수지수를 연습하는 것도 괜찮을 것이다. 그런데 간혹 이해를 위해서 나누기를 분수로 바꾸는 것까지는 좋았는데 그 다음 약분을 혼동하는 것을 본다. 특히 $\dfrac{x^8}{x^4}$을 지수끼리 약분하여 $\dfrac{x^4}{x^1}$으로 쓰는 경우를 본다. 이 경우 이 책의 '분수의 위대한 성질'을 다시 한 번 보고 $\dfrac{x^8}{x^4}$을 귀찮더라도 $\dfrac{x^8}{x^4}=\dfrac{x\times x\times x\times x\times x\times x\times x\times x}{x\times x\times x\times x}$로 바꾼 뒤에 약분하여야 할 것이다. 지수끼리 약분하지 말라는 것을 잊지 말자!

Q 다음을 계산하거나 간단히 하여라.

(1) $(-2)^5\div(-2)^4$ (2) 4×4^{-1} (3) $2^3\div2^{-4}$

답: (1) -2 (2) 1 (3) 2^7

(1) 중1에게 이런 문제를 내면 $(-32)\div(+16)$이라는 긴 과정을 거치는 것을 본다. 하나의 항이기 때문에 먼저 부호를 결정해야 하니 음수의 개수가 총 9개라고 생각하거나 아니면 $(-)\times(+)=(-)$라 생각해야 한다. 부호를 결정하고 분수로 바꾸어 $-\dfrac{2\times2\times2\times2\times2}{2\times2\times2\times2}$처럼 약분하는 것이 더 빠를 것이다. 그런데 $a^m\div a^n=a^{m-n}$라는 지수법칙을 아는 중2 학생도 $(-32)\div(+16)$이란 과정을 거치는 것을 본다. 이유는 대부분의 학생이 공식에 있는 것처럼 문자에만 익숙하지 오히려 숫자가 있을 때 더 혼동하는데, 특히 밑이 음수라서 더욱 어렵게 느껴지는 탓이다. 밑이 음수이든 분수이든 실수로 밑이 같다면 항상 곱하기 나누기에서 지수법칙이 적용된다. 따라서 $(-2)^5\div(-2)^4=(-2)^{5-4}=-2$다. (2) 4×4^{-1}에서 밑이 같은 거듭제곱의 곱은 지수끼리 더하기인데 $4\times4^{-1}=4^{1+(-1)}=4^0=1$의 과정에서 1과 -1을 더하기가

왠지 어색할 것이다. 자칫 $x=x^0$이라고 착각하는 경우, 생각의 속도는 빛보다도 빨라서 스스로 머리를 통제하기 어렵다. 그러나 원인 없는 결과는 없듯이 x^0이 1이 되는 이유를 좀 더 확실히 해야 할 것이다. (3) 학생들이 어려워하는 것은 $2^3 \div 2^{-4}$와 같은 문제다. 밑이 같을 때 나누기는 지수끼리의 빼기임을 알면서 잘 사용하지 못한다. $2^3 \div 2^{-4} = 2^{3-(-4)} = 2^7$도 해보고 $2^3 \div 2^{-4} = 2^3 \div \dfrac{1}{2^4} = 2^3 \times \dfrac{2^4}{1} = 2^7$도 해서 익숙해져야 한다.

밑도 지수도 모두 같은 거듭제곱의 곱 : $(a^m)^n = a^{mn}$

괄호가 있는 거듭제곱은 지수끼리 곱한다고 외우는 학생들이 많은데 역시 이해해야 헷갈리지 않는다. $(a^m)^n$은 a^m이라는 밑도 지수도 모두 같은 거듭제곱을 n번 곱하라는 것이다. 예를 들어 $(a^2)^3 = a^2 \times a^2 \times a^2 = a^{2+2+2} = a^{2 \times 3}$이 되기 때문이다.

> **Q** 등식 $x^{11} \div (x^{11})^2 \div x = \dfrac{1}{x^{\square}}$ 에서 □ 안에 알맞은 수는? (단, $x \neq 0$)
>
> (1) -12 (2) -11 (3) 10   (4) 11   (5) 12

답: (5)

$x = x^1$이고, 빼서 음수인 지수는 분수로 만들었을 때 양수가 된다. 이런 유형은 지수법칙에 따라 정수의 연산을 암산하다가 많은 오답을 일으키는 문제다. 특히 답은 12지만 10을 쓰는 학생이 많다. 지수법칙에 맞게 $x^{11-22-1} = x^{-12}$처럼 정식으로 쓰는 연습이 때로는 필요하다.

밑은 다르고 지수가 같은 거듭제곱의 곱과 나누기
: $(ab)^n = a^n b^n$, $\left(\dfrac{b}{a}\right)^n = \dfrac{b^n}{a^n}$

지수법칙 중에 학생들이 가장 많은 오답을 일으키는 부분이다. 이 부분은 좀 더 확실하게 해두어야 할 것이다. $(ab)^3 = ab \times ab \times ab = (a \times a \times a)(b \times b \times b)$ $= a^3 b^3$라는 것을 이해하기는 어렵지 않을 것이다. 문제는 거꾸로 $a^3 b^3$으로 다시 $(ab)^3$로 만드는 것이 익숙하지 않다. 분수가 나올 때는 항상 긴장해야 한다. $\left(\dfrac{a}{b}\right)^3 = \dfrac{a}{b} \times \dfrac{a}{b} \times \dfrac{a}{b} = \dfrac{a \times a \times a}{b \times b \times b} = \dfrac{a^3}{b^3}$으로 지수가 분모와 분자에 분배되듯이 하는 것은 분수의 곱하기는 분모끼리 분자끼리 곱해지기 때문이다. 이 부분은 오답이 특히 많으니 몇 문제 풀어보자! 곱하기로는 괜찮을지 모르지만 음수, 나누기, 괄호가 거듭제곱과 섞여나오면 여전히 헷갈릴 수 있다. 오답을 줄이면서 연습을 좀 더 적게 하는 유일한 길은 의미를 살리는 길이다.

Q $\left(-\dfrac{1}{2} a^2 b^3\right)^3$을 정리하여라.

답: $-\dfrac{1}{8} a^6 b^9$

이런 문제에서 학생들이 문자에 대한 지수들의 처리는 잘 하지만 오답은 정말 다양하다. 단순한 문제에 대한 오답으로 $\dfrac{3}{6} a^6 b^9$, $-\dfrac{3}{6} a^6 b^9$, $-\dfrac{1}{6} a^6 b^9$, $-\dfrac{3}{8} a^6 b^9$ 등 다양한데 이것은 오답의 원인이 따로 있기 때문이다. 분모에 6이 있는 것은 $2^3 = 6$(×)이라고 하는 것이요, 문자에 3이 있는 것은 $1^3 = 3$(×)이라고 한 것이 $\dfrac{3}{6}$은 분모와 분자에 3을 곱한 것이다. 이때 필자가 $\left(-\dfrac{1}{2} a^2 b^3\right)^3$을 $\left(-\dfrac{1}{2} a^2 b^3\right) \times$ $\left(-\dfrac{1}{2} a^2 b^3\right) \times \left(-\dfrac{1}{2} a^2 b^3\right)^3$으로 놓고 풀라고 하면 많은 아이들이 귀찮아하지만 적어도 오답을 피할 수는 있다.

모든 식을 이렇게 일일이 써가면서 풀 수는 없지만 처음에는 일일이 곱해야 한다. 그래야 비로소 $\left(-\dfrac{1}{2}\right)^3 (a^2)^3 (b^3)^3$ 을 거쳐서 암산에 이르게 된다.

> **Q** $\dfrac{4}{5}a^4b^5 \div \dfrac{3}{10}a^2b^7$을 정리하여라. (단, $ab \neq 0$)

답: $\dfrac{8a^2}{3b^2}$

처음 이 단원의 이름을 '단항식들의 만남'이라고 하려다가 고민 끝에 거듭제곱과 연결시키는 것이 낫다고 판단해서 '거듭제곱과 사칙계산의 만남'이라 하였다. 그런데 장기적으로 단항식들의 계산을 연습하기 위해서 이 단원이 존재한다. $\dfrac{4}{5}a^4b^5 \div \dfrac{3}{10}a^2b^7$에서 $\dfrac{4}{5}a^4b^5$도, $\dfrac{3}{10}a^2b^7$도 모두 단항식이다. 지수의 법칙대로 하면 분수는 지수의 법칙이 적용되지 않으니 $\left(\dfrac{4}{5} \div \dfrac{3}{10}\right) \times (a^4b^5 \div a^2b^7)$이라고 써야 한다. 그 다음 $\dfrac{8}{3} \times a^2 \times b^{-2} = \dfrac{8}{3} \times a^2 \times \dfrac{1}{b^2} = \dfrac{8a^2}{3b^2}$ 으로 풀어야 한다. 그런데 이 과정에서 식을 잘못 쓰는 경우가 많다. 이런 문제는 나눗셈을 곱하기로 바꾸는 것이 더 간단한데, 많은 학생들이 분수의 분모와 분자를 구분하지 못하는 것을 본다. $\dfrac{4}{5}a^4b^5 \div \dfrac{3}{10}a^2b^7$에서 분모와 분자를 명확히 밝히면 $\dfrac{4a^4b^5}{5} \div \dfrac{3a^2b^7}{10}$ 이 된다. 그 다음 나누기를 곱하기로 바꾸어 $\dfrac{4a^4b^5}{5} \times \dfrac{10}{3a^2b^7}$의 약분하는 데 이때 조심해야 한다. 이렇게 해놓고도 오답이 많이 나올 수 있기 때문이다. 그런데 번분수 (『중학수학 개념사전 92』 43쪽 참조)를 안다면 곧장 $\dfrac{\frac{4}{5}a^4b^5}{\frac{3}{10}a^2b^7}$이라 놓고 약분도 가능하다.

> **Q** 두 자연수 m, n에 대하여 다음 중 옳은 것은?
>
> (1) $a^m + a^n = a^{m+n}$ (2) $\{(a^2)^n\}^m = a^{2mn}$ (3) $(a^nb)^m = a^nb^m$
>
> (4) $\left(-\dfrac{b}{a}\right)^n = -\dfrac{b^n}{a^n}$ (5) $m = n$이면 $a^m \div a^n = 0$

답: (2)

대충 보면 점수도 대충 나온다. 이미 알고 있는 지수법칙의 문제도 대충 보아서 틀리는 경우가 많다. (1) 밑이 같더라도 지수가 다르다면 덧셈, 뺄셈은 정리가 안 된다고 하였다. 다만 중3의 인수분해로 좀 더 정리된다. 어찌되었건 지수법칙은 거듭제곱들의 곱하기와 나누기에 대한 것들이다. (3) $(a^n b)^m$은 $a^{mn} b^m$이다. (4) 정수든 분수든 거듭제곱은 곱하기니 가장 먼저 부호를 결정해야 한다. 곱해지는 개수인 이 짝수인지 홀수인지 모르기 때문에 $\left(-\dfrac{b}{a}\right)^n$을 더 이상 간단하게 할 수는 없다. 아니면 n이 짝수일 때와 홀수일 때로 구분해서 풀어야 한다. (5) $a^m \div a^n$에서 $a \neq 0$이고 $m=n$이면 a^0이고 $a \neq 0$이라면 a^0은 항상 1이다.

지수법칙은 학생들이 많이 어려워하는 분야가 아니다. 그러나 공부를 못하는 학생들은 거듭제곱에서는 지수의 더하기와 곱하기의 혼동을 많이 한다. 이것을 막기 위해서는 공식을 외우는 것이 우선이 아니라 '밑이 같을 때 지수끼리 더한다' 또는 '괄호를 풀어줄 때는 곱한다'와 같은 법칙이 왜 생겼는지를 확실하게 이해해야 할 것이다. 공식은 외우는 것이 아니라 원리를 이해하는 과정에서 저절로 외워져야 한다는 말을 반드시 기억해야 할 것이다.

2⁰은 왜 1인가?

수학에서 0과 1은 중요하면서도 항상 혼동되고 속을 썩이는 수다. 그러니 조심조심 다루어야 한다. 교과서나 선생님들에게서 지수법칙을 배우면서 a^0에서 $a \neq 0$이면 $a^0 = 1$이고 $a = 0$이면 a^0은 정의되지 않는다며 약속이니 외우라고 배웠을 것이다. 그래서 이유는 모르지만 $2^0 = 3^0 = \left(\frac{1}{2}\right)^0 = (\sqrt{2})^0 = \cdots = 1$이고 0^0은 안 된다는 것을 알고는 있을 것이다. 그런데 불쑥불쑥 의문이 들거나 문제를 풀다가 착각하여 오답에 빠지는 경우가 많다. 그냥 외우면 읽어내는 속도가 빠르기 때문이다. 그런데 직접 설명할 수 없어 이를 십진기수법의 자릿값으로 설명하는 선생님도 간혹 있다. 다음 두 수들의 나열관계가 같으니 대응관계에 따라서 10^0은 1일 것이다.

$\cdots,\ 10^3,\ 10^2,\ 10,\ 1,\ \dfrac{1}{10},\ \dfrac{1}{10^2},\ \dfrac{1}{10^3},\ \cdots$ 과

$\cdots,\ 10^3,\ 10^2,\ 10^1,\ 10^0,\ 10^{-1},\ 10^{-2},\ 10^{-3},\ \cdots$ 이 같다.

혼동의 직접적인 원인은 대부분의 학생들에게 2^0이란 2를 곱하지 않은 것이고, 곱하지 않았으면 없는 것이니 0이 아니겠느냐는 잘못된 생각이 머리를 지배하기 때문이다. 이처럼 배워야 할 때 안 배우면 아무것도 없는 것이 아니라 그 자리에 잘못된 개념이 들어앉게 된다. 그런데 중학교는 물론 고등학교에서도 0과

관련된 것은 모두 공식처럼 외우게 하는데 문제가 있다. 이것은 한 번도 0이 무엇인지 가르치지 않았으니 그 다음부터 설명할 수 없기 때문이다.

2를 0번 곱한다고 말을 할 수는 있지만, 0이 갖고 있는 의미 중에 '없다는 것'이라고 해석하면 이해할 수 없는 상태가 된다. 여기에서 0은 처음부터 없는 것이 아니라 있다가 없어졌다는 의미다(219쪽 참조). 아이디어는 2를 한 번 곱하고 다시 2를 나누면 곱하지 않은 것이 되어 0번 곱한 것이 된다는 것이다. 물론 2를 2번 곱하고 나서 다시 2를 2번 나누어도 0번 곱한 것이 된다. 그래서 $a^3 \div a^3 = a^0$이 되며 곱한 수만큼 다시 나누게 되니 항상 1이 되는 것이다. 그런데 아무것도 없는데 곱한다면 0, 곱하기 2를 해도 도로 0이 되는 것 아닌가 하며 또 갸웃하는 학생이 있을 것이다. 곱하기란 같은 수의 더하기고 2를 한 번 곱했다는 것은 0에다 곱한 것이 아니라 2를 한 번 더한 것과 같다. 2라는 것은 2곱하기 1이라는 것을 상기해도 된다.

이제 0^0은 왜 정의되지 않는다고 한 이유를 설명하겠다. 0^0은 먼저 0을 곱하고 나서 다시 0을 나누어주어야 한다. 그러면 $0 \div 0$이라는 계산을 해야 하는데 $0 \div 0$은 어떤 값도 가질 수 있는 부정의 상태가 되기 때문이다. 지수법칙을 적용하면서 $a^0 (a \neq 0)$이 나오면 왜 항상 1이라고 하는지 그 이유를 알게 되었을 것이다.

3

등식 or 부등식과
수학문제 해결사 0의 만남

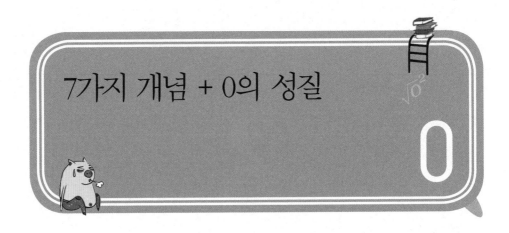

7가지 개념 + 0의 성질

0은 수학에서 많은 문제를 해결할 수 있도록 해주는 무척 중요한 수다. 필자가 7개의 개념으로 정리한다고 하였는데 만약 한 가지를 더 추가한다면 곧바로 '0의 성질'을 들 것이다. 그런데 교과과정에서는 한 번도 정식으로 다룬 적이 없고 설사 나오더라도 중·고등학교 모두 외워야 할 공식 취급을 하고 있다. 그렇기 때문에 관련 문제를 학생들은 모두 개개인의 상식을 바탕으로 풀어야 했다. 여기서 잠시 초등학교 때의 0을 떠올려보자!

초등학교에서 0과 사칙계산을 하면서 무척 고마운 수라고 생각했을 것이다. 어떤 수에 0을 더하거나 빼도 어떤 수가 되었고 심지어 곱하기에는 어떤 수든지 곱하면 0이 되어 계산할 필요가 없어지기 때문이다. 나누기는 약간 조심해야 하는데 0에다 어떤 수($\neq$0)를 나누면 0이 되지만 0으로 나눌 수 없기 때문이다. 이런 문제가 자주 나오지 않아서 그렇지 문제에 나오면 반갑지 않았던가? 그런데 중학교에 오면서 수학에 미지수가 들어왔다. 미지수는 알다시피 모르는 수인데 이 수가 모르는 수이기에 특히 0인지 아닌지도 역시 알 수가 없다. 그래서 그 미지수가 0인지 아니지를 따져야 하는 경우가 생긴다. 왜냐하면 0은 다른 수와 달리 계산이 불가능한 경우가 있기 때문이다. 그렇게 좋았던 0이 피곤해지는 순간이다. '그래봤자 0이 0이지 별거 있어'라는 생각이 드는가?

0은 알아갈수록 심오한 숫자고 고학년이 될수록 점점 더 그 안에 있는 다양한 의미들과 마주하게 될 것이다. 극과 극은 통한다고 했던가? 아무것도 없는 0과 무수히 많다는 것, 존재하는 것과 존재하지 않은 것 등 많은 것들을 서로 연결해주는 역할을 하게 된다.

그렇다면 3부의 제목을 '등식 or 부등식과 0의 만남'이라고 하였는데 등식과 부등식이 0과 어떤 연결고리를 갖고 있는지 궁금할 것이다. 등식 중에 방정식은 모두 등식의 성질로 풀 수 있고 등식의 성질로 푸는 것이 가장 정통적인 방법이다. 그런데 이차, 삼차방정식으로 갈수록 그 풀이가 점점 복잡해진다. 이때 0의 성질을 이용하면 일부의 방정식은 좀 더 빠른 방법이 만들어지기 때문이다. 게다가 항등식이나 말도 안 되는 등식은 0의 성질을 이용하지 않으면 설명 자체가 안되는 문제들이 많다.

부등식은 일차부등식의 경우 모두 부등식의 성질로 푼다. 그런데 당장 이차부등식부터는 0의 성질을 사용해야만 풀 수 있게 된다. 물론 이차부등식을 0의 성질을 이용하는 것이 번거로워서 이차함수의 도움을 받아서 설명하지만 여전히 0의 성질을 이해하는 것이 이해의 지름길이 된다.

심오하고 많은 의미를 담고 있는 0을 필자가 얼마나 제시할 수 있을까란 의문이 들기는 하지만 한 번 해보는 데까지는 해보자! 따라올 준비가 되었나?

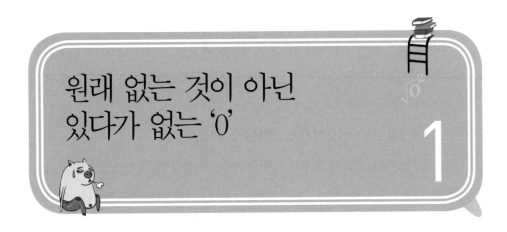

원래 없는 것이 아닌 있다가 없는 '0'

1

0의 의미

0이 무엇인지부터 보자! 그런데 '0은 수일까? 아닐까?' 하고 물으면 0은 당연히 수이지 무슨 바보같은 질문이냐 할 것이다. 그런데 간혹 중학생들 중에는 0은 수가 아니라 기호라고 하는 학생도 있다. 물론 알파벳 O 등과 혼동하기 때문이지만 한 번도 0에 관하여 깊이 생각해 보지 않은 것이 주된 원인이라고 생각해서 하는 말이다. 초등학생뿐만 아니라 중학생들조차 0을 자연수라고 생각하여 문제를 틀리는 경우가 많다. 그것은 초등학교 때 0과 자연수를 함께 배웠기 때문이다. 가장 먼저 자연수는 자연에 있는 수로 자연에는 0이 없으니 자연수가 아니라는 것을 확실히 해야 한다. 0을 없다는 것을 나타내는 수쯤으로 간단히 처리하기에는 무척 중요한 수이고, 중·고등학교를 거쳐서 생각보다 깊고 다양한 곳에서 사용된다.

처음으로 0이 만들어진 것은 바로 수의 빈 자리를 채우는 것을 뜻하는 말로 사용하면서였다. 그러나 그 안의 숨은 의도가 점차 드러나게 되어 여러 가지 의미를 담게 되었다. 아는 만큼 보인다는 말이 0에서도 적용된다. 0의 의미에 대해서 몇 가지로 정리해 보았다.

첫째, 수의 빈자리를 나타내는 것으로 사용된다

34와 304, 0.5와 0.05가 서로 다른 것은 바로 빈자리를 0이 채워주어 각 숫자가 다른 자릿값을 갖게 되었기 때문이다. 이 부분은 여러분들도 잘 이해하고 있을 것이니 더 이상 설명하지 않아도 될 것이다.

둘째, 시작점이나 기준점을 의미한다

문제를 풀다보면 0에서부터 출발하느냐 1부터 출발하느냐가 달라지는 경우가 있다. 만약 12시부터 시간을 잰다면 그 시간은 12시 0분 0초라는 것이고, 달리기를 한다면 달리기를 출발하는 그 지점이 $0m$로 다시 이를 기준으로 움직인 거리를 재게 된다. 또한 0보다 큰 양수와 0보다 작은 음수를 가르는 분기점이 된다.

셋째, 있다가 없다는 것을 의미한다

이렇게 의미에 대한 정의를 내리는 것은 필자가 처음이다. 그래서 여러분들이 모르는 부분이다. 잘 읽기 바란다. 수로서 0은 원래부터 없는 것이 아니라 있다가 없는 것이다. 예를 들어 밑도 끝도 없이 책상 위에 왜 돈이 없냐고 하면 말도 안 되는 황당한 소리가 된다. 그러나 책상 위에 돈을 올려놓았다가 치우면서 왜 돈이 없느냐고 묻는다면 '네가 치웠으니 0원이다'라는 말을 해도 이상할 게 없다. 바로 이것이 있다가 없는 0이다.

없는 것이 없는 거지 무엇을 따지냐고 할지도 모르겠다. 그러나 0에 대하여 깊이 생각하지 않으면 앞으로 이유도 모르는 많은 암기에 시달리게 된다. 현 교육과정에서 이 부분에 대한 설명이 없으니 0과 관련된 것을 모두 약속이라고 마치 공식처럼 외우게 시킨다. 상식에 의존하거나 모두 암기하는 형태로 가르치기 때문에 중·고등학생은 힘들게 외운 것을 잊어버려 많은 혼동과 오답을 일으킨다.

필자의 고민 결과, '없다'라는 것은 '원래부터 없다는 것'과 '있다가 없어진 것' 그리고 '생략되어 없는 것'으로 구분된다. 이런 구분으로 볼 때, 수의 빈자리를 나타내는 것은 원래부터 없는 것이고 시작점이나 기준점을 의미하는 것은 생략된 0의 의미다. 원래 없는 것을 헷갈리지는 않는데 중·고등학교에서 '있다가 없는 것'과 '생략되어 없는 것'을 '원래 없는 것'과 혼동하여 많은 오답을 일으킨다. 실질적으로는 0을 써야 할 때와 쓰지 않아도 될 때를 구분하게 된다.

예를 들어 4-4라는 문제에서 답은 무엇일까? 4에서 4를 빼면 아무것도 없게 되니 역시 아무것도 쓰지 않아도 될까? 아니면 0을 써야 하는 것일까? 등호의 오른쪽이 빈자리니 생략된 0이 아니라 있다가 없는 것으로 0을 써야 한다. 물론 이것은 등식의 성질에도 부합된다.

0이 헷갈리는 대표적인 예로 2^0과 2를 구분하지 못하거나 0의 의미를 몰라서 2^0, 0^0 등의 처리를 못하는 경우가 많다. 그 밖에도 간혹 없다는 것에 깊이 생각하지 않은 중학생들이 생략된 것은 모두 0이라고 생각하여 $\frac{x}{x}$를 1이 아니라 없어졌다고 생각하거나 $3x-3x=x$(×)와 같은 무수히 많은 오답을 일으키기도 한다. 없어서 안 쓰는 경우도 있지만 있는데도 생략하는 경우가 더 많다는 생각을 하고 있어야 한다. 얼핏 생각나는 1이 생략되는 경우는 $x=1x$, $-x^2=-1x^2$, $ab=1ab$, $\cdots$, $a=a^1$, $x=x^1$, $xy=(xy)^1$, $\cdots$ 이고 2가 생략되는 경우는 $\sqrt{2}=\sqrt[2]{2}$, $\sqrt{3}=\sqrt[2]{3}$, $\cdots$ 등이다.

0으로 나누어보자!

보통 어떤 수를 0으로 나누면 아이들이 0이나 어떤 수가 될 거란 생각을 많이 한다. 초등학교에서 무수히 많은 나눗셈을 하였겠지만 0으로 나눈 적은 한 번도 없었고, 0과 관련된 대부분 문제의 답이 0이어서 막연한 생각이 이런 답을 만드는 것이다. 답은 0이 아니라 특수한 경우가 만들어진다. 앞으로 중·고등학교에서는 많은 문제에서 0으로 나누지 못하게 하는 것을 문제의 단서로 보게 된다.

예를 들어 분수에서도 분모가 0이 되면 안 된다고 하였고, 나중에 등식의 성질에서도 0으로 나누면 안 된다고 배운다. 또한 '분수의 위대한 성질'에서도 0으로 곱하여 분모가 0이 되는 경우를 막고 있다. 그런데 0으로 나누면 왜 안 되는 걸까?

0으로 나누기는 그동안 학교에서 배워왔던 똑같은 크기로 나눈다는 등분제로는 설명할 수 없다. 그래서 이 부분에 대한 설명으로 계산기에서 0으로 나누면 에러(E) 표시가 된다든지 나눗셈의 역연산으로 이를 설명한다. 예를 들어 $7 \div 0 = x$에서 나눗셈의 역연산인 곱셈으로 바꾸면 $0 \times x = 7$이 된다. 이때 x를 만족시킬 수는 없다. 어떤 수라도 0을 곱하면 0이 되어 절대 7이 될 수 없기 때문이다. 이렇게 설명하는 이유는 등분제밖에 모르기 때문이다. 나누기를 '같은 수의 빼기'라는 의미를 살려 직접적으로 이해해보자.

$0 \div 7 = 0$

$7 \div 0 \Rightarrow$ (없다) $\Rightarrow$ 불능(不能)

$0 \div 0 \Rightarrow$ (무수히 많다) $\Rightarrow$ 부정(不定)

'$7 \div 0 =$'을 같은 수의 빼기라는 관점에서 보면 '$7-0-0-0-0-\cdots=$'이 된다. 7이 0이 될 때까지 빼야 하는데, 7에서 0을 아무리 빼도 7이라는 것이 줄지 않는다. 그래서 등호의 우변에 쓸 수 있는 수가 없다. 그래서 답은 '없다'다. 이것은 고등학교에 가서 0으로 빼서는 7을 0으로 만들 능력이 안 된다는 의미인 '불능(不能)'이란 말을 사용하게 된다.

'$0 \div 0 =$'을 해보자! '$0-0=0$'처럼 0에서 0을 한 번만 빼도 0이다. 즉, $0 \div 0 = 1$이 된다. 또 0을 두 번 뺀 '$0-0-0=0$'도 되니 $0 \div 0 = 2$도 된다. 이처럼 0에서 0을 몇 번이고 빼도 되니 어떤 수를 우변에 써도 된다. 그래서 답은 '무수히 많다'가 답이 된다. 우변에 쓸 수 있는 수가 무수히 많게 되어 어떤 수를 써야 할지 정할 수 없는 상태이니 이것을 '부정'이라 한다. 따라서 $\dfrac{7}{0}$이나 $\dfrac{0}{0}$과 같은 분수는 존재하지 않으며 등식의 성질을 적용할 때도 나눌 때면 항상 0이 아닌지를 확인해야 한다.

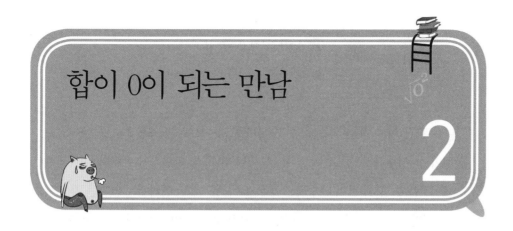

합이 0이 되는 만남

두 수의 합이 0이 되는 경우도 무척 중요한 개념이다. 그러나 중학교에서 다루지 않으며 만약 문제가 나오더라도 거의 부등식과 함께 나온다. 단독으로 나오지 않는 이유는 너무 쉽기 때문이다. 얼마나 쉬운지 다음 문제를 보자.

Q 다음 x의 값을 구하시오.

(1) $0+x=0$　　　　(2) $5+x=0$

답: (1) 0 (2) -5

답을 구하는 것은 쉬웠을 것이다. 두 수의 합이 0이 되는 경우에는 두 종류가 있다. 첫째, 두 수가 모두 0인 경우와 $5+(-5)$, $3+(-3)$처럼 두 수의 절댓값은 같고 부호는 다른 경우다. 정리해보자!

$$A+B=0\text{이면} \quad \begin{cases} ① \ A=0 \ \text{그리고} \ B=0 \\ ② \ |A|=|B| \ \text{그리고} \ A\times B<0 \end{cases}$$

다른 것은 다 이해가 되는데, 두 수의 부호가 다르다는 표현으로 $A\times B<0$로 쓴 것이 잘 이해가 안 될 수도 있다. 그러면 236쪽을 확인하기 바란다. 여기에서 중요한 것은 두 수의 합이 0이 되는 경우가 이 '두 가지' 이외에는 없다는 것이다. 당연하지만 두 가지밖에 없다는 것은 두 가지 중에 만약 한 가지가 아니라는 것을 알게 된다면 나머지 한 가지가 될 수밖에 없음을 뜻한다. 이처럼 개념은 항상 쉽다. 이 단순한 개념이 항등식이나 고등학교의 '무리수의 상등'이나 '복소수의 상등' 조건의 개념과 연결이 된다.

이것이 등식과 어떻게 만나는지 보자! 등식 $px+q=mx+n$에서 좌변과 우변을 비교하여 x의 계수가 다르면 방정식이었다. 그리고 x의 계수가 같다면 상수항을 비교하여 상수항까지 같으면 항등식, 상수항이 다르면 말도 안 되는 등식이라고 구분하였었다. 그런데 이번에는 한 쪽으로 모두 이항했을 때, $(p-m)x+(q-n)=0$처럼 한 변에 0이 만들어진다. 이것을 간단하게 표현하면 $ax+b=0$의 꼴이 된다. $ax+b=0$에서 $a\neq0$이라면 등식의 성질에 따라서 $ax=-b \Rightarrow x=-\dfrac{b}{a}$라는 하나의 해를 갖게 되는 방정식이 된다. 그런데 교과과정에서 '$ax+b=0$이 x에 대한 항등식이라면 $a=b=0$'이라고 공식처럼 나오게 되는데 자칫하면 이유도 모르면서 외우게 된다.

ax와 b의 합을 보자! 만약 $ax+b=0$에서 x가 어떤 값을 가져도 성립한다는 조건이 붙게 되면, x의 값이 변해도 성립해야 하니 '절댓값은 같고 부호가 다르다'는 것은 성립되지 않는다. 따라서 둘 다 0으로 $ax=0 \Rightarrow a=0$, $b=0$이라는 것을 알게 된다. 이처럼 형태가 방정식과 유사한 항등식이나 말도 안 되는 식도 이 같

은 방법으로 풀어야 효율성이 높다. 그 밖에도 고등학교에서는 $a+b\sqrt{2}=0$(a, b는 유리수)이나 $a+bi=0$(a, b는 실수)과 같은 것을 보게 되는데 항등식과 형태가 비슷하지만 이것도 항등식이 아닌 '0의 성질'로 푸는 한 형태로 보는 것이 맞다.

> **Q** 다음에서 x와 y의 값을 각각 구하여라.
>
> (1) $|x|+|y|=0$
>
> (2) $|x-3|+|y-2|=0$

답: (1) (0,0) (2) (3,2)

미지수가 2개이고 식이 하나니 일반적인 방정식이라면 풀 수가 없다. 그런데 절댓값의 기호가 붙어있다. (1) x나 y가 어떤 값인지는 모르지만 $|x|\geq0$, $|y|\geq0$ 이다. 두 수의 합에서 모두 0 이상의 수니 절댓값은 같고 부호가 다를 수는 없다. 따라서 $|x|=0 \Rightarrow x=0$, 그리고 $|y|=0 \Rightarrow y=0$ 일 수밖에 없게 된다. (2) 하나는 양수, 하나는 음수라는 조건을 성립시킬 수 없으니 둘 다 0이어야 한다. 따라서 $|x-3|=0 \Rightarrow x=3$ 그리고 $|y-2|=0 \Rightarrow y=2$다.

> **Q** 다음에서 x 또는 y의 값을 각각 구하여라.
>
> (1) $x^2+y^2=0$
>
> (2) $(x-3)^2+(y-2)^2=0$
>
> (3) $(x-3)^2+(x-2)^2=0$

답: (1) (0,0) (2) (3,2) (3) 해가 없다.

이차방정식 풀이가 어렵다면 먼저 258쪽을 보아야 할 것이다. (1) 어떤 수를 제곱하면 항상 0 이상이 나오니 x^2과 y^2은 하나는 양수, 하나는 음수라는 조건을 성립시킬 수 없어 둘 다 0일 수밖에 없다. 따라서 $x^2=0 \Rightarrow x=0$ 그리고 $y^2=0 \Rightarrow y=0$이다. (1)을 이해한다면 (2)는 설명을 안 해도 알 수 있을 것이다. (3) '$x=3$ 그리고 $x=2$'인 수는 뭘까? '또는'이라는 말과 착각하면 안 된다. 어떤 수든지 3도 되고 2도 되는 수는 없으니 해가 없다.

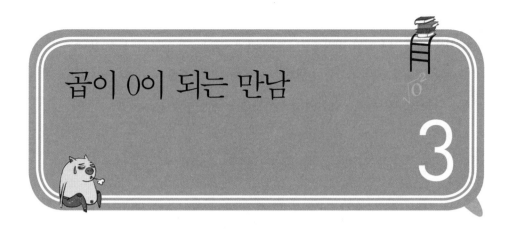

곱이 0이 되는 만남

3

0을 여러 번 더해보자. '0+0+0+0+0'의 답은 0이다. 이것을 곱하기로 바꾸면 0×5=0이다. 0에 몇 번이고 0을 더해도 그 결과는 항상 0이다. 더하기와 곱하기는 교환법칙이 성립하니 자리를 바꾸어서 더하거나 곱해도 된다. 따라서 0×5의 자리를 바꾸어서 5×0으로 본다면 5를 0번 더한 것이고 이 역시 0이 된다. 그래서 어떤 수든 0을 곱하면 모두 0이 된다. 어떤 수도 된다고 하였으니 당연히 0×0도 0이다. 여기까지는 설명을 하지 않아도 알고 있을 것이다. 그런데 그 반대되는 상황을 생각해 보았는가? 두 수를 곱해서 0이 된다면 그 경우는 0×5, 5×0, 0×0에서 보듯 두 수 중에 적어도 하나는 0이어야 한다는 것이다. 이것이 바로 중3 과정에서 인수분해의 핵심원리다.

$$A \times B = 0 \text{이면} \begin{cases} \text{①} \ A=0 \ \ \text{그리고} \ \ B=0 \\ \text{②} \ A \neq 0 \ \ \text{그리고} \ \ B=0 \ \ \text{이고} \\ \text{③} \ A=0 \ \ \text{그리고} \ \ B \neq 0 \end{cases}$$

이것을 매번 사용하기 번거로우니 한꺼번에 표현한 것이 '$A=0$ 또는 $B=0$'이다. 그런데 무작정 외운 학생들이 막연하게 곱해서 0이 나오는 경우가 또 있을지도 모른다는 생각을 할 수 있다. 이것은 전체를 포괄하지 못해서 생기는 것이다.

🙂 어떤 수를 A로 볼 때, $A=0$인 경우와 $A \neq 0$인 경우로 나눌 수 있니?

😊 겹치는 부분이 없으니 가능하네요.

🙂 마찬가지로 $B=0$과 $B \neq 0$으로 구분할 수 있겠지?

😊 예.

🙂 이 두 수를 조합하면

$$\begin{cases} ① \ A=0 \ \text{그리고} \ B=0 \\ ② \ A \neq 0 \ \text{그리고} \ B=0 \\ ③ \ A=0 \ \text{그리고} \ B \neq 0 \\ ④ \ A \neq 0 \ \text{그리고} \ B \neq 0 \end{cases}$$

이라는 4가지 경우가 생긴다. 또 있니?

😊 없지요.

🙂 이 중에 곱해서 0이 되는 경우는 뭐니?

😊 ①, ②, ③이요.

🙂 그렇다면 곱해서 0이 아닌 수가 나오는 경우는 뭐니?

😊 ④요.

🙂 그래서 $A \times B \neq 0$인 경우는 A도 B도 모두 0이 아니어야 한단다.

😊 쉬운 말을 참 어렵게 하네요. 그런데 확실히 알겠어요.

자칫 간과하기 쉬운 것이 0이 아닌 두 수를 곱했을 때는 절대로 0이 나올 수 없다는 사실이다. 이런 경우는 대부분 계산의 오류로 생기는 경우가 많지만 잘못된 답을 알아채기 위해서도 0의 성질을 이해해야 한다. 정리해보자!

두 수를 곱해서 0이 나왔다면 적어도 하나는 0이다.

두 수를 곱해서 0이 아닌 수가 나왔다면 두 수는 모두 0이 아니다.

Q $AB=0$에 대한 다음 설명 중 옳은 것을 고르면?

(1) A가 0이면 B는 0이다.

(2) A가 0이면 B는 0이 아니다.

(3) A가 0이 아니면 B는 0이다.

(4) B가 0이면 A는 0이다.

(5) B가 0이 아니면 A는 0이 아니다.

답: (3)

(5)가 아닌 것은 확실한데, 나머지는 좀 그 말이 그 말 같아서 헷갈릴 것이다. A가 0이면 B는 0이 돼도 되고 안 돼도 된다. 그렇게 보면 'A가 0이면 B는 0이다'나 'A가 0이면 B는 0이 아니다'라는 말은 틀린 말이 된다. 아직도 무슨 말인지 모르겠는가? 자, 예를 들어 홀수와 짝수로 되어있는 자연수를 '자연수는 짝수다'나 '자연수는 홀수다'라고 하면 틀리는 것과 논리가 같다. 마찬가지로 B가 0이면 A는 0이어도 되고 0이 아니어도 된다. 그러나 A가 0이 아니면 반드시 B는 0이어야 한다. 마찬가지로 B가 0이 아니면 A는 반드시 0이어야만 한다.

이 정도를 잘 이해했다면 이차방정식을 인수분해를 통해 풀 준비가 된 것이다.

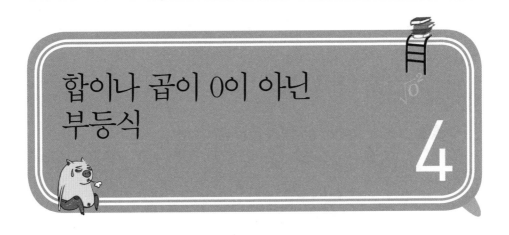

합이나 곱이 0이 아닌
부등식

4

반드시 수직선을 그려라

방정식은 어느 특정한 값이 정해진다. 그러나 부등식은 부등호를 사용하였으니 수의 범위가 만들어진다. 미지수가 한 개라면 이처럼 범위가 되겠지만 만약 미지수가 2개라면 좌표평면 위의 영역이 된다. 간단한 것은 머리로 처리해야겠지만 조금 복잡하다 싶으면 수직선을 그려서 범위를 표시하는 연습을 해라.

고등학교의 복잡한 문제에서도 학생들이 수직선으로 나타내지 않아서 만들어지는 오답을 많이 본다. 특히 연립부등식에서는 수직선을 통해서 충분하게 연습을 해야 할 것이다. 중학교에서 다루는 일차부등식은 대부분 어렵지 않겠지만 오히려 그래서 고등학교에서 다루는 부등식과는 난이도 차이가 많이 난다. 진짜 어렵다보기 보다는 그 차이가 고등학교 부등식을 더 어렵게 느껴지게 하는 것이다. 그래서 부등식에서는 중학교의 내용을 주로 다루겠지만 약간 난이도를 높여서 다루려고 한다.

일차부등식의 풀이 : 일차방정식과 풀이가 유사하다

일차부등식의 풀이는 등식의 성질과 부등식의 성질이 비슷해서 풀이법 역시 일차방정식과 비슷하다. 다만 다르다면 양변에 음수를 곱하거나 나눌 때 부등호의 방향이 바뀐다는 것이다. 일차방정식의 마지막 계산이 $ax=b$였다면, 일차부등식의 마지막은 $ax>b$의 꼴이 된다. 여기까지는 방정식과 동일하게 풀면 되지만 여기서부터는 a가 음수인지 양수인지 알아야 그 다음을 진행할 수 있다. 만약 a가 음수인지 양수인지 모른다면 어떻게 해야 할까? 알지 못하면 더 이상 풀수 없는 것이니 틀리지 않도록 더욱 조심해야 한다. 그런데 일차부등식은 대부분 학생들이 잘 풀기 때문에 연립방정식의 문제로 대체하고 여기서는 약간 어려운 문제를 선택했다.

> **Q** $a>b$일 때, 다음 중 항상 성립하는 것은? (단, a, b, c는 0이 아니다.)
>
> (1) $ac>bc$　　(2) $ac^2>bc^2$　　(3) $a^2>b^2$
>
> (4) $\dfrac{1}{a}>\dfrac{1}{b}$　　(5) $\dfrac{1}{a}<\dfrac{1}{b}$

답: (2)

등식의 성질이나 부등식의 성질에서 양변에 같은 수를 더하거나 빼는 것은 항상 성립한다. 항상 성립하는 것을 찾으라는 문제에서 $a+c>b+c$나 $a-c>b-c$가 있었다면 이것이 답이다. 그런데 위 문제처럼 이것이 없다면 확인해 봐야 한다. 이때 학생들이 a와 b라는 구체적인 수를 넣어서 풀다가 틀리는 경우를 많이 본다. 수를 넣으려면 양수 또는 음수에 수의 크기까지 다양한 경우를 확인해야 하는데 가짓수가 너무 많기 때문이다. 이런 때는 단순하게 양변에 양수를 곱하거나 나누었는가를 확인하는 것과 양변 제곱이라는 관점에서 바라보는 것이 편하다. (1) 양변에 c를 곱하였는데 c가 양수인지 음수인지를 모르는데 부등호의 방향을 결정하였으니 틀렸다. (2) 양변에 c^2를 곱하였는데 $c \neq 0$이니 c^2은 양수로 부등호의 방향이 바뀌지 않는다. (3) 둘 다 양수인 경우에 한하여 양변을 제곱하면 부등호의 방향이 바뀌지 않으며 다른 경우는 알 수 없다. (4)와 (5)는 역수를 취하는 경우다. 두 수의 부호가 같을 때와 다를 때에 따라 부등호의 방향이 바뀔수 있다. $a > b$의 양변을 공배수인 ab로 나누어주면 역수가 만들어지는데, $ab > 0$인지 $ab < 0$(236쪽 참조)인지 모른다고 생각해도 된다. 특히 이 문제에서 양변에 0이 아닌 제곱수를 곱하여도 부등호의 방향은 변하지 않는다는 것을 알았으면 한다. 예를 들어 $\frac{b}{a} < 0$가 무턱대고 $ab < 0$와 같다며 외우도록 하는 문제집이 많은데 정식으로 설명한다. $\frac{b}{a} < 0$의 양변에 a^2을 곱하면 $\frac{b}{a} \times a^2 < 0 \times a^2 \Rightarrow ab < 0$ 이라는 것이 생기는데 의외로 이것을 이용하는 문제가 많다.

> **Q** x에 대한 일차부등식 $(a-2)x > b$의 해가 $x < \frac{1}{3}$이다. 이때, $a+b$의 값을 구하여라. (단, $|b|=1$이다.)
>
> 답: -2

방정식 $x+3=5$를 풀어서 $x=2$로 만들었을 때, 방정식 $x+3=5$와 방정식 $x=2$는 '동치인 방정식'이라 하고 이처럼 푼다고 해서 '풀 해(解)'를 써서 '해'라고 한다. 부등식도 같은 이유로 '동치인 부등식'과 '해'라는 말을 사용한다. $(a-2)x > b$와 $x < \frac{1}{3}$은 동치인 부등식이라는 것이고 방정식과 달리 부등식은 부등호의 방향이 일치해야만 동치가 된다. $(a-2)x > b$와 $x < \frac{1}{3}$은 부등호의 방향이 바뀌었으니 $a-2 < 0$이어야 $x < \frac{b}{a-2}$가 될 수 있다. 따라서 $a-2 < 0 \Rightarrow a < 2$라는 조건과 문제에서 주어진 조건 $|b|=1$ 그리고 $\frac{b}{a-2} = \frac{1}{3}$이라는 식을 이용해서 풀어야 한다.

양변에 $3(a-2)$를 곱하면 $3b=a-2$가 되는데 $b=1$일 때 $a=5$지만 $a<2$라는 조건에 의하여 답에서 배제되고 답은 $b=-1$일 때, $a=-1$이니 $a+b=-2$다. 하나하나 설명하다 보니 오히려 어렵게 보인다. 그러나 개념을 정확하게 잡은 학생은 b 대신에 1과 -1을 대입하면서 암산도 가능했을 것이다. 이런 유형이 조금 더 식을 복잡하게 하거나 추가하는 방법으로 고등학교에서 자주 출제되고 있다.

연립일차부등식의 풀이 : 공통의 범위, 교집합을 구한다

연립부등식은 연립방정식과 마찬가지로 두 일차부등식의 교집합의 범위가 해가 된다. 각각의 일차부등식을 풀고 공통인 범위 즉 교집합을 구하면 된다. 종류별로 몇 개만 풀어보자!

Q 다음 연립부등식을 풀어라.

(1) $\begin{cases} \dfrac{5-2x}{3} \leq 4 - \dfrac{3x-2}{2} & \cdots ① \\ 4-x<5 & \cdots ② \end{cases}$

(2) $\begin{cases} 3x+1<2x-1 & \cdots ③ \\ x-1 \geq 4x+5 & \cdots ④ \end{cases}$

(3) $x+4 \leq 2x+3 \leq 5$

(4) $\begin{cases} 3x-5 \geq -x+7 & \cdots ⑤ \\ 3x+1 \geq 5x-1 & \cdots ⑥ \end{cases}$

답: (1) $-1<x \leq 4$ (2) $x<-2$ (3) $x=1$ (4) 해가 없다.

(1) ①은 계수가 분수니 양변에 분모의 최소공배수 6을 곱하면 $10-4x \leq 24$

$-9x+6$인데, 분자에 괄호가 있다고 생각하여 부호 처리를 잘 해야 한다. 정리하면 $5x \leq 20 \Rightarrow x \leq 4$이고 ②는 $4-x<5 \Rightarrow -1<x$다. 자, 귀찮겠지만 수직선에 나타내는 연습을 하자.

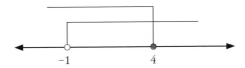

공통인 부분이 보이는가? ② ③은 $x<-2$이고 ④는 $2 \geq 2x \Rightarrow 1 \geq x$인데 수직선도 안 그려보고 위 문제와 똑같을 거라고 예측하여 $-2<x \leq 1(\times)$이라는 오답을 쓰는 경우를 많이 봤다. 사람은 보이는 대로 보는 것이 아니라 아는 만큼 보이고 보고 싶은 대로 본다. 실력이 될 때까지는 계속 수직선을 그려야 한다.

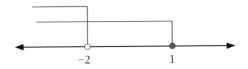

(3) $x+4 \leq 2x+3 \leq 5$는 $A<B<C$의 꼴로 $A<B$와 $B<C$로 되어 있는 연립부등식으로 봐야 한다. 연립방정식에서 $A=B=C$의 꼴은 ① $A=B$, ② $B=C$, ③ $A=C$ 중에 쉬운 2개를 택하라고 했는데, 이에 비해 연립부등식에서는 $A<C$가 범위가 넓어서 아예 사용할 수 없는 불필요한 식이 되어버린다. 따라서 준식은 ㉠ $x+4 \leq 2x+3$, ㉡ $2x+3 \leq 5$와 같은 것이다. ㉠은 $1 \leq x$이고 ㉡은 $x \leq 1$로 수직선에 나타내보자!

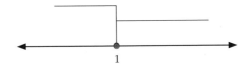

공통인 부분이 많이 적어서 방정식 $x=1$과 같아졌다.

(4) ⑤는 $4x \geq 12$ ⇨ $x \geq 3$이고 ⑥은 $2 \geq 2x$ ⇨ $1 \geq x$다. 수직선에 나타내면 공통인 부분이 없으니 해가 없다.

보통의 문제는 단순히 위처럼 나오지만 변형해서 나오기도 한다. 그 중에 해를 알려주고 부등식의 범위를 구하라는 문제를 학생들이 가장 까다로워한다. 한 문제만 더 다루어보자!

Q x에 대한 부등식 $a < x < 3$에서 정수 해가 4개가 되도록 하는 a의 범위를 정하여라.

답: $-2 \leq a < -1$

보통 문제는 곧장 $a < x < 3$과 같이 주어지는 것이 아니라 연립방정식을 풀어야 만들어지도록 했지만 그것이 문제가 되지는 않는다. 학생들이 헷갈려하는 것은 다음과 같이 수직선을 그려놓고 난 이후다.

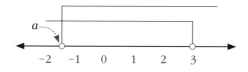

$a < x < 3$이 정수 4개를 가지려면 a가 -2에서 -1까지 중에 어디엔가 있어야 한다고는 생각한다. 그런데 그 다음이 헷갈리는 것이다. 그러면 $a < x < 3$의 a에 -1과 -2를 직접 넣어 본다. $-1 < x < 3$은 사이에 정수가 3개라서 안되니 a는 -1보다 작아야 한다. 그 다음 $-2 < x < 3$은 4개의 정수를 가지니 $a = -2$가 되어

도 된다. 따라서 a의 범위는 $-2 \leq a < -1$이다. 헷갈리는가?

부등식은 그 수를 포함하느냐 안하느냐가 관건이며 이런 문제는 고1에서 많은 학생들이 다시 헷갈려 하는데 지금보다도 시간이 없다. 그래도 시간이 있는 지금 하는 편이 건강상 유리하다. 이차부등식의 풀이방법을 소개하기 전에 두 수의 곱이 0보다 작은지 큰지를 먼저 익혀야 한다. 이처럼 일차부등식을 제외한 크기 비교나 이차부등식 등은 대부분 0과의 관계를 통해서 이루어진다.

$AB > 0$과 $AB < 0$의 차이

$AB > 0$는 두 수를 곱하면 0보다 크다는 것이다. 이때가 언제일까? 두 수가 모두 양수이어도 성립하고 두 수가 모두 음수일 때도 성립한다. 한 마디로 줄이면 결국 부호가 같다는 것이다. 따라서 $AB > 0$에서는 $A > 0$이면 $B > 0$이고, $A < 0$이면 $B < 0$이어야 한다. 그렇다면 $AB < 0$은 서로 부호가 달라야 한다. $AB < 0$에서 $A > 0$이면 $B < 0$이고, $A < 0$이면 $B > 0$이다.

① $AB > 0$이면 두 수의 부호는 같다.
- '$A > 0$이고 $B > 0$'이거나 '$A < 0$이고 $B < 0$'이다.
- $AB > 0$이고 $A + B > 0$이면 A와 B는 모두 양수다.
- $AB > 0$이고 $A + B < 0$이면 A와 B는 모두 음수다.

② $AB < 0$이면 두 수의 부호는 다르다.
- '$A > 0$이고 $B < 0$'이거나 '$A < 0$이고 $B > 0$'이다.
- $AB < 0$이고 $A > B$이면 A는 양수고 B는 음수다.
- $AB < 0$이고 $A < B$이면 A는 음수고 B는 양수다.

Q 0이 아닌 세 수 a, b, c에 대하여 $a>0$, $bc<0$, $\frac{c}{a}>0$일 때, 부등호가 올바르게 쓰인 것은?

(1) $a+c<0$ (2) $\frac{bc}{a}>0$ (3) $\frac{a}{b}<0$

(4) $b-c>0$ (5) $a-b<0$

답: (3)

$bc<0$는 b와 c의 부호가 다르다는 것이고, $\frac{c}{a}>0$의 양변에 a^2을 곱하면 $ac>0$이니 a와 c의 부호가 같다는 것이다. 주어진 식에서 $a>0$이니 부호가 같은 c도 $c>0$이다. $bc<0$을 통해서 $b<0$이다. (1) 두 양수인 a와 c의 합은 양수니 틀렸다. (2) $\frac{bc}{a}>0$의 양변에 a^2을 곱하면 $abc>0$가 되는데 b만 음수라서 $abc<0$가 되어야 한다. (3) $\frac{a}{b}<0$를 $ab<0$로 보면 맞다. (4) $b-c$는 (음수)-(양수)로 (음수)다. (5) $a-b$는 (양수)-(음수)로 (양수)다. 이 문제는 양수와 음수를 사용하였지만 일반적으로는 큰 수에서 작은 수를 빼면 양수, 작은 수에서 큰 수를 빼면 음수라고 기억하는 것이 좋다.

Q 두 유리수 a, b에 대하여 $a<b$이고 $ab<0$일 때, $|a|+|b|$의 절댓값을 풀어주면?

답: $-a+b$

$ab<0$이고 $a<b$이면 $a<0$이고 $b>0$이다. 절댓값 안의 부호가 각각 결정되었으니 절댓값의 밖으로 나올 수 있다.

이차부등식 : 중학교부터 준비하자

이차부등식은 고등학교 내용인데 중학교에서 다루는 데는 이유가 있다. 이차부등식을 정상적으로 다루는 것은 고1의 1학기 말인데 이미 학년 초부터 나오기 때문이다. 게다가 고등학교에서 정식으로 다룰 때는 부등식의 성질이 아닌 이차함수와의 연관관계를 통해서 다루게 된다. 따라서 여기에서는 이차함수가 아닌 부등식 자체의 성질로 다루도록 하여 고등학교에서 배울 때 크로스 체킹이 되도록 하겠다는 의미다. 이 책을 읽는 지금 시기가 중학교 3학년이라면 겨울방학에 고등학교를 준비하면서 보면 좋을 것이다.

앞에서 이차부등식에는 조건부등식, 절대부등식, 말도 안 되는 부등식이 있다고 하였다. 여기에서는 조건부등식만 다루려고 한다. 이차부등식 $ax^2+bx+c<0$ 나 $ax^2+bx+c>0$의 꼴의 조건부등식은 이차식 ax^2+bx+c가 모두 두 일차식의 곱으로 분해가 된다(306쪽 참조). 그러면 $AB<0$나 $AB>0$의 꼴로 바뀌게 된다. 예를 들어본다.

예 $(x-2)(x-5)<0$는 아직 익숙하지 않아서 잘 안보일수도 있지만, $AB<0$의 꼴로 '$A>0$이고 $B<0$'이거나 '$A<0$이고 $B>0$'이다.

$A>0$이고 $B<0$꼴인 경우

'$x-2>0$이고 $x-5<0$' ⇨ '$x>2$이고 $x<5$' ⇨ $2<x<5$

$A<0$이고 $B>0$꼴인 경우

'$x-2<0$이고 $x-5>0$' ⇨ '$x<2$이고 $x>5$' ⇨ 해가 없다.

각각의 경우에 대한 합집합이니 $(x-2)(x-5)<0$는 $2<x<5$라는 범위가 만들어진다. 이제 $(x-2)(x-5)>0$를 해보자!

$A>0$이고 $B>0$꼴인 경우

'$x-2>0$이고 $x-5>0$' ⇨ '$x>2$이고 $x>5$' ⇨ $x>5$

$A<0$이고 $B<0$꼴인 경우

'$x-2<0$이고 $x-5<0$' ⇨ '$x<2$이고 $x<5$' ⇨ $x<2$

역시 합집합이니 $(x-2)(x-5)>0$는 '$x<2$ 또는 $x>5$'라는 범위가 만들어진다. 복잡해 보이는가? 실제 문제에서는 위 설명처럼 부등식의 성질로 풀 수는 없지만 이해는 될 것이다. 복잡한 문제를 위처럼 각각의 경우로 구분하고 문제를 푸는 것은 도약을 위해서 반드시 익혀 두어야 하는 방법이다.

간혹 고1 학생들이 아직 배우지 않았으니 이유도 모르고 0보다 작으면 '사이'이고 0보다 크면 '큰 것보다 크고 작은 것보다 작다'라며 외우는 것을 본다. 물론 이보다는 함수로 이해하는 것이 더 쉽지만 함수가 약한 학생들이 이해하지 못할 때에는 필자가 알려 주는 방법이다. 또 한 번 강조하지만 이해하지 않고 외우는 것이 망각의 속도를 높이거니와 자칫 수학을 외우려는 습성이 생길까 걱정이 되어서다.

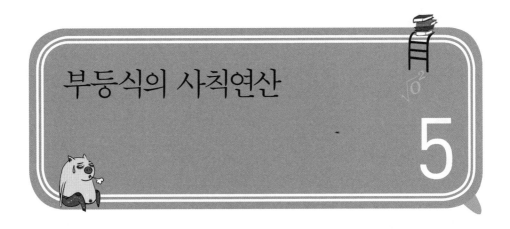

외워야 할 공식이 많은 부등식

부등식을 배웠으니 이제 부등식의 사칙연산을 배울 차례다. 부등식의 사칙연산은 교과과정에서는 다루지 않지만 문제로 출제되는 경우가 있어 학생들이 당황해 한다. 그래서 이것을 학교나 학원의 일부 선생님들이 알려주기도 하는데 학생들이 마치 공식처럼 외워서 풀다가 막히는 경우가 많다. 부등식의 사칙계산에서 사용되는 공식이 여러 개이며 섞여 있거나 배우지 않은 것들이 나오기 때문이다.

그런데 공식으로 외워서 공부하려면 공식의 분량이 많아 공부 분량에 비해 효과가 떨어지며 오히려 활용 능력까지 떨어드린다. 그렇다고 별거 없으니 이해해 보자! 그런데 앞서 연립방정식을 다루면서 두 개의 등식을 등식의 성질에 따라 변변끼리 더하고 빼고 곱하고 나누어도 된다고 하였다. 똑같이 하면 되지 않을까란 생각이 들 수 있다. 아는 것을 바탕으로 확장하려는 마음은 기특하지만 '같다'라는 것과 '범위가 주어진 것'은 엄청나게 다른 것이라서 변변이 더하는 것을 제외하고는 이들 사이에 공통점이 없다. 그럼 어떻게 해야 할까? 어려울 때에는 항상 기본을 생각하라. 자, 부등식의 기본은 무엇인가? 부등식이란 큰 쪽으로 입을 벌리는 부등호를 가지고 만든 식이다. 따라서 '이들의 계산이 어떤 범위 안에 있을까'라는 생각에만 충실하면 된다. 다음에서 그 공통점을 찾으면 굳이 어려워하지 않아도 될 것이다.

Q $-4<x<3$, $2<y<7$일 때, 다음의 범위를 구하여라.

(1) $x+y$　　　(2) $x-y$　　　(3) xy　　　(4) $\dfrac{x}{y}$

답: (1) $-2<x+y<10$ (2) $-11<x-y<1$ (3) $-28<xy<21$ (4) $-2<\dfrac{x}{y}<\dfrac{3}{2}$

(1) 두 미지수를 더했을 때, $x+y$가 만들어진다. x의 범위에 있는 수와 y의 범위에 있는 수들을 각각 더했을 때에 $x+y$의 범위는 어디에 있을 것이냐를 묻는 것이다. 이것을 위해서 우리가 할 수 있는 것은 오로지 두 식에서 만들어진 범위의 끝 값들을 서로 더해보는 것이다. 더해보면 $-4+2=-2$, $3+2=5$, $-4+7=3$, $3+7=10$이다. 각각의 끝 값들을 더해서 만들어졌으니 $x+y$는 가장 큰 수와 가장 작은 수의 사이에 있게 되어 범위는 $-2<x+y<10$이 된다. 이것이 이해가 되었다면 나머지 계산도 같은 규칙으로 끝낼 수 있다. 다만 위와 아래를 계산하는 것이 혼동되지 않도록 다음과 같이 세로로 놓는 것이 처음에는 좋을 것이다.

$$+,\ -,\ \times,\ \div\ \Big)\ \begin{array}{c} -4<x<3 \\ 2<y<7 \end{array}$$

(2) $-4-2=-6$, $-4-7=-11$, $3-2=1$, $3-7=-4$ 중에서 가장 작은 수는 -11이고 가장 큰 수가 1이니 $x-y$의 범위는 $-11<x-y<1$이다. (3) $-4\times2=-8$, $-4\times7=-28$, $3\times2=6$, $3\times7=21$로 $-28<xy<21$이다. (4) $\frac{-4}{2}=-2$, $\frac{-4}{7}$, $\frac{3}{2}$, $\frac{3}{7}$이니 $-2<\frac{x}{y}<\frac{3}{2}$ 이다.

이처럼 부등식의 연산은 한 가지만 기억하면 된다. 생각해야 하는 것은 각각의 수들을 계산해서 가장 작은 수와 가장 큰 수의 사이에 있게 만들면 된다는 것이다. 더하기는 작은 수끼리 더하느니 가장 작은 수에서 가장 큰 수를 뺀 것과 가장 큰 수에서 가장 작은 수를 뺀 거라는 것, 곱하기에서는 두 수가 양수일 때……. 등의 공식처럼 외워야 할 필요성이 없다. 아직 등호의 처리가 남았는데 이 부분은 고등학교에서 배우면 된다.

간단하게 말하면 두 수의 계산에서 두 부등식에 공통으로 포함된 수에만 등호를 붙이면 된다. 그런데 중3 학생들 중 오답이 많이 나오는 것이 있다. 예를 들어 $3<\sqrt{10}<4$를 이용하여 $2\sqrt{10}$의 범위를 구하겠다고 $3<\sqrt{10}<4$의 각 변에 2를 곱한 $6<2\sqrt{10}<8$로 생각하는 것이다. 그러면 안 된다. $2\sqrt{10}=\sqrt{40}$으로 $\sqrt{36}<\sqrt{40}<\sqrt{49}$ ⇨ $6<\sqrt{40}<7$이다. 부등식의 성질을 적용한 것이 잘못이 아니라 무조건 적용하려는 데 문제가 있다.

수학은 할 수 있는 한 가장 정확한 값을 구해야 한다는 것이고 어떤 무리수든지 연속하는 두 정수 사이에 있다는 것을 기억해야 오답을 피하게 된다.

부등식의 활용

부등식의 활용은 기본적으로 방정식의 활용을 잘 할 수 있어야 가능하다. 방정식의 활용을 잘 할 수 있다면 부등식의 활용은 크게 어렵지 않지만, 부등식의 수의 범위이기에 적어도 몇 번은 연습을 해야 한다.

> **Q** 80원짜리 우표와 110원짜리 우표를 합하여 15장을 사려고 한다. 우표의 값으로 1,400원 이상 1,500원 미만으로 사려고 할 때, 110원짜리 우표는 몇 장에서 몇 장까지 살 수 있겠는가?
>
> 답: 7장에서 9장까지

80원짜리 우표의 개수를 x, 110원짜리 우표의 개수를 y라 하면 $x+y=15$라는 식이 만들어진다. 우표의 값은 $80x+110y$인데 1,400원 이상 1,500원 미만이라고 했으니 $1400 \leq 80x+110y < 1500$의 식이 만들어진다. 구하려는 것은

y의 개수니 $x+y=15$ ⇨ $x=15-y$를 대입하면 $1400 \leq 80(15-y)+110y < 1500$ 이다. 이것을 풀어주면 y의 범위가 나온다. $1400 \leq 80(15-y)+110y < 1500$ ⇨ $140 \leq 8(15-y)+11y < 150$ ⇨ $140 \leq 120-8y+11y < 150$ ⇨ $140 \leq 120+3y < 150$ ⇨ $20 \leq 3y < 30$ ⇨ $\frac{20}{3} \leq y < 10$으로 y는 정수니 7, 8, 9다. 방정식을 활용하는 학생에게는 어렵지 않았을 것이다. 부등식의 활용에서 주로 다루지는 문제는 주로 소금물이나 의자 문제다. 다음 문제를 풀어보자.

> **Q** 10%의 소금물 $200g$이 있는데 여기에 소금을 넣어서 15% 이상 20% 이하의 소금물을 만들려고 한다. 이때 넣어야 하는 소금의 양의 범위를 구하여라.
>
> 답: $\frac{200}{17} \leq x \leq 25 (g)$

소금을 넣어서 농도를 짙게 만들라는 문제다. 10% 소금물 $200g$에서 먼저 소금의 양을 구하면 $200 \times \frac{10}{100} = 20(g)$이다. 따라서 $\frac{(소금)}{(소금물)} = \frac{20}{200}$으로 표현할 수 있다. 여기에 넣는 소금의 양을 x라 하고 $\frac{20}{200}$에 넣으면 소금물의 양과 소금의 양이 모두 늘어나서 $\frac{20+x}{200+x}$가 된다. 이 부분을 이해하는 것이 핵심이다. 그런데 이것이 15% 이상 20% 이하라 했으니 수로 바꾼 $\frac{15}{100} \leq \frac{20+x}{200+x} \leq \frac{20}{100}$이 된다.

$\frac{15}{100} \leq \frac{20+x}{200+x} \leq \frac{20}{100}$ ⇨ $\frac{3}{20} \leq \frac{20+x}{200+x} \leq \frac{1}{5}$ 은 연립부등식 $\frac{3}{20} \leq \frac{20+x}{200+x}$ 와 $\frac{20+x}{200+x} \leq \frac{1}{5}$의 교집합으로 이제 계산만 남았다. $\frac{3}{20} \leq \frac{20+x}{200+x}$ ⇨ $600+3x \leq 400 +20x$ ⇨ $200 \leq 17x$ ⇨ $\frac{200}{17} \leq x$이고, $\frac{20+x}{200+x} \leq \frac{1}{5}$ ⇨ $100+5x \leq 200+x$ ⇨ $4x \leq 100$ ⇨ $x \leq 25$로 교집합은 $\frac{200}{17} \leq x \leq 25$다. 이번에는 학생들이 가장 어려워하는 의자 문제를 풀어보자!

Q 어느 학교 전교 학생들이 모두 긴 의자에 앉으려 하는데 한 의자에 4명씩 앉으면 7명의 학생이 의자에 앉지 못하게 되고, 5명씩 앉으면 오히려 의자가 3개가 남게 된다고 한다. 이때 의자의 개수의 범위를 구하여라.

답: $22 \leq$ (의자의 개수) < 27

의자의 개수를 x라 했을 때, 전체 학생의 수는 $4x+7$이 된다. 그런데 5명씩 앉으면 의자가 3개가 남는다는 것을 통하여 부등식을 만드는 것이 어려웠을 것이다. 의자의 개수가 x개인데 먼저 의자에 번호를 붙여가며 늘어놓아 보자!

$$1, 2, 3, \cdots, x-5, x-4, x-3, x-2, x-1, x$$

이렇게 늘어놓는 것이 어려우면 96쪽을 참고한다. 필자도 중2 때 헷갈렸는데, 필자는 의자가 3개가 남는다고 해서 $x-3$을 했는데 $x-3$번째 의자에 사람이 앉지 않는 걸로 착각했기 때문이다. 이렇게 늘어놓으면 학생들을 앞에서부터 5명씩 차례로 앉혔을 때 의자 3개가 남는다고 했으니 $x-2, x-1, x$라고 쓰인 의자에는 누구도 앉지 않았지만, $x-3$번째 의자에는 사람이 앉았다는 것을 알 수 있다. 좀 더 자세한 것은 $x-4$번째 의자는 학생이 모두 앉았으며 $x-3$이라고 쓰인 의자에는 몇 명이 앉았는지 모르지만 1명에서 5명까지 학생이 앉아있게 된다.

이제 학생 수로 부등식을 만들어보자! $x-4$번째 의자에 학생이 모두 앉고도 남았으니 $5(x-4)<4x+7$이 성립한다. 또 5명이 모두 $x-3$이라고 쓰인 의자에 앉을 수도 있으니 등호를 포함한 $4x+7 \leq 5(x-3)$이 된다. $5(x-4)<4x+7 \Rightarrow 5x-20 <4x+7 \Rightarrow x<27$이고 $4x+7 \leq 5(x-3) \Rightarrow 4x+7 \leq 5x-15 \Rightarrow 22 \leq x$로 교집합은 $22 \leq x<27$이다.

사칙연산 1

괄호 2

분수 3

등식 4

부등식 5

거듭제곱 6

절댓값 7

4

만점으로 가는 개념,
실수와 이차방정식

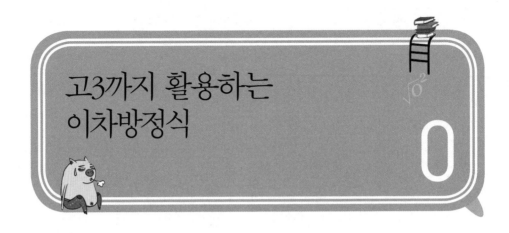

고3까지 활용하는
이차방정식

중학교 1~2학년 때 유리수를 배웠다. 그리고 중학교 3학년 과정에서 제곱근을 통해서 무리수를 배움으로 인해 수가 실수로 확장된다. 여기서 잠깐 수를 분류해보자!

$$(\text{복소수})\begin{cases} (\text{실수})\begin{cases} (\text{유리수})\begin{cases} (\text{정수}) \\ (\text{정수가 아닌 유리수}) \end{cases} \\ (\text{무리수}) \end{cases} \\ (\text{허수}) \end{cases}$$

유리수는 '분수(46쪽 참조)로 만들기 유리한 수'고, 무리수는 '분수로 만들기 무리인 수'다. 즉 분수로 만들 수 있는 수는 유리수, 분수로 만들 수 없는 수가 무리수라는 것이다. 중2 과정에서 무한소수 중에 순환하는 무한소수는 분수로 바꿀 수 있었으니 유리수였고, 분수로 바꿀 수 없었던 순환하지 않는 무한소수가 무리수가 되며 이 유리수와 무리수를 통틀어서 실수라고 한다.

실수(實數)는 *Real Number*라고 하는데 '실제로 존재하는 수'라는 뜻이다. 실제로 존재한다는 것을 언급하는 것은 존재하지 않는 것이 있음을 암시하는 것이다. 실제로 존재하지 않는 수를 허수라 하여 고등학교에서 배우는데 상식으로 언급한다. 실수 범위에서는 $\sqrt{\ }$ (루트) 안이 항상 0 이상이 되어야 하는데, 허수는 $\sqrt{\ }$ (루트) 안이 음수일 때를 표현하는 것으로 이 실수와 허수를 통틀어 복소수라고 한다.

중3에서 가장 먼저 무리수를 배우는 이유는 실수까지 확장이 되어야 비로소 이차방정식의 해(근)를 표현할 수 있기 때문이다. 어찌 보면 이차방정식을 하나 풀기 위해서 아주 먼 길을 달려왔다고 볼 수 있다. 이차방정식을 배우고 나면 그 이후로는 교과서의 모든 단원에서 이차방정식을 다루게 된다. 중3의 함수는 물론 피타고라스, 삼각비, 원과 비례뿐만 아니라 고등학교 3년 내내 모든 단원마다 따라 다닐 것이다. 그렇기 때문에 기본적으로 이차방정식을 빨리 푸는 것이 1차 목표다. 이차방정식을 푸는 방법은 인수분해와 근의 공식이라는 두 가지 뿐이다. 인수분해를 통해서 푸는 방법은 곱과 합, 약수와 인수, 두 수의 곱이 0이 되는 경우, 일차방정식의 풀이 등이 필요하고, 근의 공식은 등식의 성질을 이용한 제곱근의 풀이 방법을 익혀야 한다.

인수분해와 근의 공식을 이겨내는 과정에서 그동안 분수를 등한시 해 온 중3 학생의 절반 정도가 수학을 포기하게 된다. 그런데 만약 풀 수는 있는데 그 속도가 느리다면 당장 중3의 함수부터 막히게 되고, 고등학교의 모든 단원에 나오는 이차방정식과 함수를 만나면 고전을 면치 못하게 된다. 고등학교에서 누구는 1~2분 만에 풀고 누구는 10~20분이 걸리는 이유의 대부분은 이차방정식의 풀이 속도 탓이다. 결국 이차방정식을 빠르게 풀지 못하면 고등학교의 수학을 포기할 수도 있다는 것을 알아야 한다. 따라서 이차방정식을 풀기 위해서 사용되는 인수분해나 근의 공식을 충분히 연습하여 문제를 빨리 풀 수 있도록 해야 한다. 그렇다고 개념을 도외시하고 빠르기만 해서도 안 된다. 이차방정식을 잘 풀게 되면 학생들이 더 이상 이 안에 무엇이 있겠냐는 생각이 든다고 한다. 단순하게 보이는 이차방정식이 그 안에 얼마나 많은 의미들을 내포하고 있는지 지금은 알기 어렵겠지만 앞으로 많이 어려워진다는 것은 확실하다.

예를 들어 고등학교에서 이차방정식은 계수들에 문자가 들어가고 주어진 조건을 통해서 문제를 푸는 것이 많은데, 개념을 튼튼히 하지 않으면 이때에 문제가 된다. 문자가 계수가 들어갔다는 것은 정상적인 풀이가 안 된다는 것이다. 그래서 사용되는 근과 계수와의 관계나 이차함수와의 관계, 이차부등식과의 관계를 통해서 풀게 된다. 물론 지금 당장에 할 수 있는 것은 따라서 인수분해나 근의 공식에 사용되는 개념들을 철저히 해야 한다. 중3에서 배우는 모든 내용은 이차방정식, 이차함수는 물론이고 거의 대부분이 고등학교 수학과 직결된다. 단지 중3이 아니라 튼튼하게 고등학교의 수학을 준비한다고 생각해야 할 것이다.

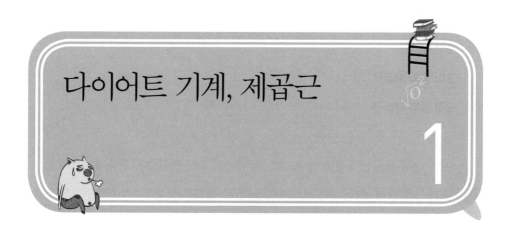

다이어트 기계, 제곱근

제곱근의 정의부터 보자! 어떤 수 x를 제곱하여 a가 되었을 때, 어떤 수 x를 a의 제곱근이라고 한다. 이 정의만 보고 곧장 이해하기는 어렵다. 그래서 제곱근을 공부하면서 가장 먼저 학생들에게 '어떤 수를 제곱하여 9가 되었다면 어떤 수는 무엇일까?'라는 질문을 던져 본다. 제곱근은 '거듭제곱의 거꾸로'니 대다수 학생들이 3이라고 금방 말하지만 그 후 −3까지 이끌어내는 데는 한참 걸린다.

이때 오래 걸린 아이들일수록 나중에 부호의 혼동이 많은 것 같다. $(+3)\times(+3)$도 $(-3)\times(-3)$도 9이니 '9의 제곱근'은 3 또는 −3이다. 보통 이렇게 부호만 다른 두 수를 두 번 쓰는 것이 귀찮아 한꺼번에 ±3(복호3 또는 플러스 마이너스 3)이라고 쓴다. 이처럼 '어떤 수를 제곱하여 9가 되었다면 어떤 수는 무엇일까?'라는 긴 물음을 짧게 물어본 것이 '9의 제곱근'이다.

9의 제곱근	± 3
9의 양의 제곱근	3
9의 음의 제곱근	-3

　어떤 수의 제곱근에서 ±를 매번 이끌어내는 것이 번거로워 요즘에는 방법을
바꿔 다음과 같이 좀 더 직접적으로 식을 푸는 방법을 정형화시키려고 노력한다.

　　'어떤 수를 제곱하여 9가 되었다'를 방정식으로 나타내볼래?

　　어떻게 방정식으로 나타내요?

　　어떤 수를 제곱한 것과 9가 같다는 뜻이 아니니? 어떤 수가 무언지 모르
　　니 미지수로 놓으면 되잖아. 그리고 제곱이 뭔지 몰라?

　　어떤 수를 x로 놓으면 $x^2 = 9$네요.

　　잘했어. 이제 $x^2 = 9$를 풀면 돼!

　　학교에서 배웠어요. 답은 ±3이죠?

　　맞아. 그런데 그거 물어보려는 것이 아닌데. $x^2 = 9$는 몇 차 방정식?

　　이차방정식이요?

　　이차방정식은 해가 몇 개?

　　2개요.

　　그럼 삼차방정식은 몇 개?

　　3개요.

　　어떻게 알았어? 3차방정식은 고등학교에서 배우는 건데.

　　찍은 거예요. 그렇다면 100차방정식은 해가 100개예요?

　　100차방정식은 해가 100개가 맞아. 그런데 해 중에는 실수가 아닌 것들

이 포함되어 있어. 그래서 이차방정식은 해가 2개이기는 한데, 실수냐 아니냐 등에 따라 0개, 1개, 2개 등이 될 수 있단다. 어찌 되었거나 이차방정식은 해가 최대 2개라는 것은 꼭 기억해야 한다.

알았어요.

제곱근을 공부하면서 많은 학생들이 ±를 붙일 때와 붙이지 않을 때를 구분하는 것 때문에 노이로제에 걸릴 지경이다. ±를 붙일 때를 정형화 시켜보자! '어떤 수의 제곱근'을 물어보면 x^2=(어떤 수)인 이차방정식을 만들고 풀어라. 여기에서 중요한 것은 바로 '이때'만 ±를 붙인다고 기억해야 한다는 것이다. 비록 이렇게 하는 것이 귀찮기는 하지만 혼동을 막아 준다. 이 방법은 남들이 안하는 것이지만 이차방정식을 푸는 두 가지 중의 한 가지로 앞으로 많은 연습이 필요한 부분이니 억울해할 것 없다. x^2=a라는 이차방정식의 풀이법은 다음처럼 간단하다.

a의 제곱근 $\Rightarrow$ x^2=a $\Rightarrow$ x=$\pm\sqrt{a}$ ('복호 루트 a' 또는 '플러스 마이너스 루트 a'라 읽는다.)

그런데 이차방정식의 풀이 중에 $\sqrt{}$ 라는 이상한 기호가 들어왔다. 먼저 이 기호의 이름과 성질을 먼저 보고 'a의 제곱근'을 다루어 보자!

루트의 이름

$\sqrt{}$ 의 이름 = $\begin{cases} ① \ 루트 \\ ② \ 제곱근 \\ ③ \ 근호 \end{cases}$

이름이 세 개나 되는 것은 그 만큼 쓰임새가 많다는 것이며 각각의 이름을 모두 기억해야 한다. 먼저 루트(root)는 '뿌리'라는 뜻으로 나머지 두 개의 이름에 뿌리를 뜻하는 '근(根)'의 의미가 이름 안에 있다. 기호는 첫 글자인 r자를 형상화 하였고 데카르트가 좀 더 길게 ‾를 붙여서 지금의 $\sqrt{\ }$와 같은 모습이 되었다. 근호는 수를 제외한 기호 자체만 언급할 때 주로 사용한다. 예를 들어 '근호가 없는 수'나 고등학교에서 근호 속에 근호가 있는 것을 표현하는 '이중근호'와 같이 표현된다. 문제는 제곱근이란 용어로 학생들이 'a의 제곱근'과 '제곱근 a'의 차이를 혼동하는 경우가 많다. 제곱근이란 용어가 두 가지의 의미를 담고 있기 때문이다. 어떤 수가 제곱하여 만들어졌을 때 제곱하기 전의 수를 지칭하기도 하고, 또 하나는 용어의 이름에서 보듯이 $\sqrt{\ }$(루트)라는 기호자체를 의미하기도 한다. 이 둘 중에 어떤 의미를 물어보느냐를 구분하는 것이 혼동의 원인이다. 정리해 보면 다음과 같다.

$$\begin{cases} 9의\ 제곱근 : x^2=9 \ \Rightarrow\ x=\pm\sqrt{9} \ \Rightarrow\ x\pm3 \\ 제곱근\ 9 : 루트\ 9 \ \Rightarrow\ \sqrt{9} \ \Rightarrow\ 3 \end{cases}$$

루트의 성질

이제 루트의 성질을 연습해보자! 필자는 처음 학생들에게 루트를 '다이어트 기계'라고 이야기해준다. 들어갈 때는 뚱뚱해져서 들어가고 나갈 때는 날씬해져서 나가는 것을 설명하기 위해서다. 이처럼 루트는 수를 제곱하여 근호 안으로 넣을 수 있고, 역시 근호 안의 수가 제곱수라면 밖으로 빼낼 수 있다는 성질이 있다. 필자는 '제곱수'라고 하였지만 교과서의 용어로는 '완전제곱수'라 한다. '완전제곱수'가 무언가가 다른 것인가란 생각이 들 수도 있지만, '완전'이라는 말은 불필요한 말로 관행상 붙였으니 그냥 제곱수와 같다고 생각하면 된다. 또한 쓸데없는 부연 설명이지만 수를 루트 안으로 넣고 빼는 것과 부호와는 전혀 상관없다. 문제를 통해 루트의 성질을 연습해보자!

Q 다음 수를 근호가 있는 수로 만들어라.

(1) 2   (2) 3   (3) 4   (4) 1

(5) 0   (6) −5

답: (1) $\sqrt{4}$ (2) $\sqrt{9}$ (3) $\sqrt{16}$ (4) $\sqrt{1}$ (5) $\sqrt{0}$ (6) $-\sqrt{25}$

'2를 루트 안으로 넣으면 뭐니?'라는 질문에 '4'라고 대답하는 학생이 많다. 4가 아니라 $\sqrt{4}$이며, $\frac{2}{3}$라는 분수를 2와 3의 두 자연수가 아니라 하나의 '수'로 받아들였듯이 $\sqrt{4}$도 하나의 '수'로 받아들여야 한다. 그런데 0에서 20까지의 제곱수들을 외워 놓아야 루트의 성질을 제대로 사용할 수 있다. (1)~(5)까지는 잘 하지만 (6)이 헷갈릴 것이다. 만약 −5를 $\sqrt{(-5)^2}$로 쓰면 두 수가 음수와 양수로 달라지기 때문에 틀리게 된다. −5에서 −와 5를 분리하고 5만 루트 안으로 넣어서 $-\sqrt{25}$라 써야 한다. 이것을 당장 설명하기가 쉽지는 않은데 275쪽에서 설명하는 것을 이해한다면 도움이 될 것이다. 고등학교에서 $a\sqrt{b}$에서 $a<0$이면 $-\sqrt{a^2 b}$라고 하는 것을 많은 학생들이 이해를 못 하는 경우가 많은데, 어차피 더 이상 설명이 없을 것이니 지금 기회에 이해할 수 있다면 좋겠다.

Q 다음 수를 근호가 없는 수로 나타내어라.

(1) $\sqrt{121}$ (2) $-\sqrt{144}$ (3) $\pm\sqrt{169}$

$$(4) \ -\sqrt{\dfrac{4}{9}} \qquad\qquad (5) \ \pm\sqrt{1.96}$$

$$\text{답: } (1) \ 11 \quad (2) \ -12 \quad (3) \ \pm13 \quad (4) \ -\dfrac{2}{3} \quad (5) \ \pm1.4$$

수를 루트 안으로 넣고 빼는 것과 부호와는 전혀 상관이 없다. 루트 앞에 있는 부호를 그대로 사용하면 된다. 그런데 앞서 20까지 제곱수를 외우라고 했는데 다 외웠나? 아니면 제곱수 자체를 모르고 있는가? 노파심에서 20까지의 제곱수를 알려주겠다.

20까지의 제곱수

$0^2=0$, $1^2=1$, $2^2=4$, $3^2=9$, $4^2=16$, $5^2=25$, $6^2=36$, $7^2=49$, $8^2=64$, $9^2=81$, $10^2=100$, $11^2=121$, $12^2=144$, $13^2=169$, $14^2=196$, $15^2=225$, $16^2=256$, $17^2=289$, $18^2=324$, $19^2=361$, $20^2=400$

이것은 수 감각에도 도움이 되고 당장 3학년 2학기 피타고라스 정리에서도 필요하다. (4) $-\sqrt{\dfrac{4}{9}}=-\dfrac{\sqrt{4}}{\sqrt{9}}$로 쓸 수 있어서 답은 $-\dfrac{2}{3}$다. 루트를 분모와 분자로 찢을 수 있는 이유는 275쪽에서 설명하였다. (5) 어려우면 항상 가장 먼저 분수를 생각을 해야 한다. 분수가 싫다는 학생이 많지만 그래도 소수 보다는 분수가 나을 것이다. $\pm\sqrt{1.96}=\pm\sqrt{\dfrac{196}{100}}=\pm\dfrac{\sqrt{196}}{\sqrt{100}}=\pm\dfrac{16}{10}$이니 답은 $\pm\dfrac{8}{5}$ 또는 ±1.6이다.

Q $\sqrt{x}$ ($x=1, 2, 3, \cdots, 20$)에서 근호를 벗길 수 있는 것의 개수는?

답: 4개

문제가 묻는 것은 $\sqrt{1}$, $\sqrt{2}$, $\sqrt{3}$, $\sqrt{4}$, $\cdots$, $\sqrt{20}$ 까지의 수 중에서 근호를 벗길

수 있는 것의 개수다. 루트 안이 완전제곱수 즉 제곱수여야 하니 $\sqrt{1}$, $\sqrt{4}$, $\sqrt{9}$, $\sqrt{16}$ 으로 4개가 답이다. 그런데 $\sqrt{1}$, $\sqrt{4}$, $\sqrt{9}$, $\sqrt{16}$ 은 각각 1, 2, 3, 4로 유리수이며, 나머지 루트 안이 제곱수가 아닌 $\sqrt{2}$, $\sqrt{3}$, $\sqrt{5}$ 등은 나갈 수가 없어서 모두 무리수가 된다. 이제 루트의 성질을 알았으니 'a의 제곱근' 문제를 풀어보자!

Q 다음 수의 제곱근을 구하여라.

(1) 0   (2) 1   (3) 2   (4) 3   (5) 4

답: (1) 0 (2) ± 1 (3) $\pm\sqrt{2}$ (4) $\pm\sqrt{3}$ (5) ± 2

다음 수의 제곱근이라 했으니 0의 제곱근, 1의 제곱근 등을 질문하고 있다. (1) 0의 제곱근 $\Rightarrow$ $x^2=0$ $\Rightarrow$ $x=\pm\sqrt{0}$ $\Rightarrow$ $x=\pm 0$ $\Rightarrow$ $x=0$ (2) 1의 제곱근 $\Rightarrow$ $x^2=1$ $\Rightarrow$ $x=\pm\sqrt{1}$ $\Rightarrow$ $x=\pm 1$ (3) 2의 제곱근 $\Rightarrow$ $x^2=2$ $\Rightarrow$ $x=\pm\sqrt{2}$ (4) 3의 제곱근 $\Rightarrow$ $x^2=3$ $\Rightarrow$ $x=\pm\sqrt{3}$ (5) 4의 제곱근 $\Rightarrow$ $x^2=4$ $\Rightarrow$ $x=\pm\sqrt{4}$ $\Rightarrow$ $x=\pm 2$다. $\pm$만 조심한다면 답은 그냥 보이는데 꼭 그렇게 할 필요가 있느냐고 할지도 모르겠다. 필자가 가르치는 학생들도 싫어해서 강제로 시킨다. 비록 귀찮기는 하지만 $x^2=3$과 같은 식이 만들어지면 이제 이 식을 풀기만 하면 되니 머리는 한결 정리가 되어 $\pm$를 붙이느냐 붙이지 않느냐를 혼동하지는 않을 것이다. 실제로 이것을 쓰게 되는 것은 한 단계 더 발전하여 $(x+2)^2=3$ $\Rightarrow$ $x+2=\pm\sqrt{3}$ $\Rightarrow$ $x=-2\pm\sqrt{3}$과 같은 곳에서 사용하는데 더 쉬운 곳에서 연습하는 것이 필요하다.

Q $\sqrt{16}$의 제곱근은 무엇인가?

(1) 4   (2) -4 (3) ± 4 (4) 2   (5) ± 2

답: (5)

$\sqrt{16}$은 4니 문제가 묻는 것은 4의 제곱근 즉 $x^2=4 \Rightarrow x=\pm\sqrt{4} \Rightarrow x=\pm2$다.

a의 제곱근에서 a의 범위

a의 제곱근을 $x^2=a$로 바꾼다고 하였는데 a가 양수, 0, 음수일 때로 나누어 살펴보자! 먼저 양수일 때를 보자! 예를 들어 $a=3$이라 하면 $x^2=3 \Rightarrow x=\pm\sqrt{3}$으로 항상 2개의 근을 갖게 된다. $a=0$일 때는 $x^2=0 \Rightarrow x=\pm\sqrt{0} \Rightarrow x=\pm0$ $\Rightarrow x=0$으로 한 개의 근을 갖게 된다. 이제 a가 음수인 경우를 보자! 만약 $a=-3$이라면 $x^2=-3$이 되는데 어떤 수든 제곱하면 양수가 되기에 이것을 만족하는 x의 값은 우리가 알고 있는 실수에서는 존재하지 않는다. 좀 더 설명하면 x^2은 $x \times x$로 두 x는 같은 것이고 같은 수를 곱해서 음수가 나오는 경우는 없다.

(음수)의 제곱근 (존재하지 않는다.)

$\Rightarrow x^2=$(음수) (존재하지 않는다.)

$\Rightarrow x=\pm\sqrt{(음수)}$ (역시 근호 안이 음수인 수는 존재하지 않는다.)

근호 안이 음수인 수를 표현하기 위해서 248쪽에서 언급한 허수를 고등학교에서 배우게 된다. 그런데 허수가 아닌 수가 실수이니 여기에서 어떤 실수든지 제곱하면 음수가 될 수 없다는 실수의 중요한 성질이 나오게 된다. 필자가 '루트 안도 양수(0포함)고 나간 수도 양수(0포함)다'라는 말을 한다. 이 말 하나로 고등학교 무리함수의 문제를 모두 풀게 된다. 이처럼 중요하다 보니 이것을 다루는 문제가 학교 문제에서도 자주 출제되고 있다. 그러니 정확하게 이해하기 바란다. 이제 정리해보자!

① (양수)의 제곱근은 항상 2개다.

② 0의 제곱근은 항상 0으로 1개다.

③ 음수의 제곱근은 실수 범위에서 0개, 즉 존재하지 않는다.

④ 실수 범위에서 $\sqrt{p}$는 $p \geq 0$, $\sqrt{p} \geq 0$이 항상 성립한다.

다음은 음수의 제곱근은 없다는 것을 가르치고 나서 나누는 학생과의 대화다.

음수의 제곱근은 음수가 아니라 양수지?

네.

뭐라고? 기껏 없다고 가르쳤는데 양수란 말이야?

알았어요. 없어요?

그럼, 음수의 제곱근은 0개지?

아니요. 없어요.

없으니 0개 아니야?

그러네요.

한 문제만 풀어보자!

Q 다음은 실수 범위에서 어떤 수의 제곱근을 설명하고 있다. 바르게 설명하는 것을 골라라.

(1) 음수의 제곱근은 음수다.

(2) 0의 제곱근은 없다.

(3) 음수가 아닌 수의 제곱근은 3개다.

(4) 음수의 제곱근은 0개다.

(5) 양수가 아닌 수의 제곱근은 없다.

답: (4)

음수의 제곱근은 실수 범위에서 없다는 것을 분명히 해야 속지 않는다. (3) 음수가 아닌 수의 제곱근은 1개 또는 2개인데 이것을 통틀어 3개라고 할 수는 없다. (5) 양수가 아닌 수에는 0과 음수가 있는데, 음수의 제곱근은 없지만 0에는 근이 있기에 모두 없다고 말한 것은 틀린 것이다. 이런 문제를 문제 같지도 않다며 말장난이라는 생각이 든다면 논리에 약한 것을 인정해야 한다. 논리가 부족하다면 중2의 명제 부분을 좀 더 공부해야 한다. 논리가 부족하면 지식을 모두 알아도 자칫 틀리게 되는 경우가 많다.

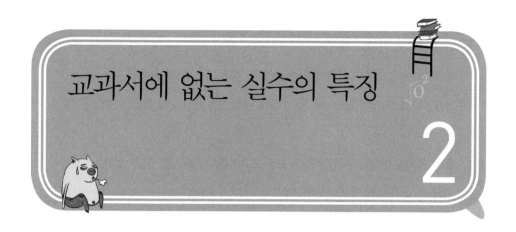

교과서에 없는 실수의 특징

2

교과서에서 제시하고 있는 실수의 성질을 보면 다른 유리수 또는 무리수 사이에 무수히 많은 유리수 또는 무리수가 존재하며, 수직선(수로 표시되어 있는 직선)은 유리수와 무리수 즉 실수로 완전히 메워진다는 것이다. 보통 선생님들이 유리수가 무수히 많다는 것은 두 유리수의 평균으로 설명하고, 무리수가 무수히 많다는 것은 '데데킨트의 절단'이라는 것으로 설명할 것이다. 이외에도 실수에는 가장 큰 특징 세 가지가 있다. 첫째, 모든 실수는 제곱하면 양수(0포함)가 되는 것이고 둘째, 모든 실수는 크기가 비교 된다는 것, 그리고 셋째는 모든 실수는 (정수+소수)(단, 소수에는 0포함)로 분리할 수 있다는 것이다.

첫째, 모든 실수는 제곱하면 0 이상의 수가 된다

어떤 수든지 제곱하면 0 이상의 수가 되는 게 당연한 것인데 실수의 특징이라니 다소 황당할 수도 있겠다. 그런데 나중에 허수를 배우면 $\sqrt{-3} \times \sqrt{-3} = -3$처럼 음수인 경우도 있다. 이처럼 실수는 실수가 아닌 것을 배워야 그 특징을 분명히 알게 된다. 예를 들어 '임의의 실수 a, b에 대하여 $a^2 \geq 2ab-b^2$'라는 것을 증명하려면 $a^2-2ab+b^2 \geq 0 \Rightarrow (a-b)^2 \geq 0$라는 절대부등식(63쪽 참조)을 만들면 된다.

둘째, 크기를 비교할 수 있는 것은 모두 0보다 큰지 작은지를 알 수 있다

$a>b$나 $a<b$처럼 크기를 비교한다는 것은 이항을 하여 $a-b>0$, $a-b<0$와 같이 만들 수 있다는 것이다. 중학교까지는 a, b가 미지수가 아닌 상수로 주어지겠지만 고등학교에 가면 미지수로 주어져서 완전제곱 꼴로 바꾸는 바로 위의 예와 같아진다. 그럼 이 기회에 크기에 대한 비교를 정리해보자.

① 수가 되어질 때 기준을 갖게 하면 비교가 된다. $\frac{1}{2}$과 $\frac{1}{3}$의 크기를 비교하기 위해서 기준이 되는 분모를 같게 하여 $\frac{3}{6} > \frac{2}{6}$처럼 비교하였듯이 3, $\sqrt{5}$, $2\sqrt{2}$의 크기를 비교하려면 비교하려는 것을 제외한 모든 것을 같게 해야 한다. 따라서 $\sqrt{5} < \sqrt{8} < \sqrt{9}$다.

② 두 수를 빼서 0보다 큰지 작은지를 보면 크기 비교가 된다.

$a-b>0 \Rightarrow a>b$

$a-b<0 \Rightarrow a<b$

$a-b=0 \Rightarrow a=b$

③ 분수로 만들어서 1과 비교하여 크기 비교를 한다.

$\frac{b}{a}>1 \Rightarrow a>b$ (1보다 크니 가분수로 분자가 더 크다.)

$\frac{b}{a}<1 \Rightarrow a<b$ (1보다 작으니 진분수로 분모가 더 크다.)

$\frac{b}{a}=1 \Rightarrow a=b$

④ 부등식의 성질로 유리수끼리 무리수끼리 만들면 비교가 편하다.

예를 들어 $4-2\sqrt{2}$와 $\sqrt{2}-1$의 크기를 비교한다면 두 식에 부등식의 성질을 적용(이항처럼)하여 5와 $3\sqrt{2}$의 관계로 본다는 것이다. 5와 $3\sqrt{2}$의 기준이 같도록 모두 루트가 있는 수인 $\sqrt{25}$와 $\sqrt{18}$로 바꿔도 되지만, $5^2=25$와 $(3\sqrt{2})^2=18$로 보아도 부등호의 방향은 같다. 중3의 부등식은 두 수를 뺌으로써 0보다 큰지 작은지를 가르치려고 하고 있지만 실제로는 부등식의 성질을 적용하는 것이 더 빠를 것이다.

셋째, 모든 실수는 정수부분과 소수부분으로 나눌 수 있다

정수와 정수 사이에 분수가 있고 다시 분수와 분수 사이에 무리수가 있다. 분수든 무리수든지 1보다 작은 수를 표현하기 위해서 만들어진 것들이다. 분수도 마찬가지지만 무리수도 정수 사이에 있게 된다. 예를 들어 $\sqrt{41}$에서 41은 제곱수 36과 49의 사이에 있으니 $36<41<49$라는 부등식이 성립한다. 여기의 각 항에 루트를 씌우면 $\sqrt{36}<\sqrt{41}<\sqrt{49}$ $\Rightarrow$ $6<\sqrt{41}<7$로 $\sqrt{41}$은 $6.\times\times\times$라는 크기의 수임을 알 수 있다. 소수부분을 알기 위해서는 $6<\sqrt{41}<7$의 각 항에 6을 빼면 $0<\sqrt{41}-6<1$이라는 소수부분이 된다. 따라서 $\sqrt{41}=6$(정수부분)$+(\sqrt{41}-6)$(소수부분)이 된다.

중3에서 어떤 무리수를 정수부분과 소수부분으로 분리하여 푸는 문제가 종종 출제되고 있다. 이들 문제가 어렵다기 보다는 왜 이처럼 분리하여 사람을 피곤하게 하는가, 아니면 이런 것이 문제를 위한 문제인가라는 의문이 든다. 정수부분과 소수부분으로 분리할 수 있는 것은 실수의 특성이다. 분리의 실효성은 주로 아주 작은 수나 아주 큰 수에서 이루어지며, 이들 수에서 정수나 소수가 '지표와 가수'(고2의 상용로그에서 배운다.)라는 의미로 각각의 의미를 가지게 되기 때문이다. 쓸데없는 분리가 아니니 충분히 연습하기 바란다.

무리수와 절댓값(| |)의 관계

3

루트의 성질을 배우고 루트 안으로 넣거나 벗기는 것을 빠르게 할 수 있어야 한다. 이를 위해서는 20까지의 제곱수를 외우고 루트 안의 수를 제곱수와의 곱으로 본다면 소인수분해 등 고전적인 방법보다 훨씬 빠르게 될 것이다. 관련 문제를 한번 풀어보자!

> **Q** $x=\sqrt{54a}$ 가 성립될 수 있도록 하는 가장 작은 양의 정수 a, x의 값은?
>
> 답: $a=6$, $x=18$

기본적으로 루트 안도 양수고 나간 수도 양수라고 했으니 $x>0$, $54a>0$이다. 그런데 x가 양의 정수가 되기 위해서는 $54a$가 모두 루트 밖으로 나가야 한다. 곱해서 54가 되는 수 중에서 제곱수를 포함하는 것은 9×6이니 $54a=9\times6\times a$ 다. 9는 3으로 나갈 것이니 문제는 $6\times a$다. a는 6, 6×2^2, 6×3^2 ··· 이 되는데 가장 작은 정수라고 했으니 a는 6이 된다. 따라서 x는 앞서 나간 3과 6을 곱한 18이 된다.

Q 제곱근의 성질을 이용하여 $\sqrt{27200}$의 근삿값을 구하려고 할 때, 제곱근표에서 찾아야 하는 수는?

(1) $\sqrt{0.272}$ (2) $\sqrt{2.72}$ (3) $\sqrt{27.2}$ (4) $\sqrt{272}$ (5) $\sqrt{2720}$

답: (2)

교과서에 뒤에 있는 제곱근표를 한 번도 보지 않는 경우가 많은데 제곱근표에서의 수는 1 이상 100 미만의 수로 되어 있다. 27200은 272×100이나 2.72×10000으로 $\sqrt{27200}$은 $10\sqrt{272}$나 $100\sqrt{2.72}$인데 이중에 100보다 작아야 하니 $100\sqrt{2.72}$다. $\sqrt{2.72}$를 찾고 거기에 100을 곱한 것이 $\sqrt{27200}$의 근삿값이 된다. 그런데 루트 안이 미지수로 되어 있다면 이 미지수의 0, 양, 음을 따져 봐야 한다. 먼저 $\sqrt{a}$와 $\sqrt{a^2}$을 비교해보자!

$\sqrt{a}$에서 a는 미지수니 0, 양, 음이 모두 될 수 있지만 0 이상이 되어야 $\sqrt{a}$가 무리수 즉 실수가 될 수 있다. 중3은 실수만 다루고 있으니 이 경우는 크게 문제가 되지 않는다. 이것과 비교하여 $\sqrt{a^2}$에서 a도 미지수니 0, 양, 음이 모두 될 수 있지만 제곱을 하였으니 $a^2 \geq 0$이 된다. 따라서 루트 안이 양수여야 한다는 조건을 만족하니 $\sqrt{a^2}$는 a의 값과 상관없이 성립된다. 문제는 루트 안도 양수여야 하지만 나간 수도 양수여야 하는데 a는 여전히 0, 양, 음의 어느 것도 될 수 있어서 루트 밖으로 나갈 수 없게 된다. 그렇다고 아예 못나가는 것은 아니고 a를 양수로 만들라는 절댓값을 붙여서 나갈 수는 있게 된다. 따라서 $\sqrt{a^2}=|a|$라고 표현할 수는 있다. 그렇다면 루트 벗기기는 절댓값 벗기기와 같다고 볼 수 있다. $|a|$에서

a가 양수면 $|a|=a$이고, a가 음수면 $|a|=-a$라는 절댓값의 성질을 기억할 것이다. 절댓값 벗기기와 루트 벗기기가 같으니 절댓값으로 바꾸어서 해도 되지만 곧장 $\sqrt{a^2}$에서 a가 양수이면 $\sqrt{a^2}=a$이고, a가 음수이면 $\sqrt{a^2}=-a$로 사용하면 된다.

Q a가 실수일 때, 다음 중 $\sqrt{a^2}$과 항상 같은 것은?

(1) a　　　(2) $-a$　　　(3) $|a|$　　　(4) $-|a|$　　　(5) a^2

답: (3)

학생들이 이 문제를 헷갈려하는 것은 a가 0, 양, 음의 어떤 수도 될 수 있지만 제곱하면서 a^2이 양수가 되면서 a가 양수로 바뀌었다고 착각해서다. a^2은 양수지만 a는 여전히 양수인지 음수인지 모른다는 것이다. 이것이 헷갈리면 당분간 $\sqrt{a^2}=|a|$처럼 절댓값으로 바꿔서 해도 된다.

Q $a<0$일 때, $\sqrt{(3a)^2}-\sqrt{(-a)^2}$을 간단히 하면?

(1) $-2a$　　　(2) $-a$　　　(3) a　　　(4) $2a$　　　(5) 0

답: (1)

루트 안에 미지수를 포함하는 것은 양, 음이 주어지지 않는 한 나가지 못한다. 따라서 $a<0$라는 조건을 이 문제를 푸는 동안은 계속 염두에 두어야 한다. 귀찮기는 하지만 절댓값으로 바꿔서 보면 $|3a|-|-a|$이다. $3a<0$이니 $|3a|=-3a$이고 $-|-a|$에서 $-a\geq0$이니 그대로 나가면 되는데 이때 음수 때문에 괄호를 사용하면 $-(-a)$이다. 따라서 $-3a-(-a)=-2a$라는 답이 된다. 절댓값을 거치니 많이 귀찮을 것이다. 몇 번 연습한 뒤에 양수면 그대로 나가고 음수면 $-$를 붙이자. 그

러면 간단하게 해결 할 수 있다.

Q $a>0$, $b<0$일 때, $\sqrt{4a^2}-\sqrt{(-2b)^2}+|b|$를 간단히 하여라.

답: $2a+b$

주어진 조건에 따라서 루트 안의 부호를 조사하면 $4a^2>0$, $-2b>0$, $b<0$이다. 따라서 $2a-(-2b)-b=2a+b$라는 답이 나온다. 그런데 많은 학생들이 부호에 대한 이런 부등식의 표현 대신 +나 −를 쓰는 경우가 많다. 당장에 부등식 보다는 +, −의 표현이 오답도 적고 더 편하겠지만 자꾸 기호를 써서 친숙하려고 노력해야 한다. 어떤 문제도 +, −처럼 제시되는 문제는 없기 때문에 연습이 적으면 결국 문제가 발생할 수 있다. 이 문제에 대한 오답으로 $4a+b$가 많다. 그 이유는 $\sqrt{4a^2}$와 $\sqrt{(4a)^2}$를 구분하지 못한 탓이다. $\sqrt{4a^2}=\sqrt{4\times a^2}=2|a|$이고 $\sqrt{(4a)^2}=|4a|=4|a|$이다.

유리수와 무리수의 차이는 무엇일까?

유리수(*rational number*)와 무리수(*irrational number*)에서 무리수를 비이성적인 수로 설명하는 학자나 선생님들이 많다. 그러나 무리수가 탄생할 당시에는 비이성적으로 보였을지라도 현재 관점에서 보면 합리적이다. 뿐만 아니라 라틴어 *ratio*에 '비'의 의미를 담고 있어 유비수와 무비수라는 용어의 사용을 주장하는 학자들이 점점 늘고 있다.

필자도 유비수나 무비수가 되어야 한다고 생각하는 사람들 중의 하나라서 무리수는 비순환 무한소수로 '분수로 만들 수 없는 수'라고 가르친다. 이렇게 가르치면 학생들이 처음에는 무리수가 무엇인지 안다고 생각하였다가 점차 문제를 풀면서 이해할 수 없는 것들이 나오면 '유리수와 무리수의 차이를 다시 묻곤 한다. 유리수에 대한 이해를 넓혀 무리수의 이해를 돕는다. 유리수와 분수의 차이점을 통해서 유리수를 좀 더 이해하고, 분수로 만들 수 없는 수로서의 무리수를 확실히 인식하는 것이 중요하다. 다음 대화를 보자!

선생님, 도대체 무리수라는 것이 뭐예요?

무리수는 유리수가 아닌 수, 즉 분수로 만들 수 없는 수인 거 몰라?

무리수가 뭔지는 알아요. 1학년 때 배운 π(파이) 그리고 루트 안이 완전제곱 꼴이 아닌 수를 모두 무리수라고 해요. 어때요. 잘 알지요?

🙂 그래. 똑똑하다. $\sqrt{2} \fallingdotseq 1.414\cdots$ 로 루트 밖으로 내보내면 비순환 무한소수

가 되어 분수로 만들 수가 없다는 것이 보다 분명해 보이지?

🙂 안다니까요? 그런데 자꾸 문제를 풀다 보면 이상한 게 나와요.

🙂 그럼 확인해보자! $\sqrt{3}$을 $\dfrac{\sqrt{3}}{1}$으로 바꿀 수 있지? $\dfrac{\sqrt{3}}{1}$은 분수니?

🙂 아니요.

🙂 왜 아닌데?

🙂 분모가 1이라서 아닌데요.

🙂 무슨 말이야? 분모가 0이 아닌 정수가 맞는데…… (46쪽 참조)

🙂 아, 깜빡했어요. 분자가 정수가 아니라서 분수가 아니며 정수로 만들 수도

없어서 유리수도 될 수 없어요.

🙂 그래, 맞았어. 그런데 유리수는 분수로 만들기 유리한 수이고, 무리수는

분수로 만들기 무리인 수라고 기억하면 좀 더 유용할 것이야.

🙂 그런데 $\dfrac{\sqrt{3}}{1}$이 분수가 아니라면 뭐라고 불러야 하나요?

🙂 '분수꼴'이라고 하면 무난할 것 같구나.

🙂 그러니까 분수꼴이 모두 분수는 아니라는 말이지요?

🙂 그래. 이제 기본이 된 것 같으니 이제 확장을 해보자! $-\sqrt{3}$은 무리수니?

🙂 예.

🙂 왜?

🙂 분수로 만들 수 없으니까요.

🙂 잘했어. 그럼 $2-\sqrt{3}$은 무리수니?

🙂 이런 거는 안 배웠는데요?

🙂 그럼 다시 물어볼게. 분수로 바꿀 수 있니?

🙂 못 바꾸죠.

😀 그럼 분수로 바꾸기 무리니 $2-\sqrt{3}$은 무리수가 맞지 않니?

😶 그렇구나! 그렇게 보면 쉽네요. 진짜 무리수가 맞아요?

Q 다음 중 항상 무리수인 것을 고르면?

(1) (무리수)+(무리수)   (2) (무리수)−(무리수)

(3) (무리수)×(무리수)   (4) (유리수)+(무리수)

(5) (유리수)×(무리수)

답: (4)

(2)와 (3)은 쉽게 답에서 제외시켰겠지만 (1)과 (5)라는 오답이 많다. 항상 무리수가 된다는 것은 계산의 결과가 단 하나의 예외로 유리수가 나와도 안 된다는 것이다. (1)을 선택한 학생은 $\sqrt{3}+\sqrt{3}$, $\sqrt{2}+\sqrt{3}$ 등의 경우만 생각했기 때문이다. 앞에서 $-\sqrt{3}$도 무리수라고 했다. 따라서 $\sqrt{3}+(-\sqrt{3})=0$으로 유리수가 된다. (5)는 (유리수)×(무리수)에서 (유리수)가 0이면 0×(무리수)=0이 된다.

정리하면 '개별 수들인 무리수에 유리수를 더하거나 0이 아닌 유리수를 곱하여도 항상 무리수가 된다'라 할 수 있다. 그런데 유리수와 무리수가 더하면 실수라고만 생각하는 학생이 있다. 맞다. 유리수 전체와 무리수 전체를 합집합의 개념으로 보면 실수라는 수의 범위가 된다. 그런데 개별적인 수로써 유리수와 무리수가 더해지면 반드시 무리수가 된다. 물론 (유리수)+(무리수)가 무리수지만 큰 범위 내에서는 역시 실수이니 실수라고 할 수도 있다. 이와 똑같은 원리가 허수와 복소수 간에 이루어지는데 많은 고등학생들이 혼동한다.

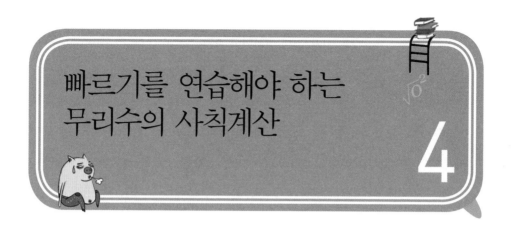

빠르기를 연습해야 하는
무리수의 사칙계산

4

　　무리수라는 새로운 수를 배웠으니, 먼저 무리수의 사칙계산을 한 다음 분수의 사칙계산을 하게 될 것이란 것을 어렵지 않게 예측할 수 있을 것이다. 보통 선생님들이 $3x+4x=7x$처럼 계수끼리 더하듯이 $3\sqrt{2}+4\sqrt{2}=7\sqrt{2}$라고 설명하는데, 많은 학생들이 계수끼리 더하는 이유를 잘 모르는 경우가 많다. 그래서 어떤 때는 잘하다가도 더하기와 곱하기를 헷갈려서 엉뚱하게 계산하는 경우가 발생한다. 중학수학은 항상 그렇듯이 혼동되는 것은 덧셈과 곱셈의 구분이다. 처음에 배울 때는 빠르게 하기 보다는 정확하게 한 다음 빠르게 할 수 있도록 해야 한다. 같은 무리수끼리와 다른 무리수끼리의 연산을 보자!

$$\sqrt{2}+\sqrt{2} \qquad \sqrt{2}-\sqrt{2} \qquad \sqrt{2}\times\sqrt{2} \qquad \sqrt{2}\div\sqrt{2}$$

$\sqrt{2}+\sqrt{2}$을 아직도 $1\sqrt{2}+1\sqrt{2}=(1+1)\sqrt{2}$로 계산해야 할까? 항상 정식으로 하

는 것이 좋다. $\sqrt{2}+\sqrt{2}$는 같은 수의 더하기니 곱하기로 바꾸면 $\sqrt{2}\times2$인데 곱하기를 생략하여 $2\sqrt{2}$로 놓는다. 정수를 루트 앞에 놓는 이유는 문자에서와 같이 음의 정수 때문이다. $\sqrt{2}-\sqrt{2}$는 '같은 것은 같다'고 보며 같은 것끼리 빼면 항상 0이다. $\sqrt{2}\times\sqrt{2}$를 $\sqrt{4}=2$라고 하는데 그 이유는 무엇일까? 교과서는 아무런 설명이 없이 '$a>0$, $b>0$일 때, $\sqrt{a}\times\sqrt{b}=\sqrt{ab}$'와 같은 공식을 제시한다. 정확한 이유는 275쪽에서 다시 설명한다. $\sqrt{2}\div\sqrt{2}=\dfrac{\sqrt{2}}{\sqrt{2}}=1$임을 알 수 있다. 이제 서로 다른 무리수끼리 계산해보자!

$$\sqrt{2}+\sqrt{3} \qquad \sqrt{2}-\sqrt{3} \qquad \sqrt{2}\times\sqrt{3} \qquad \sqrt{2}\div\sqrt{3}$$

$\sqrt{2}+\sqrt{3}$과 $\sqrt{2}-\sqrt{3}$에서 $\sqrt{2}=1.414\cdots$, $\sqrt{3}=1.732\cdots$로 비순환 무한소수니 더할 수 없고 또한 같은 수의 더하기가 아니니 더 이상 간단하게 할 수도 없다. $\sqrt{2}\times\sqrt{3}=\sqrt{6}$이고 $\sqrt{2}\div\sqrt{3}$은 분수로 바꿔서 $\dfrac{\sqrt{2}}{\sqrt{3}}$인데 $\sqrt{\dfrac{2}{3}}$(275쪽 참조)가 되거나 분모의 유리화를 하게 된다. 이제 분모의 유리화를 배워보자!

분모의 유리화

분모의 유리화란 분모를 유리수로 만드는 것이며, 당연한 말이지만 분모가 유리수가 아닌 수 즉 무리수일 때 하는 것이다. 예를 들어 $\dfrac{\sqrt{2}}{\sqrt{3}}$와 같이 분모가 $\sqrt{3}$이라는 무리수일 때, '분수의 위대한 성질'을 이용하여 분모와 분자에 $\sqrt{3}$을 곱하면 $\dfrac{\sqrt{2}\times\sqrt{3}}{\sqrt{3}\times\sqrt{3}}=\dfrac{\sqrt{6}}{3}$이 된다. 학생들이 분모의 유리화를 어려워하는 것은 아니다. 다만 문제는 유리화를 왜, 그리고 언제 하느냐를 생각해보지 않아서 문제를 풀 때 막히게 되는 것이다. 이제 문제를 한 번 풀어보고 좀 더 진행해보자!

Q 다음 식을 간단히 하여라.

(1) $\sqrt{12}+\sqrt{75}$

(2) $\sqrt{6}-\dfrac{\sqrt{2}}{2\sqrt{3}}$

(3) $\dfrac{\sqrt{12}-\sqrt{2}}{\sqrt{2}}+\dfrac{\sqrt{18}+\sqrt{3}}{\sqrt{3}}$

답: (1) $7\sqrt{3}$ (2) $\dfrac{5\sqrt{6}}{6}$ (3) $2\sqrt{6}$

계산을 떠나서 분수에서 항상 약분을 했듯이 루트 밖으로 나갈 수 있는 수는 항상 나가야 한다. (1) $\sqrt{12}=\sqrt{4\times3}=2\sqrt{3}$이고 $\sqrt{75}=\sqrt{25\times3}=5\sqrt{3}$이니 답은 $7\sqrt{3}$이다. (2) 간혹 분모의 유리화도 분수의 계산도 할 줄 아는데 문제를 틀리는 경우가 있다. 문제의 어디에도 분모의 유리화를 해서 계산하라는 말은 보이지 않기 때문이다. 분수의 덧셈, 뺄셈을 하려면 통분을 해야 한다. 통분을 할 때는 유리수가 좋을까, 무리수가 좋을까? 이처럼 분모의 유리화를 하는 이유 중 많은 경우가 통분 때문이다. 그런데 $-\dfrac{\sqrt{2}}{2\sqrt{3}}$ 를 유리화하기 위해서 $\sqrt{3}$ 대신에 $2\sqrt{3}$을 곱하는 학생이 있다. 분모와 같은 수를 곱하는 것이라고 외운 탓인데, 유리화가 목적이니 곱하는 수 중에서 가장 작은 수를 곱해야 한다. 답은 $\dfrac{6\sqrt{6}}{6}-\dfrac{\sqrt{2}\times\sqrt{3}}{2\sqrt{3}\times\sqrt{3}}=\dfrac{5\sqrt{6}}{6}$ 이다. (3) 각각 유리화하여 풀어도 되지만 유리화가 항상 빠른 것은 아니다. 우리가 무언가를 배웠다면 이를 사용할 줄을 알아야겠지만 잘하게 되면 벗어날 줄도 알아야 한다. $\dfrac{\sqrt{12}-\sqrt{2}}{\sqrt{2}}+\dfrac{\sqrt{18}+\sqrt{3}}{\sqrt{3}}$ $\Rightarrow$ $\dfrac{\sqrt{12}}{\sqrt{2}}-\dfrac{\sqrt{2}}{\sqrt{2}}+\dfrac{\sqrt{18}}{\sqrt{3}}+\dfrac{\sqrt{3}}{\sqrt{3}}$ $\Rightarrow$ $\dfrac{\sqrt{12}}{\sqrt{2}}-1+\dfrac{\sqrt{18}}{\sqrt{3}}+1$ $\Rightarrow$ $\dfrac{\sqrt{12}}{\sqrt{2}}+\dfrac{\sqrt{18}}{\sqrt{3}}$ $\Rightarrow$ $\sqrt{\dfrac{12}{2}}+\sqrt{\dfrac{18}{3}}$ $\Rightarrow$ $\sqrt{6}+\sqrt{6}$ $\Rightarrow$ $2\sqrt{6}$이다.

분모의 유리화는 위처럼 통분의 목적이 크다. 그 밖에도 여러 가지 계산에서 통분은 의미를 갖는다. 분모의 유리화가 필요한 경우들을 보자!

Q $\sqrt{2} \doteqdot 1.414$, $\sqrt{20} \doteqdot 4.472$일 때, 다음 수의 근삿값을 구하여라.

(1) $\dfrac{1}{\sqrt{2}}$　　(2) $\sqrt{0.2}$　　(3) $\sqrt{0.002}$

답: (1) 0.707　(2) 0.4472　(3) 0.04472

(1) $\dfrac{1}{\sqrt{2}}$에서 $\sqrt{2} \doteqdot 1.414$이니 $\dfrac{1}{1.414}$를 하는 것이 좋을까? 아니면 $\dfrac{1 \times \sqrt{2}}{\sqrt{2} \times \sqrt{2}} = \dfrac{\sqrt{2}}{2}$ 처럼 분모의 유리화를 하여 $\dfrac{1.414}{2}$를 계산하는 것이 편할까? (2) 소수의 덧셈과 뺄셈이 아니라면 대부분 소수 보다 분수가 계산이 더 편하다고 했을 것이다. 그래서 분수로 바꿔서 계산하면 $\sqrt{0.2} = \sqrt{\dfrac{2}{10}} = \dfrac{\sqrt{2}}{\sqrt{10}}$에서 분모를 유리화하여 $\dfrac{\sqrt{20}}{10} = \dfrac{4.472}{10} = 0.4472$가 된다. (3) $\sqrt{0.002} = \sqrt{\dfrac{2}{1000}} = \dfrac{\sqrt{2}}{10\sqrt{10}}$에서 유리화를 하면 $\dfrac{\sqrt{20}}{100}$이니 0.04472다. 수학에서 무언가를 바꾼다는 것은 같을 때이고 바꾸는 이유는 대부분 계산의 편리성 때문이다.

지수에 음의 부호 또는 분수가 들어간다면?

생각해보면 지수가 자연수뿐만 아니라 우리가 배운 수는 모두 들어갈 것이라는 생각이 들지 않는가? 원래 지수법칙은 중2 과정인데, 그때 계산하다 보면 음수가 나오는 경우가 있었고 이것을 문제의 보기에 나와 있는 분수로 답을 찾았을 것이다. 또한 간혹 어려운 문제집에서는 분수지수를 다루는 문제가 있었는데 그 이유는 어렵지 않고 기존 지식만으로도 풀 수 있기 때문이다. 정식으로 지수에 음수 또는 분수가 들어간 것을 배우는 시기는 고등학교에서다. 설사 이해가 안가더라도 부담이 없고 만약 이해가 된다면 루트에 대한 이해를 높이고 나아가 고차방정식의 풀이에 대한 이해를 도울 수 있을 것이다. 게다가 기존에 알고 있던 지수법칙만으로 가능하니 가벼운 마음으로 출발해보자!

먼저 음수지수부터 간단히 보자! 여기에서 알려주고 싶은 것은 밑이 양수, 지수가 음수일 때 그 수 자체가 음수는 아니라는 것이다. 지수가 음수이면 분수로 바뀌기 때문이다. 예를 들어 '음수지수인 2^{-2}는 양수인가, 음수인가?' 2^{-2}은 $\frac{1}{2^2} = \frac{1}{4}$로 양수다. 다음 문제를 보자.

Q 다음 중 양수인 것을 모두 고르면?

(1) $-(-2)^2$　　　(2) $-(-2)^{-2}$　　　(3) 2^{-2}　　　(4) -2^{-2}　　　(5) -2^0

답: (3)

-가 어지럽게 있지만 하나하나 보면 안 배운 것은 없다. (1) $-(-2)^2$은 -가 3개니 당연히 음수다. (2) $-(-2)^{-2}$은 $-\dfrac{1}{(-2)^2}=-\dfrac{1}{4}$로 음수다. (4) -2^{-2}를 보기 좋도록 괄호를 사용하면 $-(2^{-2})$으로 $-\dfrac{1}{4}$이 된다. -2^0에서 $2^0=1$이니 $-2^0=-1$이다. 원래 고등학생들이 헷갈려하는 것은 지수에 음의 분수가 있을 때인데 지금 다룰 필요성을 못 느껴서 고등학교로 넘긴다.

지금쯤 지수법칙만 기억나고 밑과 지수의 조건은 기억나지 않을 수도 있다. 그래도 기억을 더듬어 보자. 지수법칙은 밑은 실수 전체였고 지수는 자연수라는 조건이었다. 밑이 0만 아니면 지수가 정수가 되는 데 지장이 없다. 그런데 지수에 분수가 들어가서 지수법칙이 성립하려면 밑이 양수여야만 한다. 역으로 밑이 양수인 것이 확인이 된다면 지수에 분수가 들어갔더라도 얼마든지 지수법칙의 사용이 가능하다는 것이다. 이 부분만 조심하면 얼마든지 지수에 분수를 사용해도 된다. 그런데 지금 다루는 이유는 중3의 루트가 분수지수로 $\sqrt{2}=2^{\frac{1}{2}}$, $\sqrt{3}=3^{\frac{1}{2}}$이기 때문이다.

그런데 교과서에서는 왜 다루지 않는 것일까? 그 이유를 보자! $x^2=9$에서 등식의 성질에 따라 양변에 $\dfrac{1}{2}$ 제곱을 하여 $(x^2)^{\frac{1}{2}}=9^{\frac{1}{2}}$ ⇨ $(x^2)^{\frac{1}{2}}=(3^2)^{\frac{1}{2}}$ ⇨ $x=3(×)$라고 쓸 수가 없기 때문이다. $x^2=9$ ⇨ $\pm\sqrt{9}=\pm3$인데 $x=3$이라는 잘못된 답이 나왔다. 그것은 $x^2=9$에서 x가 음수인 경우는 $(x^2)^{\frac{1}{2}}=x^{2\times\frac{1}{2}}=x$라는 지수법칙을 사용할 수 없기 때문이다. 조금 어렵게 느껴질 수도 있겠다. 밑이 양수라면 지수법칙을 사용할 수 있다는 생각만 가지면 되며 이 생각을 가지고 교과서가 제시하는 거듭제곱근의 성질을 보자! 이것을 이유도 모르고 공식으로 외웠다가 덧셈과 혼동하는 예가 많기 때문이다.

$a>0$, $b>0$일 때

① $\sqrt{a}\times\sqrt{b}=\sqrt{ab}$

② $\sqrt{\dfrac{a}{b}}=\dfrac{\sqrt{a}}{\sqrt{b}}$

$a>0$, $b>0$로 볼 때, 밑이 모두 양수다. 따라서 분수가 지수여도 지수법칙이 모두 성립한다. 먼저 $a^m\times b^m=(ab)^m$이라는 지수법칙에 의하여 $\sqrt{a}\times\sqrt{b}=\sqrt{ab}$라는 것은 $a^{\frac{1}{2}}\times b^{\frac{1}{2}}=(ab)^{\frac{1}{2}}$이 되기 때문이다. 또한 $\left(\dfrac{b}{a}\right)^n=\dfrac{b^n}{a^n}$라는 지수법칙에 의하여 $\sqrt{\dfrac{a}{b}}=\dfrac{\sqrt{a}}{\sqrt{b}}$는 $\left(\dfrac{a}{b}\right)^{\frac{1}{2}}=\dfrac{a^{\frac{1}{2}}}{b^{\frac{1}{2}}}$ 이기 때문이다.

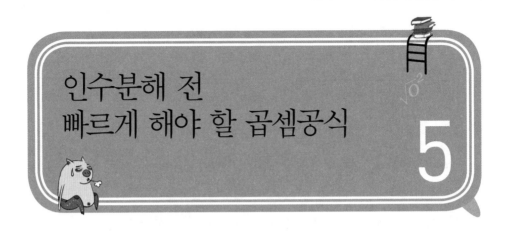

인수분해 전
빠르게 해야 할 곱셈공식

5

앞서 137쪽에서 다항식들의 계산을 다루었는데 전체적인 윤곽을 잡으려면 먼저 그 부분을 읽어보기 바란다. 다항식들의 계산 중에 두 일차식들의 곱은 별도로 '곱셈공식'이라고 하며 앞으로 계속 사용될 것이다. 그러니 할 수 있다가 아니라 빠르게 하도록 연습해야 한다. 교과과정에서는 2학년에 해당하지만 빠르게 할 수 없다면 연속 선상에 있는 중3의 인수분해를 하기 전에 다시 연습해야 할 것이다.

곱셈공식

① $(x+a)(x+b)=x^2+(a+b)x+ab$

② $(ax+b)(cx+d)=acx^2+(bc+ad)x+bd$

③ $(a+b)^2=a^2+2ab+b^2$ / $(x+a)^2=x^2+2ax+a^2$

④ $(a-b)^2=a^2-2ab+b^2$

⑤ $(a+b)(a-b)=a^2-b^2$

곱셈공식이 여러 개다. 그러나 140쪽에서 보듯이 분배법칙을 두 번 사용한 것으로 원리는 동일하다. 원리를 이해하였다면 이제 교과서나 앞서 했던 방법이 아니라 빠르게 할 수 있는 다음 방법으로 전환해야 한다. 대부분 이렇게 하고 있겠지만 이런 방법으로 하면 위 모든 공식이 같은 방법이 적용되어 유도된다. 또한 이렇게 해야 인수분해를 위해서 필요한 '곱과 합'이 보이게 된다.

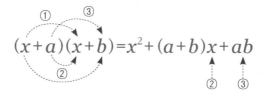

곱셈공식은 앞서 말한 것처럼 빠르고 정확해야 한다. 그러기 위해서는 많은 연습이 필요하며 그 중에 몇 가지 오답의 유형을 정리한다.

첫째, $xy \times xy$는 $xy^2(\times)$이 아니라 $(xy)^2$ 또는 x^2y^2이다. 둘째, $2(x+3)^2$과 $(2x+6)^2$은 다르다. 직접 곱해보거나 거듭제곱의 순서를 생각해 보면 알 수 있을 것이다. 셋째, $(3-x)^2$과 $(x-3)^2$은 같고 $(3-x)^3$과 $(x-3)^3$은 다르다. $(3-x)^2$에서 $3-x=-(x-3)$인데 $\{-(x-3)\}^2=(-1)^2(x-3)^2=(x-3)^2$이기 때문이다.

지수가 짝수이면 항상 이런 일이 일어나는데 이해가 안 된다면 인수분해를 공부하고 난 후 다시 읽기 바란다. 정확하게 해 놓으면 식의 전개나 인수분해에서 유용할 것이다. 그런데 인수분해 공식 중에 가장 확장성이 있는 공식은 $(a+b)(a-b)=a^2-b^2$이다. 이것은 학생들이 가장 쉬워하는 공식이기는 하지만 그 쓰임새는 놀라울 정도로 많다. 그래서 이것은 곱셈공식의 활용을 먼저 다루고 나서 별도로 다시 다루려고 한다. 식의 전개를 빠르게 해놓았다면 그 다음 곱셈공식의 활용을 해야 할 것이다.

곱셈공식의 활용

① $a^2+b^2=(a+b)^2-2ab$

$(a+b)^2=a^2+2ab+b^2$에서 우변의 $2ab$를 이항한 것이다.

② $a^2+b^2=(a-b)^2+2ab$

$(a-b)^2=a^2-2ab+b^2$에서 $-2ab$를 없애주려고 양변에 $2ab$를 더한 것이다.

③ $(a-b)^2=(a+b)^2-4ab$

$a^2+b^2=(a+b)^2-2ab$, $a^2+b^2=(a-b)^2+2ab$이니 $(a+b)^2-2ab=(a-b)^2+2ab$

가 성립하여 $(a-b)^2=(a+b)^2-4ab$나 $(a+b)^2=(a-b)^2+4ab$가 성립한다.

곱셈공식의 활용을 한 마디로 정리하면 '합과 곱'을 알려주면 거듭제곱의 합이나 차를 구할 수 있다는 것이다. 중학교에서는 a^2+b^2만 다루겠지만 '합과 곱'을 알려주었을 때 고등학교에서는 a^3+b^3, a^4+b^4, a^5+b^5, … 등 모두 구할 수 있게 된다. '합과 곱'은 중학교에서 중요한 테마다. 식을 다루면서 가장 헷갈리는 것이 '합과 곱'이었는데, 이제 이것을 곱셈공식의 활용, 인수분해 등에 직접적으로 사용하게 된 것이다. 문제를 풀어보자!

Q $x+y=3$, $xy=-4$일 때, 다음 식의 값을 구하여라.

(1) x^2+y^2 (2) $x-y$

(1) 합과 곱을 알려주었으니 $(x+y)^2=x^2+2xy+y^2$나 $x^2+y^2=(x+y)^2-2xy$에 대입하면 된다. (2) 합과 곱을 알려주었을 때, 학생들이 가장 어려워하는 것이 차를 구하는 것이다. $x-y$는 먼저 $(x-y)^2$를 구해야 한다. $(x-y)^2=(x+y)^2-4xy$이니 대입하면 $(x-y)^2=25$다. 따라서 답은 $x-y=\pm5$. 간혹 학생들이 $x-y=5$(×)라는 잘못된 답을 구하는 경우가 있는데 제곱을 풀어줄 때 가장 일반적인 해가 두 개임을 기억해야 한다. 또한 $x>y$나 $x<y$라는 조건이 없으니 답이 두 개여야 한다는 것 쯤은 알아야 할 것이다.

Q $x+\dfrac{1}{x}=3$일 때, $x^2+\dfrac{1}{x^2}$의 값을 구하여라.

답: 7

합과 곱이라는 관점에서 보자! x와 $\dfrac{1}{x}$의 합은 문제에서 주어져 있다. 그런데 곱은 $x\times\dfrac{1}{x}=1$이어서 알려주지 않아도 된다. 합과 곱을 알려주어야 하는데 이런 형태는 합만 알려주어도 되고 분수라서 학생들이 무서워한다. 게다가 아는 학생은 쉽게 풀 수 있으니 출제자의 입장에서는 무척 선호하는 유형이라 할 수 있다. $x^2+\dfrac{1}{x^2}=\left(x+\dfrac{1}{x}\right)^2-2x\left(\dfrac{1}{x}\right)$로 $x^2+\dfrac{1}{x^2}=9-2=7$이다.

합차공식

소위 '합차공식'이라고 하는 $(a+b)(a-b)=a^2-b^2$은 전개 과정에서 중간식이 없어지기 때문에 학생들이 좋아하는 것 중에 하나다. 역으로 중간식이 없어진다는 것은 다시 여러 개의 곱을 쉽게 할 수 있다는 장점이 된다. 그래서 복잡해 보이는 식에서 그 응용도 높기 때문에 앞으로 인수분해에서는 물론이고 고등학교에서도 무척 많이 사용하는 것이다. 그럼 어떻게 해야 할까? 확실하게 다져놓아야 할 부분이라는 것을 굳이 강조하지 않아도 알 것이다. 그래서 이 책에서도 조금 비중을 높이려 한다. 합차공식이 중학교에서 주로 사용되는 부분은 '분모의 유리화'와 특수한 여러 개 식의 곱이다. 먼저 분모의 유리화 문제부터 보자!

Q $\dfrac{\sqrt{3}+2\sqrt{2}}{\sqrt{3}-\sqrt{2}}$ 의 분모를 유리화하면?

답: $7+3\sqrt{6}$

$\sqrt{3}-\sqrt{2}$은 무리수인데 어떤 수를 곱해야 유리수가 될까? 이것을 $a-b$의 꼴로 보고 $a+b$를 곱해야 각각 제곱의 차가 되어 유리수가 되는 방법밖에 없다. $\dfrac{\sqrt{3}+2\sqrt{2}}{\sqrt{3}-\sqrt{2}}$ 의 분모와 분자에 $(\sqrt{3}+\sqrt{2})$를 곱하면 $\dfrac{(\sqrt{3}+2\sqrt{2})(\sqrt{3}+\sqrt{2})}{(\sqrt{3}-\sqrt{2})(\sqrt{3}+\sqrt{2})}$ 이다. 그런데 여기서 분모는 3-2=1은 괜찮지만 $(\sqrt{3}+2\sqrt{2})(\sqrt{3}+\sqrt{2})$를 곱하면서 짜증을 내는 학생이 많다. 이럴 때에는 다음과 같이 순서를 바꿔보자. 쉽게 답을 찾을 수 있을 것이며 이 방법은 고등학교에서 복소수에서 '분모의 실수화'에서도 유용할 것이다.

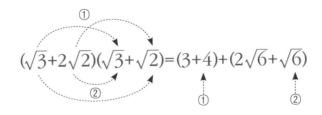

이번에는 여러 개의 곱으로 되어 있는 문제를 풀어보자!

Q $(2+1)(2^2+1)(2^4+1)(2^8+1)=2^a+b$이다. 이때 $a+b$의 값을 구하면?

(1) 12   (2) 13   (3) 14   (4) 15   (5) 16

답: (4)

중2 과정에서 아마 문제집에서나 시험문제로 만나 봤을 문제다. 학생들이 $(a+b)(a-b)=a^2-b^2$를 이용하는 특이한 문제로 치부하고 넘어가는데 이 문제가 왜 이렇게 자주 출제가 되는 것일까? 앞에서 특이한 것이 중요하다고 했다. 이 문제에 담겨져 있는 의미를 조금 깊이 있게 파헤쳐 보려고 한다. 이 과정을 따라오면 교과서에서 배우지 못하며, 고등학생들이 많이 헷갈려 하는 곱셈공식의 일부와 등비수열의 합을 공식 없이 가능하게 해 줄 것이다. $(2+1)(2^2+1)(2^4+1)(2^8+1)$의 상태에서 계산할 수는 있겠지만 무척 시간이 오래 걸릴 것이고, 만약 한다 해도 이것은 산수지 수학이 아니다. $(a+b)(a-b)=a^2-b^2$을 의식하여 왼쪽에 $(2-1)$에 곱해보자! 그런데 $(2-1)=1$이니 식에 어떤 영향을 끼친 것이 아니다. 이제 왼쪽부터 차례로 계산해보자!

$$(2-1)(2+1)(2^2+1)(2^4+1)(2^8+1)$$
$$=(2^2-1)(2^2+1)(2^4+1)(2^8+1)$$
$$=(2^4-1)(2^4+1)(2^8+1)$$
$$=(2^8-1)(2^8+1)$$
$$=2^{16}-1$$

이제 답이 보이는가? 좀 더 이해하기 위해서 숫자를 바꿔서 $(3+1)(3^2+1)$ $(3^4+1)(3^8+1)$을 풀어보자! 왼쪽에 $(3-1)$을 곱해야 하는데 $(3-1)=2$니 $\frac{1}{2}(3-1)$

를 곱해야 식의 값에 변화가 없다.

$$\frac{1}{2}(3-1)(3+1)(3^2+1)(3^4+1)(3^8+1)$$
$$=\frac{1}{2}(3^2-1)(3^2+1)(3^4+1)(3^8+1)$$
$$=\frac{1}{2}(3^4-1)(3^4+1)(3^8+1)$$
$$=\frac{1}{2}(3^8-1)(3^8+1)$$
$$=\frac{1}{2}(3^{16}-1) \text{ 또는 } \frac{3^{16}-1}{2}$$

중학교의 시험 문제는 주로 여기까지만 나올 것이다. 이번에는 일반화를 위해서 숫자 대신에 x를 대입해보자! $(x+1)(x^2+1)(x^4+1)(x^8+1)$인데 규칙을 알기 위해서 몇 개만 전개해보자!

$(x+1)(x^2+1)=x^3+x^2+x+1$

$(x+1)(x^2+1)(x^4+1)=(x^3+x^2+x+1)(x^4+1)=x^7+x^6+x^5+x^4+x^3+x^2+x+1$

그렇다면 $(x+1)(x^2+1)(x^4+1)(x^8+1)$이라는 것을 전개하면 $(x+1)(x^2+1)(x^4+1)(x^8+1)=x^{15}+x^{14}+x^{13}+\cdots+x+1$이 될 것이라는 것을 예측할 수 있다.

$(x-1)$을 곱한 $(x-1)(x+1)(x^2+1)(x^4+1)(x^8+1)$과 $(x-1)(x^{15}+x^{14}+x^{13}+\cdots+x+1)$도 같다는 것을 알 수 있다. $(x-1)(x+1)(x^2+1)(x^4+1)(x^8+1)=x^{16}-1$이니 역시 $(x-1)(x^{15}+x^{14}+x^{13}+\cdots+x+1)=x^{16}-1$이다. 이를 통해서 이번에는 역으로 곱셈공식을 만들어보자!

$$(x-1)(x+1)=x^2-1$$

$$(x-1)(x^2+x+1)=x^3-1$$

$$(x-1)(x^3+x^2+x+1)=x^4-1$$

$$(x-1)(x^4+x^3+x^2+x+1)=x^5-1$$

$$\vdots$$

$$(x-1)(x^n+x^{n-1}+\cdots+x^2+x+1)=x^{n+1}-1$$

어려웠겠지만 끝까지 해야겠지? 이제 마지막이니 힘을 내보자!

Q $1+5+5^2+\cdots+5^9+5^{10}$을 구하여라.

답: $\dfrac{5^{11}-1}{4}$

$1+5+5^2+\cdots+5^9+5^{10}$을 $5^{10}+5^9+5^8+\cdots+5^2+5+1$로 바꿔도 되겠지? 이제 왼쪽에 $5-1$을 곱해야 하는데 $5-1=4$니 $\dfrac{1}{4}(5-1)$을 곱하면 $\dfrac{1}{4}(5-1)(5^{10}+5^9+5^8+\cdots+5^2+5+1)=\dfrac{1}{4}(5^{11}-1)$이 된다.

자, 여러분은 지금 중학교 교과과정에 없는 내용을 보고 있다. 어려웠겠지만 대신 여러분은 지금 고등학교 2학년에서 배우는 등비수열의 합을 공식 없이 풀 줄 아는 몇 안 되는 사람이 되었다. 뿌듯하지 않은가? 이것을 나중에 고등학교에서 공식과 함께 크로스 체킹하면서 공부하게 되면, 간단한 것은 그냥 풀기도 하고 또 고등학생들이 가장 많이 하는 지수의 혼동을 어느 정도 막아줄 것이다.

토너먼트의 총 경기 수는 어떻게 계산할까?

앞에서 배운 것을 활용하여 $5^{10}+5^9+5^8+\cdots+5^2+5+1$에 $\frac{1}{4}(5-1)$을 곱하여 합을 구할 수 있다면 $2^{10}+2^9+2^8+\cdots+2^2+2+1$이 $2^{11}-1$임을 어렵지 않게 구할 수 있을 것이다. 그런데 간혹 심심한 학생이나 이 방법을 익히기 싫어하는 학생들이 이런 것들은 도대체 어디에 쓰이기에 배우냐는 질문을 한다. 그러면 필자가 고등학교에서 쓸려고 배운다고 말은 하는데, 그래도 좀 궁색한 것 같고 상식을 겸하여 한 문제를 마련하였다.

Q 64명의 테니스 선수들이 토너먼트를 통해서 우승자를 가리는 경기를 한다고 한다. 총 몇 번의 경기를 치러야 할까?

답: 63번

경기의 운영방식에는 주로 토너먼트와 리그전이 있는데 우선 이것부터 알아야 한다. 리그전은 참가 선수들이 모두 서로 한 번씩 경기를 하여 점수를 따진다. 반면 토너먼트는 패자는 바로 탈락하고 승자만 다음 경기에 참가하는 방식이다. 월드컵 축구에서 16강을 결정할 때까지는 리그전을 통해서 하고, 16강부터는 토너먼트 경기방식을 택하는 것을 생각하면 쉽게 구분할 수 있을 것이다.

이제 여러분이 대회의 운영위원장이라고 생각하고 문제를 풀어보자! 운영위

원장은 가장 먼저 대진표를 작성해야 할 것이다. 64명을 각각 2명씩 짝지은 경기를 해야 하니 우선 32번의 경기를 해야 한다. 그 다음 각각의 경기에서 승자들이 다시 16번의 경기를 해야 한다. 이런 식으로 마지막 남은 두 사람이 한 경기를 치뤄 최종 한 사람이 승자가 될 때까지 경기를 한다면 32+16+8+4+2+1이라는 경기가 필요하다는 것을 알게 된다. 이제 32+16+8+4+2+1을 그냥 더해도 되지만 배운 대로 하기 위해 2의 거듭제곱 꼴로 바꾼다면 $2^5+2^4+2^3+2^2+2+1$이다.

이것을 어떻게 아느냐고 묻고 싶을 것이다. 다시 기억을 더듬어 보자. 2의 거듭제곱은 중학교에서 2^6까지 고등학교에서는 2^{10}까지 외워서 자유자재로 사용할 수 있어야 한다고 언급했을 것이다. 따라서 답은 $(2-1)(2^5+2^4+2^3+2^2+2+1)=2^6-1=63$이다. 그런데 조금 직관적으로 생각해보자! 승자가 아니라 패자라는 관점에서 보면 64명 중에 모든 경기에 한 번도 지지 않은 사람은 한 사람이고 나머지 63명은 각각 한 번의 경기를 가졌으니 63번의 경기를 치러야 한다.

보통 이런 문제를 풀 때, 이것을 일일이 설명하다가 학생들이 이해를 못하면 그냥 총 경기는 총인원에서 1을 빼라고 가르치는 선생님들도 있다. 학생들이 이해를 못하는 것은 예비과정이 부족해서다. 그런데 처음부터 차곡차곡 이해를 해온 학생이라면 어렵지 않았을 것이라 확신한다.

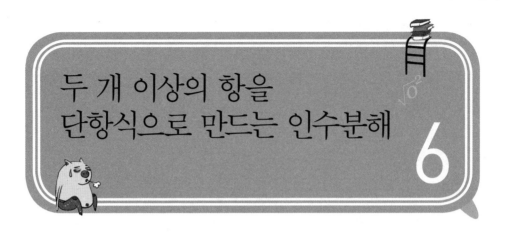

두 개 이상의 항을
단항식으로 만드는 인수분해

6

이차식의 인수분해에 등호를 추가한 것이 이차방정식이니 인수분해가 잘 되면 이차방정식을 빨리 풀 수 있게 된다. 이차방정식의 처리가 미숙하다면 결국 고등학교 때 제 시간 내에 문제를 풀 수 없게 되어 시험을 망치게 될 것이다. 이차방정식이니 이차함수, 이차부등식은 물론이고 3차 이상의 고차방정식도 결국 이차방정식으로 만들어 푸는 과정을 반드시 거치기 때문이다.

고등학교에 가면 어떤 학생은 1~2분 만에 문제를 풀고 어떤 학생은 같은 문제라도 5~10분이 걸린다. 한 문제당 그렇다는 것이니 만약 느린 학생이라면 여러 시간을 풀어도 잘 하는 학생의 풀면 1시간 만에 풀 수 있는 양이라는 것이다. 많은 노력을 해도 안 된다는 학생 대부분은 문제 풀이가 느리기 때문이다. 그래서 인수분해를 할 수 있는 정도가 아니라, 많이 연습하여 웬만한 것은 암산이 되도록 해야 고등수학을 대비하는 수학공부가 된다.

인수분해는 항이 2개 이상인 다항식을
단항식으로 만드는 과정이다

인수분해가 무엇인지부터 보자! 그런데 '인수분해'란 말에서 1학년 때 배운 '소인수분해'란 말이 떠오르지 않나? 소인수분해란 '소수들의 곱'으로 예를 들어 36을 소인수분해하면 $36=2^2\times3^2$으로 써야지 $36=5\times7+1$로 쓸 수 없는 것처럼 모두 소수의 곱으로 표현되어야 한다. 소인수분해와 인수분해는 개념이 같다. 소인수분해가 소수인 인수들의 곱이니 당연히 인수분해는 인수들의 곱이다. x^2+5x+6을 인수분해하면 $(x+2)(x+3)$처럼 일차 다항식들의 곱으로 만들어진다. 그런데 $(x+2)(x+3)$은 항이 몇 개인가? 괄호는 한 개로 보라고 했는데 이것을 기억하다면 한 개라는 것을 알 수 있을 것이다.

이처럼 인수분해란 결국 2개 이상의 다항식을 단항식으로 만드는 것이다. 이런 개념이 없으면, 다항식을 인수분해하고 아무 생각도 없이 다시 전개하여 원래의 다항식을 만들어 놓는 경우가 생긴다.

인수분해는 가장 먼저 공통인수를 떠올려야 한다

학생들에게 인수분해를 하라고 하면 x^2+5x+6와 같은 이차식에서 곱이 6, 합이 5인 두 수 즉 2, 3을 찾아서 $(x+2)(x+3)$처럼 만드는 것만 생각하는 경향이 있다. '곱과 합'을 통해서 하는 인수분해도 잘 알아야겠지만, 실제로 학생들이 어려워하는 것은 그것이 아니라 공통인수 찾기다. 똑같은 인수를 찾는 것이 뭐가 어렵냐고 생각할 수도 있지만, 생각나지 않기도 하고 생각이 난다해도 다른 변수가 존재하기 때문이다. 먼저 종류별로 보자!

Q 다음을 인수분해 하여라.

(1) x^2+5x (2) $ab+a-b-1$ (3) $ax-ay+by-bx$

답: (1) $x(x+5)$ (2) $(b+1)(a-1)$ (3) $(x-y)+(a-b)$

(1) 두 항의 공통인 인수가 x이니 x를 쓰고 x로 나눈 $x+5$에 괄호를 붙여서 써 주면 $x(x+5)$가 된다. 이 문제는 처음에 배울 때는 무척 쉽게 느낀다. 그러나 이차방정식에서 나오면 곱과 합만 생각하다가 상수항이 없다며 손을 놓는 학생이 많다. 그래서 인수분해는 가장 먼저 공통인수부터 생각하라는 것이다. (2) $ab+a-b-1$는 항이 4개로 공통인 인수는 없다. 그러나 두 개씩 짝을 지어보면 $a(b+1)-(b+1)$이 되어 $(b+1)(a-1)$을 만들어낼 수 있다. 그런데 $-b-1$을 $-(b+1)$로 만드는 것이 생각나지 않을 수도 있다. 음수도 인수로 생각하고 있어야 한다. 조금 더 어려운 문제가 다음 문제다. (3) 역시 두 개씩 짝지어 $a(x-y)+b(y-x)$까지 만들고 못 하는 학생이 많다. $x-y$와 $y-x$가 같은 듯 보이지만 다르다면? 어떻게 다른지 자세히 보기 바란다. 문자 앞에 있는 부호가 완전히 다르다는 것을 알 수 있다. 그렇다면 역시 $-$로 묶어주어야 같게 만들 수 있다. $y-x$에서 $-$로 묶어주면 $-(-y+x)$이고 괄호 안을 교환해주면 $-(x-y)$로 보일 것이다. 따라서 $a(x-y)+b(y-x)$는 $a(x-y)-b(x-y)$로 $(x-y)(a-b)$다. 어떤가? 공통인수 찾기가 쉽지는 않을 것이다.

그러나 (2)와 (3)은 고등학교에서 부정방정식 등에 많이 사용하기 때문에 어렵더라도 반드시 익혀야 한다. 그런데 학생들이 인수분해를 배우고 시험을 보고 오면 열심히 공부한 것이 나오지 않았다고 푸념한다. 그 이유는 '곱과 합'을 이용한 인수분해만 연습하고 공통인수 찾기를 생각하지 않은 경우가 많기 때문이다. 공통인수를 찾고 그 다음에 다시 '곱과 합'으로 인수분해하는 문제들을 놓친 것이다.

Q $2a^2-6ab$에서 인수는 몇 개인가?

(1) 3개 (2) 5개 (3) 6개 (4) 7개 (5) 8개

답: (4)

$2a^2-6ab$를 인수분해하면 $2a(a-3b)$이다. 그런데 이처럼 인수분해를 해도 인수의 개수를 잘 모르는 경우가 많다. 인수가 무엇인지 모르기 때문이다. 인수란 2, a, $(a-3b)$만이 아니라 이들끼리 곱해진 것들도 인수다. 2, a, $(a-3b)$와 이들의 곱을 각각 구해서 인수의 개수를 구할 수도 있지만, 약수의 개수를 구해서 1을 빼도(292쪽 참조) 인수의 개수가 된다.

예를 들어 $2 \times 3 \times 5$나 $a \times b \times c$(단, a, b, c는 소수)에서 약수의 개수는 1학년에서 배운 것처럼 각각 지수에 1을 더한 것을 곱한 것이다. 즉 약수의 개수는 $(1+1)(1+1)(1+1)=2^3=8$(『중학수학 만점공부법』88쪽 참조)이니 인수의 개수는 여기에 1을 뺀 7개다.

인수와 약수는 같은 말?

많은 학생들이 중학교에 들어와서는 옛날 약수에 해당하던 수를 인수라고 하고, 그에 따른 별다른 설명이 없어서 '아마 같은 수인가?'라는 의문이 들었을 것이다. 지금은 괜찮을지 모르지만 나중에 인수를 잘 몰라서 틀리는 학생이 의외로 많다. 학생들이 어떻게 생각하나 인터넷을 검색해보니 '약수는 나누어서 만들고 인수는 곱했을 때 만들어지는 수'라는 말도 안 되는 글들이 많았다. 나누어서 만드는 수나 곱해서 만들어지는 수나 거의 같은 말 아닌가? 인수와 약수의 차이는 같은 대상에 대한 관점의 차이라, 설명하기 쉽지 않아 올바른 설명은 하나도 없는 듯이 보였다. 그렇다고 이해하기 어려운 것은 아니니 한 번 구분해보자.

인수와 약수를 구분하려면 먼저 약수를 알아야 하는데, 약수는 초등학교 때 '나누어 떨어지게 하는 수'라고 배워서 알고 있을 것이다. '나누어 떨어지게 하는 수'라고 하니 기억이 더 안 난다는 학생들도 많다. 그것은 초등학교에서 약수를 구할 때, 나누어 떨어지도록 하는 수를 하나하나 찾은 것이 아니라 곱해서 그 수가 되도록 해서 찾았기 때문일 것이다. 그렇지만 너무 많이 풀어서 예를 하나만 들면 생각이 금방 날 것이다.

예를 들어 '12의 양의 약수'를 구한다면 $1 \times 12 = 12$, $2 \times 6 = 12$, $3 \times 4 = 12$처럼 하나하나의 수인 1, 2, 3, 4, 6, 12가 12의 약수가 된다. 자, 기억나는가? 이번에는 왜 양의 약수라고 했느냐고 묻고 싶을 것이다. 사실 초등학교 때 자연수만 다루던 것과 달리 중학교는 약수의 대상이 정수다. 그래서 음의 약수도 약수에 포함되기 때문이지만, 중1은 문제에서 주로 양의 정수(=자연수)만 다루지만 점차 음의 약수, 음의 인수까지 다루게 된다.

그럼 이제 인수에 대한 얘기를 해 보자. 약수와 인수는 모두 어떤 수를 곱으로 구성하는 인자들로 거의 비슷하지만 약간 다른 점이 있다.

첫째, 주로 다루는 대상이 다르다

반드시 그렇다고 할 수는 없지만 약수는 주로 정수를 대상으로 하고 인수는 수나 문자의 곱으로 되어 있는 식을 주로 대상으로 한다.

둘째, 약수들 중에서 1을 제외하면 모두 인수다

1을 제외하는 이유는 소인수분해에서 소수에서 1을 제외한 이유와 같다. 사실 인수는 수만을 대상으로는 잘 사용되지 않고 쓴다고 해도 그 수 자체를 그냥 인수라고 본다. 그러나 굳이 구분하라면 '12의 인수'를 약수들 중에서 1을 제외한 2, 3, 4, 6, 12라 할 수 있다는 말이다.

인수와 약수의 차이점을 얘기하다 보니 마치 많이 차이가 나는 것처럼 여겨질 수도 있겠지만, 약수에서 1을 제외한 수를 인수라고 기억하면 무리가 없을 것이다. 오히려 학생들이 주로 틀리는 것은 약수와 인수의 공통점을 잊어버려서 주로 오답이 나오게 된다. 한 문제만 풀어볼까?

Q 다음 중 $6 \times x \times y$의 인수가 <u>아닌</u> 것을 고르면?

(1) 1   (2) 6   (3) x (4) y (5) $x \times y$

인수에는 1이 없으니 답은 (1)이다. 그런데 6과 $x \times y$가 약간 의심이 들 수도 있다. 인수에서는 숫자 6을 특별한 경우가 아니면 2×3처럼 소인수분해를 하지 않고 그냥 인수라고 본다. $x \times y$의 약수는 1, x, y, $x \times y$이고 인수는 이 중에 1을 제외한 x, y, $x \times y$인데, 학생들이 자꾸 인수를 x, y만이라고 생각하는 것이 오답의 원인이다. $6 \times x \times y$의 인수에는 위 보기의 수뿐만이 아니라 $6 \times x$, $6 \times y$, $6 \times x \times y$도 인수다. 이제 정리해보자.

첫째, 약수에서 1을 제외하면 인수다.

둘째, 약수나 인수에는 음의 약수, 음의 인수도 포함한다.

셋째, 차이점보다 오히려 공통점을 기억해야 유용하다.

이 세 가지만 정리하고 있다면 앞으로도 약수와 인수라는 용어로 인한 혼동은 없을 것이다.

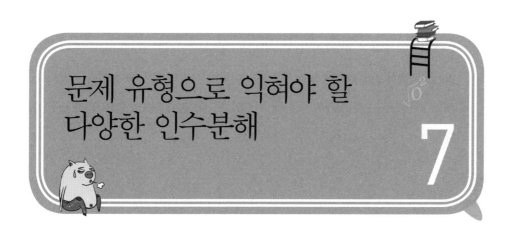

문제 유형으로 익혀야 할 다양한 인수분해

7

앞서 말했듯이 인수분해를 '곱과 합'만을 이용하는 것으로 한정해서는 안 된다. 공통인수, 완전제곱 꼴, a^2-b^2 꼴의 확장, 무리수의 인수분해, 절댓값의 이용, 문자계수의 사용 등 다양한 형태의 인수분해가 이루어진다. 다양한 인수분해는 곧 다양한 방정식의 풀이를 의미한다. 먼저 한 문제를 풀고 종류별로 설명을 하려고 한다.

Q x에 관한 이차식 $6x^2+mx-15$가 $2x-3$을 인수로 가질 때, m의 값을 구하여라.

답: 1

$2x-3$을 인수로 가진다는 말은 $6x^2+mx-15=(2x-3)(ax+b)$를 뜻한다. 곱셈 공식 전개에 따르면 $2a=6 \Rightarrow a=3$이고 $-3b=-15 \Rightarrow b=5$다. 따라서 $(2x-3)$

$(3x+5)$를 전개하면 $m=1$이다. 이 방법도 알아야겠지만 $6x^2+mx-15=(2x-3)(ax+b)$에서 $2x-3=0$이 되는 $x=\dfrac{3}{2}$을 대입하는 방법도 알아야 한다. $6\left(\dfrac{3}{2}\right)^2+\dfrac{3}{2}mx-15=\left(2\times\dfrac{3}{2}-3\right)(ax+b)$ $\Rightarrow$ $\dfrac{27}{2}+\dfrac{3}{2}m-15=0$ $\Rightarrow$ $27+3m-30=0$ $\Rightarrow$ $m=1$이다.

공통인수를 묻는 문제

중학교에서 인수의 문제는 대부분 인수를 구하거나 공통인수는 무엇이냐는 문제들이다. 그런데 점차 최대공약수나 최소공배수 문제로 흘러간다. 고등학교에 도움이 되도록 301쪽에 *Special page*를 마련하였고 아래의 두 문제도 다른 방식으로 다시 풀었으니 참고하기 바란다.

Q $x^2-2x-15$와 $2x^2+4x-6$의 공통인수는?

답: $x+3$

$x^2-2x-15=(x-5)(x+3)$이고 $2x^2+4x-6=2(x^2+2x-3)=2(x+3)(x-1)$이니 공통인수는 $x+3$이다.

Q $xy-x-y+1$과 $x^2-2x+xy-y+1$의 공통인수는?

답: $x-1$

$xy-x-y+1=x(y-1)-(y-1)=(y-1)(x-1)$이고 $x^2-2x+xy-y+1=(x-1)^2+y(x-1)$이니 $(x-1)\{(x-1)+y\}=(x-1)(x+y-1)$이다. 따라서 공통인수는 $x-1$이다.

a^2-b^2 꼴을 이용하는 문제

a^2-b^2 꼴은 곱셈공식에서 다룬 것처럼 응용의 범위가 넓다. 또한 다음의 x^8-1 처럼 연속된 인수분해를 염두에 두어야 할 것이다. 소인수분해에서 소수가 나올 때까지 끝까지 분해했듯이 인수분해도 중간에 중단하면 안 된다.

$$x^8-1=(x^4+1)(x^4-1)$$
$$=(x^4+1)(x^2+1)(x^2-1)$$
$$=(x^4+1)(x^2+1)(x+1)(x-1)$$

인수분해를 끝까지 하다 보면 어디까지 하느냐가 문제다. $x-1$은 더 이상 인수분해가 안 될까? 선생님들이 보통 유리수 범위까지 하고 있는데 그 이유는 무엇일까? 대부분의 선생님들은 그런 말을 하지 않지만 한다고 해도 '유리수 범위까지만 해라' 한다. 그런데 중3이면 실수 범위까지 수를 배웠으니 실수 범위까지는 해야 하지 않을까? 그러니 $x-1$을 좀 더 분해해서 $(\sqrt{x}+1)(\sqrt{x}-1)$까지는 해야 하는 것이 아닐까 하는 생각이 들지는 않나? 그런데 $(\sqrt{x}+1)(\sqrt{x}-1)$라고 인수분해를 할 수는 없다. 왜냐하면 x가 양수인지 음수인지 몰라서 $\sqrt{x}$라 쓸 수 없기 때문이다(258쪽 참조). 만약, x가 양수라는 조건이 있다면 가능하다. 그래서 x^2-3처럼 되어 있다면 $(x+\sqrt{3})(\sqrt{x}-3)$까지 해야 하는 것이 맞다. 다음 문제를 풀어보자!

Q $1^2-3^2+5^2-7^2+9^2-11^2$의 값을 인수분해를 이용하여 구하여라.

답: −72

$(1-3)(1+3)+(5-7)(5+7)+(9-11)(9+11)$에서 각 항의 공통인수가 −2다. 따라

서 $-2(1+3+5+7+9+11)=-2\times12\times3=-72$다.

절댓값의 활용

$\sqrt{a^2}=|a|$이다. 따라서 중학교에서 이차식과 절댓값의 만남은 주로 루트 안이 완전제곱식의 꼴로 나타낼 수 있는 문제가 주를 이룬다.

Q $-2<x<2$일 때, $\sqrt{x^2+4x+4}-\sqrt{x^2-4x+4}$ 를 간단히 하면?

답: $2x$

$\sqrt{(x+2)^2}-\sqrt{(x-2)^2}=|x+2|-|x-2|$이다. 조건 $-2<x<2$에 의하여 $x+2>0$, $x-2<0$이다. 왜일까? $-2<x<2$의 각 변에 2를 더하면 $0<x+2<4$이고 2를 빼면 $-4<x-2<0$이기 때문이다. 따라서 $|x+2|-|x-2|=x+2+x-2=2x$다.

치환을 이용하는 문제

치환은 문제가 복잡해보일 때 간단하게 보이기 위해서 공통으로 되어있는 것을 하나의 별도의 문자로 바꿔주면 된다. 복잡하게 보인다는 것은 주관적인 것이니 복잡하게 보이지 않는다면 꼭 치환해야 할 필요는 없다. 원래 치환은 치환한 문자의 범위를 꼭 염두에 두어야 하는데 단순하게 식을 변형하는 데에 그친다면 문제가 될 것은 없다. 다만 구체적인 식의 값을 구해야 하는 경우에 있어서는 범위를 꼭 생각해야 한다.

Q $(x+3)^2-4(x+3)-45$를 인수분해하면?

답: $(x-6)(x+8)$

복잡하게 생각된다면 치환을 생각하는 것도 좋다. 그러나 이 정도 식은 복잡하지 않다고 생각한다면 굳이 치환을 하지 않아도 된다. $x+3=A$로 치환하면 $A^2-4A-45$이고 인수분해하면 $(A-9)(A+5)$이다. 역 치환을 하면 $(x+3-9)$ $(x+3+5)=(x-6)(x+8)$이다. 고등학교에서 x^4-4x^2-45와 같은 문제는 4차식임에도 복이차식이라고 하는데, 그것은 x^2을 A로 치환했을 때 $A^2-4A-45$처럼 이차식이 되는 이유다.

문자계수인 이차식의 인수분해

고등학교에서 이차식이 나올 때 어려운 이유는, 계수가 문자로 되어 있고 이 계수들을 구할 수 있는 조건을 주는 문제가 많기 때문이라고 했다. 그렇지 않은 경우도 있지만 많은 경우가 인수분해가 되는데 두려워서 인수분해를 못 하는 고등학생이 많다. 문자계수로 되어 있는 이차식의 인수분해도 연습해야 할 것이다. 그런데 한 가지만 기억한다면 문자계수의 이차식은 숫자계수의 이차식보다 더 쉽다는 것을 알았으면 좋겠다. 문제를 통해서 보자!

Q 다음 이차식을 인수분해 하여라.

(1) $x^2+(2a+b)x+2ab$

(2) $x^2-(a-b)x-ab$

답: (1) $(x+2a)(x+b)$ (2) $(x-a)(x+b)$

⑴ 그 동안 x^2+5x+6을 인수분해할 때 곱해서 6이 되는 수 중에서 합이 5가 되는 두 수를 찾는 것을 통해서였다. 그 이유는 합으로 만들어지는 수보다 곱으로 만들어지는 수가 더 적었기 때문이다. 그런데 문자계수에서는 그것이 바뀌었다. 다른 문자끼리는 더해지지 않기 때문에 합이 되는 두 수를 보고 그 다음으로 곱을 보는 것이다. 합이 $2a+b$가 되는 수 중에 곱이 $2ab$가 되는 수는 $2a$와 b다.

⑵ 이 문제는 합이 잘 보이도록 $x^2-(a-b)x-ab$를 $x^2+(-a+b)x-ab$로 바꾸는 순간 $-a$와 b가 보일 것이다.

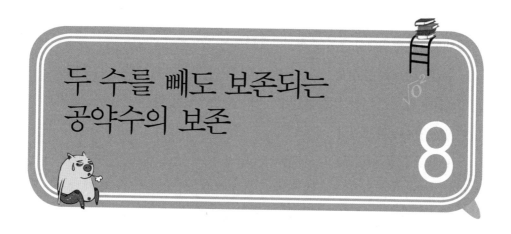

두 수를 빼도 보존되는
공약수의 보존

8

우선 다음 문제부터 풀어보자.

Q $\frac{24}{36}$ 을 약분하여라.

답: $\frac{2}{3}$

　문제만 보고 아예 글을 안 읽을 것 같아 하는 말이지만, 이 문제는 문제를 풀려는 것이 아니라 알려줄 것이 있어서니 꼭 다음 글을 읽기 바란다. 약분이란 분수의 성질 중에 분모와 분자에 0이 아닌 같은 수로 나누면, 크기가 같은 분수가되는 것을 이용하여 기약분수로 만드는 것을 의미한다. 학생의 실력에 따라 분모와 분자에 2나 3 등으로 여러 번 약분하는 학생도 있을 것이다. 약분은 공부를 못하는 학생들이 작은 수로 여러 번 나누는 것이 편할 것이라 생각하고, 여러 번나누다 짜증내는 모습을 자주 본다. 직접 여러 번 해봐야 필자의 말을 받아들이겠지만 약분은 최대한 큰 수로 한꺼번에 나누는 것이 훨씬 편하다.

그런데 수에 밝은 학생이라면 단번에 최대공약수인 12로 나누면서 그래도 중학생인데 뭐 이런 허접한 문제를 내느냐고 할지도 모르겠다. 흥분을 가라앉히고 내 말을 들어보기 바란다.

36에서 24를 빼면 12라는 수를 얻는데, 12는 36과 24의 공약수가 된다. 아마도 초등학교에서 무수히 많은 약분을 연습하면서 이런 것에 눈치를 챈 학생들도 있었을 것이다. 그런데 이런 일이 우연이었을까? 이것은 우연이 아니다. 이것을 응용하는 문제는 많지만 연결해주는 책은 없다. 그러니 여기에서 잘 익혀두면 새로운 문제 풀이 방법을 배울 수 있을 것이다.

자, 어떤 두 수를 aG와 bG(a, b는 서로소/G는 최대공약수)로 놓아보자!

이 두 수 aG와 bG의 최대공약수는 G, 최소공배수는 abG이다. 최소공배수를 L로 말하기도 하는데, 반드시 abG로 봐야 문제를 풀 때 공약수가 보이게 된다. 그 밖에도 이 두 수를 더하고 빼고 곱하는 것을 생각할 수 있다.

$$aG+bG=(a+b)G$$

$$aG-bG=(a-b)G$$

$$aG \times bG=abG^2=abG\text{(최소공배수)} \times G\text{(최대공약수)}$$

$$aG \div bG=\frac{a}{b}$$

위에서 언급한 것 중에서 다른 것을 이용하는 문제는 다른 문제집이나 고등학교에서 많이 나오고 있으니, 언급할 필요가 없어 보인다. 여기에서는 다른 곳에서는 다루지 않지만 유용한 $aG+bG=(a+b)G$, $aG-bG=(a-b)G$ 중에 그것도 빼면 작아지는 $aG-bG=(a-b)G$만 살펴보자!

$(a-b)G$에서 $a-b \neq 0$이라면, 즉 두 수가 같지 않다면 G가 살아남게 된다. 특히 이 부분을 잘 이해하기 바란다. 그리고 두 수를 뺀다 해도 그 안에 공약수가 존재한다는 것을 확실하게 이해하자. 이것을 이해했다면 $\frac{24}{36}$에서 $36-24=12$에서 12 안에 약수가 여전히 있음을 이해할 수 있을 것이다. 물론 12 안에 약수를 포함하고 있다는 것이지 아직은 최대공약수인지는 알 수 없다. 다시 24에서 12를 빼면 12가 되는데, 12와 12를 빼면 0이 된다. 바로 0이 되기 직전의 수인 12가 24와 36의 최대공약수가 된다.

정리하면 이처럼 두 수를 빼고 나오는 두 수들 간을 0이 될 때까지 서로 계속 빼고, 0이 되게 한 수를 최대공약수로 보는 것이다. 이것을 좀 더 일반화한 것이 '호제법'이며 이것은 교과과정에는 없다. 호제법을 따로 익힐 필요는 없으며 빼도 그 안에 약수를 갖고 있다는 사실만 정확하게 알고 있으면 된다. 두 수를 빼도 그 안에 공약수를 포함한다는 사실이 문제에 어떻게 쓰이는지 살펴보자! 두 가지 예를 제시할 텐데, 필자만의 방법으로 단순히 빨리 푼다는 것 등의 목적이 아니며 익혀두면 앞으로 유용할 것이다.

두 다항식에서 공통인수 구하기

다음의 문제는 183쪽에서 이미 풀어본 문제다.

Q $x^2-2x-15$와 $2x^2+4x-6$의 공통인수는?

답: $x+3$

최고차항을 같게 하기 위해서 $x^2-2x-15$에 2를 곱하면 $2x^2-4x-30$이다. 이번에는 이들을 빼면 $2x^2-4x-30-(2x^2+4x-6)=-8x-24=-8(x+3)$이다. $-8(x+3)$의 내부는 아마도 $(2a-b)G$의 형태로 공통인수는 $-8(x+3)$의 인수들 중에 있을 것이다. 그런데 $x^2-2x-15$의 인수에서 일차식의 계수가 1임을 통해 $x+3$이 공통인수라는 것을 알 수 있다. '$xy-x-y+1$과 $x^2-2x+xy-y+1$의 공통인수는?'라는 문제도 그냥 빼면 공통인수가 보일 것이다. 그런데 그냥 인수분해를 하는 것과 별 차이를 모르겠고 필요성을 못 느끼겠다면, 다음 고등학교 문제를 하나 풀어보자!

> **Q** x^3-4x^2+5x-2와 x^3+2x^2-x-2의 공통인수는?
>
> 답: $x-1$

삼차인 두 식을 인수분해하는 시간을 허비하지 않고도 곧바로 빼기만 하면 $x^3-4x^2+5x-2-(x^3+2x^2-x-2)=-6x^2+6x=-6x(x-1)$로 공통인수 $x-1$이 보인다. 필요한 것은 알겠지만 나중에 배우고 싶다면 어쩔 수 없다. 그러나 다른 책에는 없는 내용이니 지금 당장 알고 넘어갈 것을 강력하게 권장한다.

연립방정식의 풀이법 중에서 가감법으로 새롭게 만들어지는 직선의 위치

앞서 208쪽에서 다루었던 것이다. 연립방정식 ① $2x+3y=1$, ② $x-2y=4$에서 ①-②를 하여 만든 식 ③ $x+5y=-3$ 중에서 ② $x-2y=4$, ③ $x+5y=-3$을 연립해도 $(2, -1)$이라는 동일한 해를 가진다. 이것도 $aG+bG=(a+b)G$, $aG-bG=(a-$

$b)G$라는 관점이다. 그렇다면 좀 더 확장하여 ① $ax+by+c=0$, ② $dx+ey+f=0$ 이라고 할 때 ①×p, ②×q를 하여 더한 $p(ax+by+c)+q(dx+ey+f)=0$이며 $p≠0$일 때 p로 양변을 나누어주면 $(ax+by+c)+\dfrac{q}{p}(dx+ey+f)=0$이 된다.

좀 더 간단하게 $\dfrac{q}{p}=k$로 놓으면 $(ax+by+c)+k(dx+ey+f)=0$이 두 직선의 교점을 지나는 모든 직선을 일반화시켜 표현한 식이 된다.

일반화하는 것은 좀 어려운가? 이 부분은 고등학교에서 두 직선의 교점을 지나는 직선이나 두 원의 교점을 지나는 원 등에 사용되는 것이다. 필자가 『고등수학 만점공부법』에서 이미 언급했지만, 그 책을 보지 않을 거라면 다른 책에는 나오지 않으니 고등학교 때 다시 이 책을 꺼내서 이해해야 할 것이다. 그러나 지금 당장은 일반화의 필요성이 없으니, 연립방정식에서 만들어지는 직선들을 자유롭게 사용하는 근거로만 사용하면 된다.

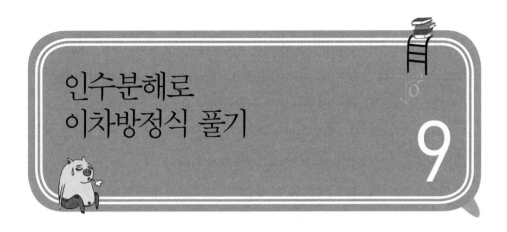

인수분해로
이차방정식 풀기

9

ax^2+bx+c와 같은 이차식은 모두 두 개의 일차식의 곱으로 만들 수 있다. 인수분해하지 못하는 이차식이 있다고 생각하여 이 말에 언뜻 수긍이 가지 않을 수도 있지만, 근의 공식에서 만들어진 근을 역으로 일차식으로 바꾼다고 생각하면 된다. 이들 곱이 0과 같다면 이제 227쪽에서 언급한 0의 성질을 사용하게 된다. $AB=0$일 때, A와 B가 될 수 있는 것은 어떤 수도 될 수 있으며 0이 되었으니 양수니 음수니 하는 구분은 의미가 없다. 곱해서 0이 되는 길은 최소한 둘 중에 하나는 0이 되어야 한다.

'다른 것이 있을 수 없다'는 확고한 생각이 들도록 생각해야 확장도 할 수 있다. 이것이 인수분해를 통해서 이차방정식을 푸는 근본원리다. 인수분해의 개념은 너무 쉬워서 오히려 아닌 것 같은 느낌이 들기도 한다. '왜 하필 곱해서 0이 되는 것만 다룰까?'라는 의문이 들 수도 있다. 한 마디로 말해서 곱해서 0이 되는 것은 특수한 경우가 아니다. ax^2+bx+c와 같은 모든 이차식은 모두 두 개의 일차식의 곱으로 만들 수 있으니 일반적인 것이라 할 수 있다. 먼저 $AB=0$의 성질부터 상기해보자!

Q $a \neq 0$이고 $ab=0$일 때, b의 값을 구하여라.

답: $b=0$

$ab=0$은 '$a=0$ 또는 $b=0$'의 의미로 이 안에는 '$a=0$ 그리고 $b=0$', '$a \neq 0$ 그리고 $b=0$', '$a=0$ 그리고 $b \neq 0$'을 포함하고 있다. 이 중에 $a \neq 0$이면 $b=0$일 수밖에 없다.

Q 다음 식에서 x의 값들을 비교해보자.

(1) $(x-2)(x-3)$

(2) $(x-2)(x-3)=0$

(3) $x(x-3)=0$

(4) $2(x-2)(x-3)=0$

(1)과 (2)의 차이가 구분이 되나? (1)은 다항식이라서 x의 값을 구할 수 없지만 (2)는 방정식이라서 그 값을 구할 수 있다. $(x-2)(x-3)=0$의 답이 그냥 보이겠지만 처음 연습할 때는 귀찮더라도 $x-2=0$ 또는 $x-3=0 \Rightarrow x=2, 3$이라는 과정을 거쳐야 한다. 그렇지 않으면 (3)의 답을 무심결에 $x=3$이라는 해만 구하고 $x=0$이라는 해는 빠뜨릴 수 있다. 이는 두 수의 곱이 0이 되는 경우를 연습하지 않았기 때문이기도 하고, 이차방정식의 답은 두 개인 것을 확실히 각인시키지 않았기 때문이기도 하다. 'n차방정식은 n개의 근을 갖는다' 즉, 일차방정식의 근은 1개,

이차방정식의 근은 2개, 삼차방정식의 근은 3개, 4차방정식의 근은 4개다. 어찌 되었건 차수가 근의 개수를 결정한다고 생각해야 한다. (4)의 답은 $x=2, 3$이지 만 $x=4, 6$이라는 틀린 답을 하는 학생들도 있다. 방정식이니 등식의 성질에 따라 양변을 2로 나누어 $(x-2)(x-3)=0$으로 풀면 된다. 원리로 보자. $2(x-2)(x-3)$을 2와 $(x-2)(x-3)$의 곱이라고 보면 2가 0이 아니니 $(x-2)(x-3)$이 반드시 0이어 야 한다. 즉 $(x-2)(x-3)=0$이다. 인수분해를 잘한 후 '$AB=0$의 성질'을 이해한다 면 인수분해로 방정식을 푸는 것은 어렵지 않다.

그런데 왜 방정식을 항상 한쪽으로 몰아놓은 $ax^2+bx+c=0$의 꼴로 만들어 야 하는가에 대한 의문을 품는 학생들이 있다. 주로 '$ax^2+bx+c=0$의 꼴'로 만 들었으면 풀었지만 이 꼴로 만들지 않는 탓을 방정식에게 하려는 것이다. 방정 식을 푸는 방법이 인수분해와 근의 공식밖에 없는데, 인수분해는 0의 성질로 풀어야 하니 당연히 0이 있어야 한다. 근의 공식도 계수에 해당하는 a, b, c가 $ax^2+bx+c=0$의 꼴에서 가져온 것이다. 그래서 어찌 되었건 간에 이차방정식을 풀려면 $ax^2+bx+c=0$의 꼴로 특히 a, b, c가 정수가 되도록 만들어주는 것이 먼 저다.

Q 다음 이차방정식을 $ax^2+bx+c=0$ (단, a, b, c는 정수)의 꼴로 만들어라.

(1) $2x^2+5x+10=x^2-6x-8$

(2) $x(x+4)=5$

(3) $x^2+\dfrac{2}{3}x-7=0$

(4) $\dfrac{x^2-2}{3}-\dfrac{x^2-1}{2}=-2$

답: (1) $x^2+11x+18=0$ (2) $x^2+4x-5=0$ (3) $3x^2+2x-21=0$ (4) $x^2-11=0$

$ax^2+bx+c=0$의 꼴로 바꿀 수만 있다면 인수분해는 어려운 일이 아닐 것이다. (1) $x^2+11x+18$이라고만 쓰면 안 되겠지? (2) 곱해서 5가 되는 수를 찾으려다 -5와 같은 해를 빠뜨리지 말고 그냥 $x^2+4x-5=0$으로 해를 구하는 편이 오답을 줄일 수 있다. (3) 이차방정식도 방정식이니 항상 '등식의 성질'을 생각해야 한다. 양변에 3을 곱하면 $3x^2+2x-21=0$이다. (4) 분자에 괄호가 있는 것으로 보아서 $-$를 조심해야겠다는 생각이 들지 않나? 양변에 6을 곱하면 $2x^2-4-3x^2+3=-12$ $\Rightarrow$ $-x^2+11=0$ $\Rightarrow$ $x^2-11=0$이다. 이 문제만 풀어본다. 인수분해를 해서 $(x+\sqrt{11})(x-\sqrt{11})=0$으로 풀어도 되지만, 완전제곱 꼴은 제곱근의 성질로 푸는 것이 좋다. $x^2-11=0$ $\Rightarrow$ $x^2=11$ $\Rightarrow$ $x=\pm\sqrt{11}$이다. 인수분해는 어려운 것이 아니니 절댓값을 사용하는 문제를 풀어보자!

Q $x^2-|x|-6=0$의 해를 구하여라.

답: $x=\pm3$

절댓값의 정의에 따라 $x\geq0$일 때, $x^2-x-6=0$의 근과 $x<0$일 때, $x^2+x-6=0$의 근의 합집합으로 풀면 된다. 그런데 이 문제는 $x^2=|x|^2$임을 알려주려고 낸 문제다. $|x|^2$에서 $x>0$이면 $|x|^2=x^2$이고 $x<0$이면 $|x|^2=-(-x)^2=(-1)^2x^2=x^2$으로 양수든 음수이든 $x^2=|x|^2$이다. $x=0$경우에도 따지라고? 똑똑한 학생이다. 준식에 $x=0$을 대입하면 성립하지 않으니 $x\neq0$이다. 따라서 $x^2-|x|-6=0$ $\Rightarrow$ $|x|^2-|x|-6=0$ $\Rightarrow$ $(|x|-3)(|x|+2)=0$ $\Rightarrow$ $|x|=3$ 또는 $|x|=-2$인데 $|x|=-2$는 성립하지 않으니 $|x|=3$ $\Rightarrow$ $x=\pm3$만 해다.

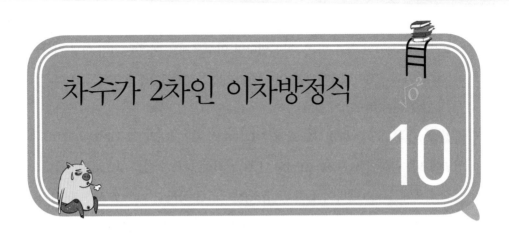

차수가 2차인 이차방정식

10

학생들에게 방정식을 푸는 방법에는 어떤 것들이 있느냐는 질문을 하곤 한다. 이 질문에 '문제를 내보세요. 풀 수는 있지만 뭐라고 말할 수가 없네요'라고 선뜻 대답하는 학생은 많지 않다. 나름 정리가 잘 된 학생일수록 인수분해, 완전제곱 꼴, 근의 공식을 말한다. 완전제곱 꼴이나 근의 공식이나 같다는 것을 설명하고는 그밖에 무엇이 있느냐고 다시 묻는다. 그러면 많은 학생들의 대답에는 무엇인가 또 있을 것이란 여지를 남기곤 한다. 새롭게 이차방정식 푸는 방법을 개발할 것이 아니라면 이 같은 생각은 문제 풀이에 전혀 도움이 되지 않는다.

이차방정식의 풀이방법은 인수분해와 근의 공식 이외에는 없다는 것을 명확히 해야 한다. 방법은 이것뿐이고 게다가 근의 공식은 모든 이차방정식을 푸는 만능이다. 이차방정식의 계수가 복잡하여 인수분해가 안 되고 근의 공식을 사용하기가 껄끄러우면, 나중에 선생님에게 물어볼 생각을 하고 넘어가는 학생들이 있다. 선생님들도 이 두 가지 방법 이외에는 없으니 끝까지 자신이 해결할 생각을 가지라는 말이다. 이차방정식은 무엇이든 풀 수 있다면 이제 이차방정식이 무엇인지를 알아보자! 먼저 문제부터 풀어보자!

Q 다음 중 이차방정식이 아닌 것은?

(1) $x^2=1$　　　(2) $x^2=0$　　　(3) $y^2=x^2$　　　(4) $x^2y=3$　　　(5) $xy=3$

답: (4)

많은 학생들이 이차방정식이라고 하면 $ax^2+bx+c=0$만을 떠올리고 제곱만 찾는 경향이 있다. 이차방정식이란 차수(123쪽 참조)가 이차인 방정식이다. 문자의 제곱은 지수이지 차수가 아니다. (4)는 3차고 나머지는 모두 2차다. 물론 $ax^2+bx+c=0$이라는 x에 대한 이차방정식을 많이 다루기도 해서지만 정확한 의미를 이해하라고 언급하였다. 그렇다면 다시 묻자!

방정식 $ax^2+bx+c=0$은 몇 차 방정식인가? 이차방정식이라고? ax^2은 $a \times x \times x$로 문자가 3개 곱해져 있으니 3차방정식이라는 데서 생각을 출발해야 한다. 그래야 다음의 단서들이 의미를 갖게 된다. 다음을 구분해보자!

① $ax^2+bx+c=0$

② 방정식 $ax^2+bx+c=0$

③ x에 관한 방정식 $ax^2+bx+c=0$

④ x에 관한 이차방정식 $ax^2+bx+c=0$

⑤ x에 관한 방정식 $ax^2+bx+c=0$ $(a \neq 0)$

하나하나 살펴보자! ① $ax^2+bx+c=0$에 어떤 단서도 없어서 등식의 종류인 방정식, 항등식, 말도 안 되는 등식 등 어떤 것이 될 수도 있다. 그래서 대체로 문제에서 이처럼 아무런 단서없이 식이 주어지지 않는다. ② '방정식 $ax^2+bx+c=0$'은 방정식이라는 단서가 주어졌다. 보통 x, y는 미지수로 a, b, c를 기지수로 보기는 하지만 현재로서는 a, b, c도 미지수니 삼차방정식이다. ③ 'x에 관한 방정식 $ax^2+bx+c=0$'은 미지수를 x로 보라는 단서니 삼차방정식으로 갈 수는 없다. 그러나 $a\neq0$이면 이차방정식, $a=0$이라면 일차방정식이 되어 아직은 몇 차 방정식인지 단정할 수 없다. 만약 $a=0$이고 $b=0$이면 c의 값과 관계없이 방정식이 안 되니 $a=0$이면 일차방정식이 될 수밖에 없다. ④ 'x에 관한 이차방정식 $ax^2+bx+c=0$'은 이차방정식이라고 못을 박았으니 $a\neq0$이라는 말을 한 것이고 이것은 곧 ⑤의 'x에 관한 방정식 $ax^2+bx+c=0(a\neq0)$'과 같은 말이 된다.

그런데 비슷비슷한 말을 써놓고 왜 이렇게 헷갈리게 할까? 이것을 별거 아니라고 치부하는 학생이라면 대개 문제에 나오는 조건이나 단서를 무시하는 성향이 있을 것이다. 자신의 습관을 들여다 보자. 이 조건에 따라서 답이 달라진다는 것을 염두에 두고 문제가 나올 때마다 확인하는 습관을 갖는 것이 중요하다. 대신 정확하게만 해놓으면 문제 풀이에서 확인 시간은 얼마 되지 않는다. 한 문제만 풀어보자!

Q x에 관한 방정식 $(a^2-1)x^2-2(a+1)x+1=0$이 한 개의 실근을 가질 때, a의 값을 구하여라.

답: 1

준식을 이차방정식이라고 생각하면 실근이 하나라 했으니 중근이라고 생각하여 $b^2-4ac=0$을 이용하여 풀어보자! $\{-2(a+1)\}^2-4(a^2-1)=0 \Rightarrow 4a^2+8a+4-4a^2+4=0 \Rightarrow 8a+8=0 \Rightarrow a=-1$이다. 이것을 답으로 하면 틀리게 된다. $a=-1$을 준식에 대입하면 1=0이라는 말도 안 되는 등식이 나오니 방정식이라는 문제의 조건에 위배된다. 왜 이런 일이 벌어진 것일까? 사실 이 문제에는 이차방정식이라는 조건도 없었으며 실근이 한 개라고 했지 중근이라고도 하지 않았다. 따라서 준식은 일차방정식이었다. 따라서 $a^2-1=0$이고 $-2(a+1)\neq0$이라는 조건에 의해 답은 $a=1$이 된다. 그런데 이런 문제가 다음에 나온다면 다시 틀리는 경우가 많다. 그래서 조건에 충실하라는 것이다. 이 문제를 다시 틀리지 않으려면 'x에 관한 방정식'이라는 말에서 몇 차 방정식인가를 생각하고 준식을 일차와 이차방정식을 가르는 $a^2-1=0$과 $a^2-1\neq0$의 경우로 구분할 수 있어야 한다.

완전제곱 꼴로
이차방정식 풀기

11

인수분해가 가능하다면 이차방정식을 푸는 가장 빠르고 편리한 방법은 역시 인수분해다. 그러나 해가 유리수의 범위를 벗어날 때는 완전제곱 꼴로 만들어 등식의 성질을 적용하는 이차방정식 풀기를 해야 한다. 즉, x에 대한 일차식의 제곱, 즉 완전제곱식으로 고치면 인수분해가 안 되는 이차방정식도 풀 수 있다. 따라서 이차방정식을 풀 줄 안다가 아니라 '어떤 이차방정식도 풀 수 있다!'는 생각을 가져야 할 것이다.

예 $x^2+6x+2=0$

$\Rightarrow x^2+6x+9=-2+9$

$\Rightarrow (x+3)^2=7$

$\Rightarrow x=-3\pm\sqrt{7}$

완전제곱 꼴, 즉 $(x-a)^2=b$의 형태로 만들어 푸는 연습은 많이 필요하다. 물론 완전제곱 꼴로 문제를 풀지 않고 그냥 근의 공식을 사용하여 답을 구할 수도 있겠지만, 완전제곱식을 만드는 과정 자체가 중요하기 때문이다. 당장 이차함수의 일반형을 표준형으로 만들 수 있게 하기도 하지만, 나중에 판별식이 이해가 안될 때 이해를 돕는 등 다양한 쓰임새가 있다.

Q 실수 x에 대한 이차방정식 $(x-2)^2=3-k$의 실수인 근에 대한 다음 설명 중 옳지 않은 것은?

(1) $k=0$이면 무리수인 근을 갖는다.

(2) $k=1$이면 근은 2개다.

(3) $k=2$이면 중근이다.

(4) $k=3$이면 근은 한 개다.

(5) $k=4$이면 근은 0개다.

답: (3)

완전제곱 꼴 $(x-a)^2=b$에서 $b>0$이면 2개의 실근을 갖는다. 그런데 $b=0$이면 $(x-a)^2=0 \Rightarrow (x-a)(x-a)=0$으로 $x=a$ 또는 a가 되는데 이는 $x=a$라는 한 개의 근이라고도 할 수 있다. 이처럼 근이 중첩되어 한 개의 근을 갖는 것을 '중근'이라고 한다. $b<0$이면 루트 안이 음수가 되어 실수인 해가 존재하지 않게 된다. 간혹 대충 푸는 버릇을 들인 학생들이 $(x-1)^2=1$과 같은 꼴을 보고 중근을 갖는다고 하는 경우가 있다. $(x-1)^2=1$을 끝까지 풀어서 $x=0$ 또는 2가 된다는 것을 연습해야 한다.

근의 공식 유도하기

근의 공식은 기본적으로 이차방정식의 완전제곱 꼴로 만들기와 같다. 대부분 학생들이 근의 공식은 외우지만 근의 공식을 유도하는 연습은 거의 하지 않는다. 왜냐하면 근의 공식을 유도하는 과정에서 복잡한 미지수의 계산을 해야 하는 것을 어렵거나 귀찮게 생각하여, 공식만 외우면 된다고 생각하기 때문이다. 그러나 반드시 근의 공식을 유도하는 과정을 여러 번 해야 한다.

필자가 가르치는 학생들도 마찬가지여서 강제로 여러 번 하게 만든다. 유도과정에서 얻어야 하는 것은 비단 중학교 과정의 쓰임새에 그치지 않는다. 판별식, 켤레근, 근과 계수와의 관계, 허수, 복소수와 켤레복소수 등 근의 공식에서 파생되는 개념들이 여러 개가 있다. 그런데 근의 공식조차 유도하지 못하면 원인도 모르고 푸는 결과가 되거나 이해 없이 외워야 한다. 그러니 반드시 어떤 누구의 도움 없이 $ax^2+bx+c=0(a \neq 0)$을 가지고 여러 번 직접 공식을 유도해 봐야 한다. $ax^2+bx+c=0(a \neq 0)$을 완전제곱식으로 나타내어 근을 구하는 방법은 『중학수학 만점공부법』 332쪽을 참조하기 바란다. 대신 여기에서는 근의 공식을 만들어 낸 수학자의 생각을 따라가 보자!

$ax^2+bx+c=0$에서 만약 bx가 없다면 $ax^2+c=0 \Rightarrow ax^2=-c \Rightarrow x^2=-\dfrac{c}{a} \Rightarrow$ $x=\pm\sqrt{-\dfrac{c}{a}}$ 로 풀 수 있을 것이다. 그렇다면 '어떻게 하면 일차항을 없앨 수 있을까?'란 고민 끝에 완전제곱식으로 만들자는 생각이 떠오를 것이다. 이제 근의 공식을 이용한 이차방정식의 풀이를 해보자!

> **Q** 다음 이차방정식의 근을 구하여라.
>
> (1) $x^2-4x-4=0$ (2) $x^2-4x+4=0$ (3) $x^2-4x+8=0$
>
> **답:** (1) $2\pm2\sqrt{2}$ (2) 2 (3) 실수인 근은 없다.

(1) $a=1$, $b=-4$, $c=-4$로 보고 근의 공식을 사용하면 $x=\dfrac{4\pm\sqrt{16-4\times1\times(-4)}}{2}$로 정리하면 $x=2\pm2\sqrt{2}$로 2개의 근을 갖게 된다. 그런데 처음 연습할 때 루트 안의 b^2-4ac 중에 $-4ac$가 가장 혼동이 될 것이다. $-4ac$에서 a와 c의 부호가 같다면 $-4ac<0$이고 다르다면 $-4ac>0$을 파악하는 것이 빠르기를 좌우할 것이다. (2) $x^2-4x+4=0$은 $(x-2)^2=0$으로 인수분해가 되지만 역시 근의 공식으로 풀어보자! $x=\dfrac{4\pm\sqrt{16-4\times1\times4}}{2}$ $\Rightarrow$ $x=\dfrac{4\pm\sqrt{0}}{2}$ $\Rightarrow$ $x=2$라는 한 개의 근을 갖게 된다. (3) $x=\dfrac{4\pm\sqrt{16-4\times1\times8}}{2}$ $\Rightarrow$ $x=\dfrac{4\pm\sqrt{-16}}{2}$ 으로 루트 안이 음수라서 실수인 근은 존재하지 않는다. 이런 이차방정식을 풀면서 얻어야 하는 몇 가지가 있다.

첫째, 루트 안 b^2-4ac의 부호가 실수인 근의 개수를 결정한다. 그래서 b^2-4ac을 나중에 판별식이라고 한다.

① $b^2-4ac>0$인 경우 2개의 실근을 갖는다.

② $b^2-4ac=0$인 경우 중근 즉 1개의 근을 갖는다.

③ $b^2-4ac<0$인 경우 0개 즉 실근을 갖지 않는다.

둘째, 무리수의 근을 갖을 때는 항상 한 쌍의 켤레근을 갖게 된다. 예를 들어 $2+\sqrt{2}$가 근이면 반드시 $2-\sqrt{2}$도 근이 된다.

셋째, 루트 안이 완전제곱 꼴이면 원래 인수분해도 가능했던 것이다. 근의 공식보다는 인수분해가 빠르다. 그런데 루트 안이 완전제곱 꼴이면 인수분해가 가능했던 것인데, 이것을 찾지 못해서 고생했다면 반성해야 할 것이다.

Q 이차방정식 $x^2+6x-2k+1=0$이 중근을 가질 때, k의 값을 구하여라.

답: $k=-4$

이차방정식이기 때문에 인수분해나 근의 공식을 사용해야 한다. 그런데 상수항에 해당하는 항에 미지수가 있어 인수분해로는 구할 수 없고 근의 공식으로만 구할 수 있다. $x=\dfrac{-6\pm\sqrt{36-4\times1(-2k+1)}}{2}$ 에서 중근을 가지려면 루트 안이 0, 즉 $36-4(-2k+1)=0$이어야 한다. 그런데 근의 공식을 사용하지 않고 곧바로 $b^2-4ac=0$이라고 쓸 수 있다면 좀 더 빠를 것이다. 답은 $36+8k-4=0 \Rightarrow k=-4$이다. 그런데 근의 공식은 완전제곱 꼴의 원리니 완전제곱 꼴로 풀 수도 있고 이 문제는 그 방법이 더 편하다. x^2의 계수가 1이니 x의 계수를 가지고 '반의 제곱'을 활용할 수 있다. 6의 반의 제곱 즉 9가 $-2k+1$이 되면 된다. 따라서 $-2k+1=9 \Rightarrow k=-4$다.

방정식, 등식의 성질로 푼다

방정식은 '미지수가 있는 등식'이기 때문에 미지수와 등호를 반드시 갖게 된다. 그래서 지금까지 배운 대부분의 개념들이 방정식으로 들어가는 수학에서 등호는 생명이다. 또한 엄밀성을 갖는 수학에서 등식의 양변이 서로 다른 값을 갖는 것을 용납해서는 안 된다. 모든 방정식은 등식의 성질로 풀 수 있으며 등식의 성질로 푸는 게 정석이다. 이 말에 인수분해를 떠올리는 학생도 있을 것이다. 인수분해를 하고 0의 성질을 이용하는 것은 등식의 성질로 푸는 방법보다 편하기 때문에 만들어졌다. 등식의 성질로 방정식을 푸는 정상적인 방법을 정리해보자!

일차방정식　$ax=b \Rightarrow x=\dfrac{b}{a}$ (1개의 실근)

이차방정식　$ax^2=b \Rightarrow x^2=\dfrac{b}{a} \Rightarrow$
$$\begin{cases} \dfrac{b}{a}>0 \text{이면 } x=\pm\sqrt{\dfrac{b}{a}} \text{ (2개의 실근)} \\[2mm] \dfrac{b}{a}=0 \text{이면 } x=0 \text{ (1개의 실근)} \\[2mm] \dfrac{b}{a}<0 \text{이면 0개의 실근을 갖는다.} \end{cases}$$

고차방정식　$ax^n=b \Rightarrow x^n=\dfrac{b}{a}$ $(x>0, x\neq 1)$

$$\Rightarrow \begin{cases} n \text{이 홀수 일 때, } (x^n)^{\frac{1}{n}}=\left(\dfrac{b}{a}\right)^{\frac{1}{n}} \Rightarrow x=\left(\dfrac{b}{a}\right)^{\frac{1}{n}} \text{(1개의 실근)} \\[3mm] n \text{이 짝수 일 때, } \begin{cases} \dfrac{b}{a}>0 \text{이면 } x=\pm\left(\dfrac{b}{a}\right)^{\frac{1}{n}} \text{(2개의 실근)} \\[2mm] \dfrac{b}{a}=0 \text{이면 } x=0 \text{ (1개의 실근)} \\[2mm] \dfrac{b}{a}<0 \text{이면 0개의 실근을 갖는다.} \end{cases} \end{cases}$$

삼차 이상의 방정식을 고차방정식이라고 한다. 그런데 'a의 제곱근'에서 제곱이라는 말은 거듭제곱 중에서 2제곱을 의미한다. 그렇다면 제곱 이외에도 세제곱, 네제곱, … 이 있다는 말이다. 즉 a의 제곱근이라는 말은 a의 n제곱근에서 $n=2$일 때를 의미한다. a의 제곱근을 $x^2=a$로 놓고 풀었듯이 a의 세제곱근은 $x^3=a$, a의 네제곱근은 $x^4=a$, … 로 풀면 된다.

푸는 방법은 고등학교에서 배우면 되겠지만, 중학생이 여기에서 알아야 할 것은 중근을 2개로 보고 허근을 포함한다면 항상 $x^2=a$는 근이 두 개, $x^3=a$는 근이 세 개이다. 따라서 만약 100차방정식이 있다면 그 방정식의 근은 복소수(248쪽 참조)의 범위에서 100개라는 것이다. 그런데 위 방정식의 풀이는 근 중에서 실근의 개수만을 언급한 것이고, 그 밖의 개수는 허수로 채워진다.

위 풀이 방법 중에서 고차방정식은 이해가 안되겠지만 일부러 다루었다. 왜냐하면 모든 방정식이 등식의 성질로 푼다는 것을 보여주고 싶어서다. 등식의 성질은 단순히 양변에 같은 수를 사칙계산해도 된다는 것에 그치지 않는다. 연립방정식에서 설명한 것처럼 두 방정식의 변변을 더하거나 곱해도 되고, 밑이 양수라면 양변에 분수지수를 사용할 수 있다. 그 밖에도 등식의 성질은 무수히 많이 확장된다.

그러나 교육과정에서 대부분 등식의 성질이 아니라 공식처럼 알려주기 때문에 어려워진다. 한 개의 방정식에서 다음 방정식으로 넘어가는 행간에는 대부분 등식의 성질이 숨어 있다. 등식의 성질을 최대한 완벽하게 아는 길이 갈수록 길어지는 식을 감당할 수 있게 하고, 또한 지금의 귀차니즘 극복의 노력이 좀 더 길어진 식에서 그 빛을 보게 될 것이다.

근과 계수와 관계

12

지금까지 인수분해와 근의 공식을 이용하여 이차방정식의 근을 구하였다. 그렇다면 역으로 두 근을 가지고 이차방정식을 만들 수 있을까라는 생각을 할 수 있다. 예를 들어 2와 3이라는 근을 이용하여 이차방정식을 만들어보자! $x=2$ 또는 $x=3$이라는 해를 0이 보이도록 만들면 $x-2=0$ 또는 $x-3=0$ 을 변변이 곱하면 $(x-2)(x-3)=0$이라는 방정식이 만들어진다. 그렇다면 2와 3이라는 근을 이용하면 이차방정식이 $(x-2)(x-3)=0$이 되는가? 그럴 수도 있지만 아닐 수도 있다.

왜냐하면 $(x-2)(x-3)=0$, $2(x-2)(x-3)=0$, $\frac{1}{3}(x-2)(x-3)=0$, … 등 모든 방정식이 모두 2와 3이라는 근을 만들어내기 때문이다. 따라서 2와 3의 근을 가진 이차방정식은 $a(x-2)(x-3)=0(a \neq 0)$이라고 해야 한다. 만약 2가 중근이라면 $a(x-2)^2=0(a \neq 0)$이 되겠지? 한 문제만 풀고 근과 계수들은 어떤 관계가 있는지 살펴보자!

Q 이차방정식 $6x^2+px+q=0$의 두 근이 $\frac{1}{2}$과 $-\frac{1}{3}$일 때, 상수 $p+q$의 값을 구하여라.

답: -2

두 근이 $\frac{1}{2}$과 $-\frac{1}{3}$이니 $a\left(x-\frac{1}{2}\right)\left(x+\frac{1}{3}\right)=0$이지만 이것을 전개하면 미지수에 시달리게 된다. 먼저 $\left(x-\frac{1}{2}\right)\left(x+\frac{1}{3}\right)=0$을 계산한 후에 준식의 이차항의 계수를 맞추기 위해서 나중에 6을 곱하거나 아니면 아예 $6\left(x-\frac{1}{2}\right)\left(x+\frac{1}{3}\right)=0$을 계산하는 것이 편하다. 필자는 분수를 계산하기 싫어서 잔머리를 굴렸다. $6\left(x-\frac{1}{2}\right)\left(x+\frac{1}{3}\right)=0 \Rightarrow 2\times3\times\left(x-\frac{1}{2}\right)\left(x+\frac{1}{3}\right)=0 \Rightarrow (2x-1)(3x+1)=0 \Rightarrow 6x^2-x-1=0$이다. 따라서 $p+q=-2$이다.

앞서 본 것처럼 x^2의 계수가 1이고 2와 3의 근을 갖는 이차방정식은 $(x-2)(x-3)=0 \Rightarrow x^2-5x+6=0$이다. 이제 $x^2-5x+6=0$을 인수분해한다는 관점에서 보면 곱이 6이고 합이 -5가 되는 두 수인 -2와 -3을 찾게 된다. 그런데 원래의 근과 비교하면 두 수의 부호만 다르고 절댓값이 같다. 바로 이것을 이용하는 것이 근과 계수와의 관계다. 두 수의 곱을 의미하는 상수항이 -2와 -3이든 2와 3이든 곱하면 모두 6이다. 그런데 두 근의 합은 $2+3=5$인데 합을 의미하는 x의 계수는 -5다. 따라서 x의 계수에 $-$를 붙여 주면 곧바로 두 근의 합이 된다. x^2의 계수가 1이 아닐 수도 있어서 다음과 같은 근과 계수와의 관계가 만들어진다.

두 근을 α, β라 하면

① $x^2+ax+b=0$에서 $\alpha+\beta=-a$, $\alpha\beta=b$

② $ax^2+bx+c=0(a\neq0) \Rightarrow x^2+\frac{b}{a}x+\frac{c}{a}=0$에서 $\alpha+\beta=-\frac{b}{a}$, $\alpha\beta=\frac{c}{a}$

위 근과 계수와의 관계가 맞는지 근의 공식을 사용해 확인해보자!

$$x=\frac{-b\pm\sqrt{b^2-4ac}}{2a} \text{ 에서 } \alpha=\frac{-b+\sqrt{b^2-4ac}}{2a}, \ \beta=\frac{-b-\sqrt{b^2-4ac}}{2a} \text{ 라 하면}$$

$$\alpha+\beta=\frac{-b+\sqrt{b^2-4ac}}{2a}+\frac{-b-\sqrt{b^2-4ac}}{2a}=\frac{-2b}{2a}=-\frac{b}{a}$$

$$\alpha\beta=\frac{-b+\sqrt{b^2-4ac}}{2a}\times\frac{-b-\sqrt{b^2-4ac}}{2a}=\frac{(-b)^2-(b^2-4ac)}{4a^2}=\frac{4ac}{4a^2}=\frac{c}{a}$$

Q 이차방정식 $x^2-2x+k=0$의 한 근이 $1-\sqrt{3}$일 때, k의 값을 구하여라.

답: −2

정리하는 의미로 이 문제를 여러 가지 방법으로 풀어보려고 한다. 먼저 한 근이 $1-\sqrt{3}$이라는 말은 $x=1-\sqrt{3}$이라는 말이다. 준식은 x, k라는 미지수가 2개이고 식이 하나인데 x의 값을 알려주었으니 그냥 대입만 해도 답을 구할 수 있다. $(1-\sqrt{3})^2-2(1-\sqrt{3})+k=0$ ⇨ $4-2\sqrt{3}-2+2\sqrt{3}+k=0$ ⇨ $k=-2$다. 답은 구했지만 중간에 번거로운 계산 과정이 있었다. 이번에는 $x=1-\sqrt{3}$ ⇨ $x-1=-\sqrt{3}$으로 놓고 등식의 성질에 따라 양변에 제곱을 해보자! $(x-1)^2=(-\sqrt{3})^2$ ⇨ $x^2-2x+1=3$ ⇨ $x^2-2x-2=0$으로 준식과 비교하면 k의 값이 보인다.

이번에는 켤레근을 이용해보자! 한 근이 $1-\sqrt{3}$이라면 켤레근인 $1+\sqrt{3}$도 근이 된다. 상수항의 자리에 있는 k는 근과 계수와의 관계에 의하여 두 근의 곱이 된다. 따라서 $(1-\sqrt{3})(1+\sqrt{3})=-2$다.

이처럼 문제를 푸는 방법은 여러 가지다. 그런데 어떤 방법이 좋고 나쁘고를 섣부르게 판단하지 말기 바란다. 어느 문제에서 좋은 방법이 다른 문제에서는 좋은 것은 아니기 때문이다. 따라서 모든 방법을 익숙하게 연습했을 때 우리는 비로소 선택을 할 수 있다.

식을 보는 눈

수학은 식을 직접 만들라는 문제도 있지만 대부분은 식이 주어지는 경우가 많다. 가장 먼저 다항식인지 등호가 있는지를 구분하라. 그 다음 미지수의 개수를 세봐야 한다. 다항식이라면 문제에서 별도로 미지수의 개수만큼 미지수의 값을 알려주거나 식이 주어지게 되니 문제 속에서 이것을 찾으면 된다. 등호가 있다 해서 무조건 방정식이라고 단정해서는 안 된다. 물론 항등식이거나 해가 없는 경우는 문제에서 별도로 조건을 알려줄 것이니 조건에 민감하게 반응해야 한다. 그런데 많은 학생들이 조건에 집중을 하지 못한다. 이유는 단순하다. 조건이 머리에 들어오지 않는 것이고, 조건이 머리에 들어오지 않은 것은 봐도 모르겠거나 아니면 중요하지 않다고 생각하기 때문이다.

아예 방정식이라는 단서를 주는 식이라도 고정관념을 가지고 섣부르게 판단해서는 안 된다. '식의 개수와 미지수의 개수는 같다'면 몇 차 방정식인지 봐야 하고 근의 개수까지 생각해야 한다. 방정식을 풀면서 고등학생들에게 많이 하는 말 중에 하나가 '식의 개수와 미지수의 개수는 같다'는 말이다. 수학의 문제를 풀면서 반드시 머릿속에 각인되어야 하는 개념이 있는데, 전체를 아우르고 문제 속에서 전체적인 시야를 기르는 사고다. 그러나 미지수의 개수가 식의 개수보다 많다면 정수조건인지 실수조건인지 미지수의 조건을 보아야 한다. 이것을 무시하면 아예 문제를 풀지 못하게 된다.

도형의 변의 길이는 항상 양수여야 한다든지, 문제를 풀면서 조건에 대한 부분을 빠뜨리지 않도록 계속 연습해야 한다. 특히 정수조건은 문제에서 주어지는 경우도 있지만 '개수' 등의 작은 단서로 주어질 수도 있다. 개수를 셀 수 있다는 것은 자연수의 특성이라서 자연수 즉 양의 정수임을 나타내는 것이다. 설사 잘못된 식을 유도하여 답이 나온다 해도 음수나 분수 등이 나온다면, 답들 중에서 제외하거나 아니면 잘못 식을 세웠거나 풀었다는 말이 된다. 그냥 넘어가면 서운 하니 한 문제만 풀어보자!

> **Q** n은 정수고 $0 \leq a < 1$일 때, $n+a = \dfrac{9}{2}$ 다. 이때, $n-a$의 값을 $\dfrac{q}{p}$ (단, p, q는 서로소)로 나타낼 때, $p+q$의 값을 구하여라.

답: 9

문자가 많아서 어려워 보이나? 조건에 집중하라고 일부러 문자를 많이 사용하였다. 조건에만 집중한다면 쉬운 문제지만 이런 문제를 어려울 것이라는 짐작만으로 안 푸는 학생이 많다. $n+a = \dfrac{9}{2}$ 에서 n은 정수고 a는 소수인데 $\dfrac{9}{2} = 4\dfrac{1}{2} = 4 + \dfrac{1}{2}$ 로 $n=4$이고 $a=\dfrac{1}{2}$ 이다. 이렇게 쉽게 구분해도 되냐고 묻는 학생도 있는데 그렇다면 다른 방법도 있는지 고민해 보기 바란다. 조건에 맞으면 맞는 방법인데 무엇이 두려운가? 그 무엇보다 내가 가진 것 중에 가장 최고는 항상 내 자신이니 자신의 자신감을 살리기 바란다. 답은 $n-a = 4 - \dfrac{1}{2} = \dfrac{7}{2}$ 이니 $p=2$, $q=7$ 로 $p+q=9$다.

수학문제가 아니라 내가 쉬워야 한다

이 책이 두꺼운 것은 자세하게 썼기 때문이다

많은 학생들이 '수업시간에는 쉬운 것만을 설명하고는 막상 시험은 어려운 것을 내서 화가 나요'라는 불만을 한다. 필자도 적극 공감하며 대신 선생님이 가르치고 이해시켰다면, 설사 고등학교 문제라 할지라도 얼마든지 어려운 문제를 내도 좋다고 생각한다. 필자는 학창시절에 공부도 잘 못했고 성실하지도 못했다. 게다가 무언가를 하다가 막히면 다음으로 못 넘어가는 공부 스타일이라서 개념을 제대로 알려주지 않는 수학 공부는 특히 더 어려웠다. 주변의 친구들이나 학교 선생님에게 물어서 설명을 들어도 모르거나 이해를 못하면 그냥 외우라는 핀잔을 많이 들어서 공부의욕만 잃어버렸던 것이다. 그때를 생각하면 이해하기 위해서 귀찮아도 좋고 힘들어도 좋으니, 제발 자세히 알려주었으면 좋겠다는 것이 절실한 심정이었다.

필자의 책이 두껍고 쓸데없이 자세하게 썼다고 지적하는 독자분도 계신다. 그럼에도 불구하고 또 다시 책이 두꺼워지는 것은 필자의 경험 때문이다. 책 한 권을 다 읽어서 한 개의 개념을 습득하거나 막혔던 부분 하나만이라도 뚫릴 수 있다면, 이 책은 그 의미가 충분하다는 생각이다.

곳곳에 장애물이 존재하는 과목이 수학이다

수학이 가야 하는 길에는 길고도 많은 장애물이 있다. 그 모든 장애물을 넘어야만 계속 진행이 가능한 수학이 어려운 이유는, 곳곳의 모든 장애물이 존재하기 때문에 같은 수만큼의 어려운 이유가 존재한다. 수 연산, 기호, 미지수, 수식 등이 계속 확장하고 있으며 한 번 확장할 때마다 이전에 배운 것이 모두 들어오는 수학은 한 개의 개념이 구멍이 나면, 그 부분만 아니라 앞으로 조합되는 모든 문제에서 문제가 발생한다. 한 개의 수학 문제를 온전하게 풀기 위해서는 그 안에 있는 모든 개념을 알아야 가능하다.

특히 수학은 물어보는 사람이 자신이 무엇을 모르는지 모르기 때문에 정확하게 물어보기가 어렵다는 것이다. '개떡같이 물어보아도 찰떡같이 알아들으라'는 말이 있듯이, 모르는 사람이 물어보는 작은 정보만 가지고도 가르치는 사람이 미루어 짐작하고 막힌 부분을 설명할 수 있다면 많은 부분이 해결될 것이다. 그런데 이런 수학에서의 개념과 가르치는 기술의 축적은 전혀 이루어지지 않은 것으로 보인다. 필자의 학창시절과 비교해보면 수십 년 전 필자가 중·고등학교 때 풀기 힘들어서 좌절했던 부분이 있었는데, 현재의 수많은 학생도 똑같은 부분에서 힘들어하고 좌절하는 것을 보기 때문이다. 좋아졌다고는 하지만 교과서의 설명도 예전과 비교해 별반 달라지지 않았다.

쉬운 수학 책이 실력까지 늘려주지는 않는다

최근 '쉬운 수학'을 표방하면서 나온 책들이 많다. 읽어보면 정말로 쉽다. 다루는 문제도 쉽거니와 그것도 쉽게 풀 수 있는 기술까지 제시하였으니 얼마나 쉽겠는가? 그런데 이렇게 하면 뿌듯한 마음이 들지는 몰라도 실력은 늘지 않는다. 그러다 어려운 문제를 만나면 다시 위축을 받기 때문이다. 수학은 쉬워야 잘하는 것이 맞지만 수학 문제가 쉬운 것이 아니라, 푸는 사람의 실력이 높아져서 문제가 쉬워져야 한다. 물론 어려운 상태로 무엇을 얻는다는 것은 불가능하다. 이해가 안 되면 부족한 부분이 무엇인지 조차 알아챌 수 없다.

어려우면 이해하기 위해서 가장 먼저 분해하고 분석하여 이해하기 쉽도록 해야 한다. 부족부분을 알았으면 하나하나의 개념을 잡고 이를 다시 조합하여 식을 만드는 것이 가능해야 한다.

초등수학과 중학수학의 최종 목표는 고등학교 1학년이다

수학에서 이해하는 것이 중요하다고는 하나 결국 이해의 최종 목표는 수학에서 요구하는 수준에 이르러야 한다는 것이다. 중학수학이 고등학교를 대비해서 요구하는 수준은 수식만 보고도 그 수식이 의미하는 바를 알아야 한다는 것이다. 중학수학이 요구하는 정도를 충족시키지 못했어도 성적만으로 볼 때 중학교에서 우등생이 될 수는 있다. 그러나 중학교 우등생이라 할지라도 수준에 미달하고 그나마 집요함을 갖추지 못하였다면, 고등학교에서 추락을 면치 못할 것이다. 바로 중학교 우등생의 70%가 고등학교에서 추락하는 이유다.

우등생은 우등생의 자리에 가기까지 많은 노력을 기울였을 것이다. 그러나 노력을 했음에도 결과가 좋지 않다면, 그것은 수학을 가르치는 사람이 올바르게 가르쳐주지 않은 탓이라 마음이 아프다. 그런데 중학 우등생의 추락 원인을 직접적인 단원으로 보면 '함수' 파트다. 그래서 다음 책으로 함수 부분만 집중적으로 다루는 책을 낼 예정이다. 앞서 말한 것처럼 초등학교 6년과 중학교 3년 동안의 수학 공부는 모두 고등학교 1학년이 목표이고, 고1은 중학교의 개념 확장에 불과하니 반드시 고등학생이 되기 전에 개념을 잡는 기회를 갖기 바란다.

조안호